MEISTER SCHOOL

마이스터고
입학 적성평가

한권으로 끝내기

2025학년도 마이스터고 입학 적성평가 한권으로 끝내기

머리말

마이스터고등학교는 4차 산업혁명 시대의 요구에 발맞춰 '영 마이스터(Young Meister)'를 육성하기 위해 설립된 특수목적고입니다. 2010년에 21개 학교로 첫 출발한 마이스터고등학교는 2025학년도 모집 기준 전국 협약학교가 57개교로 늘어났을 정도로 매해 성장하고 있습니다. 이렇게 마이스터고등학교가 짧은 시간 안에 발전할 수 있었던 배경에는 국가가 지원하는 탄탄한 기술중심의 교육과정과 졸업 후 우수기업에 취업할 수 있다는 점이 있습니다.

마이스터고등학교는 현재가 아니라 미래를 내다보는 학교입니다. 우리나라 최고의 기술명장을 양성한다는 명확한 비전을 갖고, 각 학교마다 특화된 분야의 직업교육을 통해 전문인재를 키워내고 있습니다. 따라서 학생이 기업에 취직하여 즉시 실무를 해낼 수 있도록, 직무능력을 중심으로 교육하고 산학과 연계한 현장실습을 실시합니다.

그러나 마이스터고등학교에 대해 제대로 알지 못한다면 그 준비과정에서부터 어려움을 겪게 될 수밖에 없습니다. 〈마이스터고 입학 적성평가 한권으로 끝내기〉는 마이스터고등학교를 처음 준비하는 여러분들의 길잡이가 되기 위해 만들어졌습니다. 이 한 권의 책으로 적성평가, 심층면접, 자기소개서를 차근차근 준비하면서 합격의 길로 향할 수 있습니다. 이 책의 구성은 다음과 같습니다.

첫째 최신 인적성검사와 NCS 직업기초능력평가를 반영한 문제들을 수록해 최근 마이스터고 소양검사 출제경향을 파악할 수 있도록 했습니다.

둘째 심층면접 문항을 인성평가와 직무적성평가로 나누고, 예상 면접 질문을 통해 체계적으로 답변을 준비할 수 있도록 했습니다.

셋째 자기소개서와 학업계획서에서 주로 나오는 문항과 예시 답안을 수록하여 작성방법의 가이드라인을 제시했습니다.

마이스터고등학교 입학을 꿈꾸는 학생들과 학부모 여러분들에게 이 책이 귀중한 합격의 청사진이 되기를 바랍니다. 여러분의 합격을 진심으로 응원합니다.

SD적성검사연구소 씀

이 책으로 마이스터고를 준비하는 방법

Search

심층면접 준비하기

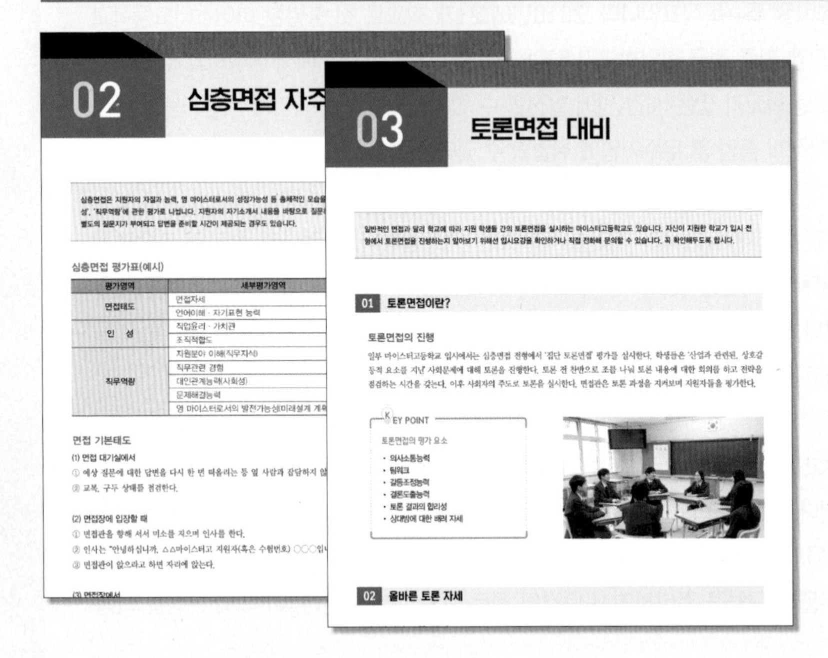

✔ 자주 나오는 질문만 쏙쏙!

✔ 인성과 태도 평가 질문

✔ 직무적성평가 질문

마이스터고 면접 전형에 앞서 알아두어야 할 사안들을 학습해두고 예상 질문들에 대한 답변을 미리 준비해봅니다. 아울러 일부 마이스터고등학교 입시 전형에서 실시하는 토론면접의 진행방법과 고득점 전략도 배워봅니다.

자기소개서 · 학업계획서 준비하기

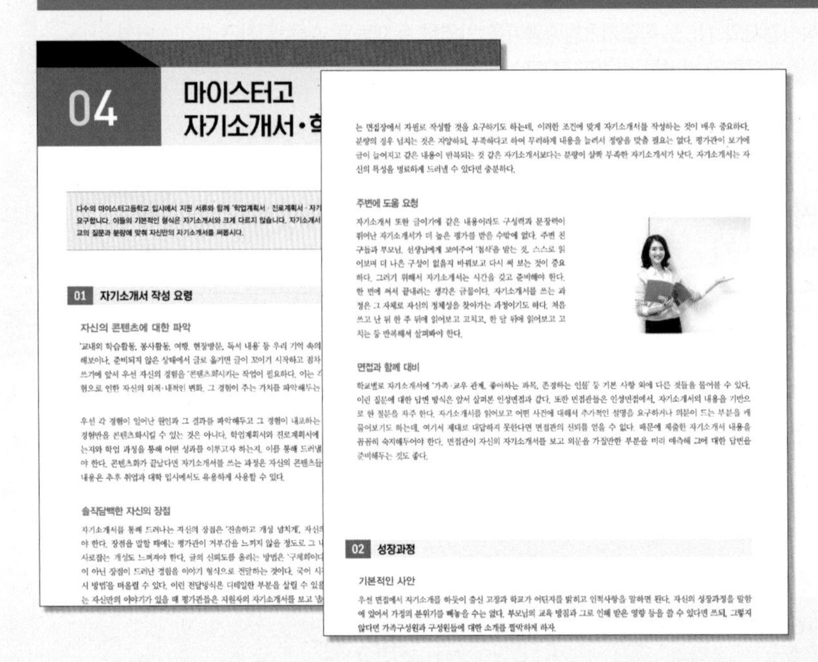

✔ 자기소개서·학업계획서 작성 요령

✔ 학업과 진로계획

✔ 마이스터로서의 비전

자기소개서에 기본적으로 기재해야 할 내용들과 작성 요령을 알아봅니다. 이를 통해서 논리적이고 참신한 자신만의 자기소개서를 쓸 수 있습니다.

인적성평가 대비하기

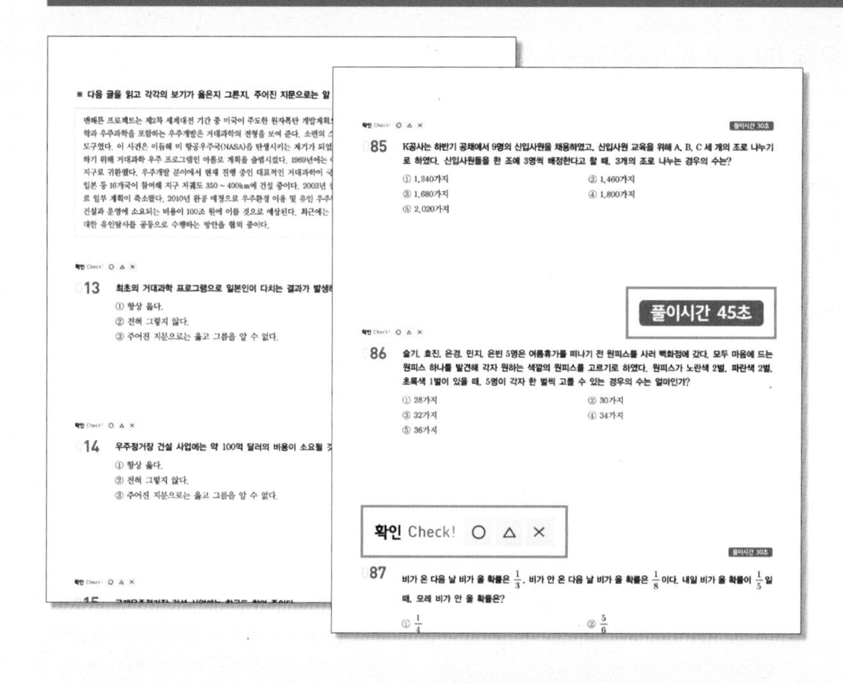

✔ NCS형 평가 대비

✔ 적성형 평가 대비

✔ 인성평가 대비

마이스터고등학교 적성평가 시험에서 출제되는 모든 문제 유형을 충실하게 담았습니다. 처음 풀어볼 때는 차근차근 문제를 이해하며 풀어보고 답을 맞춰본 뒤, 틀린 문제는 '확인 Check!'란에 표시하여 다시 한 번 풀어봅니다. 점차 문제 유형에 익숙해지고 푸는 요령이 생긴다면 '풀이시간'에 표기된 시간 안에 풀 수 있도록 연습합니다.

실전 모의고사로 마무리!

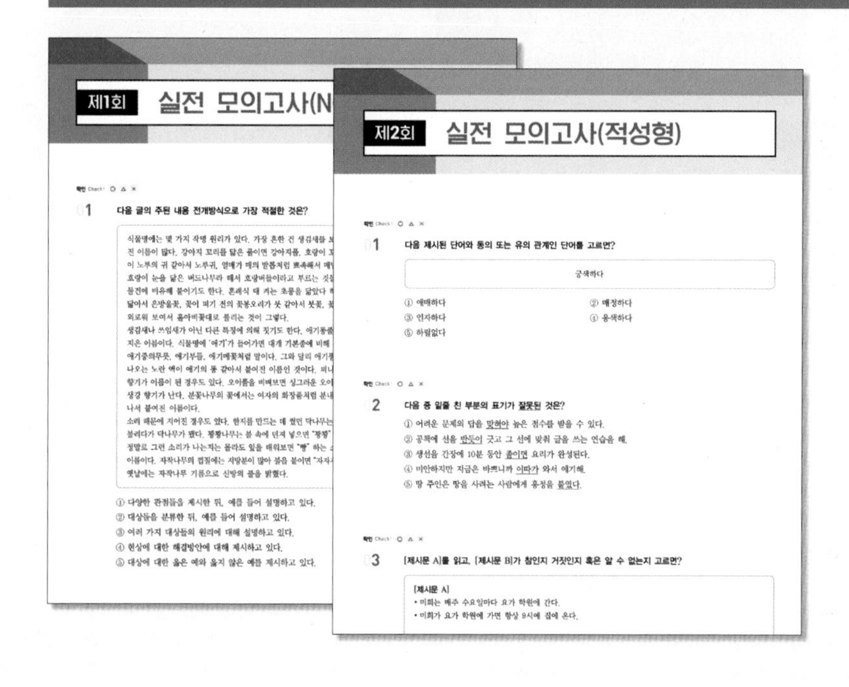

✔ NCS형 모의고사

✔ 적성형 모의고사

문제 과목이 다르게 구성된 두 가지 유형의 모의고사를 풀어봅니다. 실전에 더욱 완벽하게 대비할 수 있습니다.

마이스터고는 어떤 곳일까?

Search

전국 마이스터고 현황

지역전략산업 유망분야선정

우리나라 최고의 기술명장을 육성하는 기술강국 코리아 마이스터고가 함께합니다.

인천 · 경기도

전자 · 통신 인천전자마이스터고등학교
해양 인천해사고등학교
게임콘텐츠 경기게임마이스터고등학교
메카트로닉스 수원하이텍고등학교
자동차 · 기계 평택기계공업고등학교

강원도

의료기기 · 바이오 원주의료고등학교
소방 한국소방마이스터고등학교
발전산업 삼척마이스터고등학교

서울

에너지 수도전기공업고등학교
뉴미디어콘텐츠 미림여자정보과학고등학교
로봇 서울로봇고등학교
해외건설 · 플랜트 서울도시과학기술고등학교

충청북도

반도체장비 충북반도체고등학교
바이오 한국바이오마이스터고등학교
차세대전지 충북에너지고등학교

대전 · 충청남도

전자 · 기계 동아마이스터고등학교
소프트웨어 대덕소프트웨어마이스터고등학교
철강 합덕제철고등학교
전기 · 전자 공주마이스터고등학교
자동차부품제조 연무대기계공업고등학교
식품 한국식품마이스터고등학교
지능형 공장 아산스마트팩토리고등학교
반도체 예산전자공업고등학교

대구 · 울산 · 경상북도

기계 · 메카트로닉스 경북기계공업고등학교
SW · SW융합 대구소프트웨어고등학교
자동차 대구일마이스터고등학교
도시형 첨단농업경영 대구농업마이스터고등학교
기계 · 자동화 울산마이스터고등학교
에너지 울산에너지고등학교
조선해양플랜트 현대공업고등학교
전자 구미전자공업고등학교
기계 · 전자모바일 금오공업고등학교
원자력발전설비 한국원자력마이스터고등학교
철강 포항제철공업고등학교
글로벌비지니스 한국국제통상마이스터고등학교
식품품질관리 경북식품과학마이스터고등학교
지능형 해양수산 포항해양과학고등학교
반도체 대구전자공업고등학교
디지털 경북소프트웨어고등학교

전라북도

조선 · 기계 군산기계공업고등학교
기계 전북기계공업고등학교
말 산업 한국경마축산고등학교
농생명자원생산 · 가공 김제농생명마이스터고등학교

광주 · 전라남도

자동화설비 광주자동화설비공업고등학교
소프트웨어 광주소프트웨어마이스터고등학교
항만물류 한국항만물류고등학교
친환경농축산 전남생명과학고등학교
석유화학산업 여수석유화학고등학교
어업 및 수산물 가공 완도수산고등학교

부산 · 경상남도

자동차산업 부산자동차고등학교
기계 부산기계공업고등학교
해양 부산해사고등학교
조선 거제공업고등학교
항공 · 조선 삼천포공업고등학교
항공기술 공군항공과학고등학교
나노융합 한국나노마이스터고등학교
소프트웨어 부산소프트웨어마이스터고등학교

마이스터고 학생 지원과 입학 전형

마이스터고등학교(산업수요 맞춤형 고등학교)란?

산업수요 맞춤형 교육과정 운영을 통해 학생의 취업 역량을 기르는 학교로, 졸업 후 100% 우선 취업과 기술명장으로의 계속 성장을 지원합니다. 취업 후에는 재직자 특별전형 등 후진학 제도를 통해 일과 학업을 병행할 수 있습니다.

학생 지원

- 수업료, 입학금, 학교운영지원비가 면제됩니다.
- 저소득층과 우수학생에게는 별도의 장학금을 지급합니다.
- 학생들의 교육집중을 위해 쾌적한 기숙사를 제공합니다.
- 해외 직업전문학교 연수, 국가 · 지자체의 각종 세계화 사업과 연계해 학생들의 해외진출을 지원합니다.

마이스터고 신입생 입학 전형

마이스터고는 다른 특수목적고등학교와 함께 가장 일찍 신입생 모집을 시작하며, 마이스터고 중 1개교를 선택하여 지원해야 합니다(공군항공과학고등학교는 학교 특성상 입학 전형을 먼저 실시하나, 지원할 경우 다른 마이스터고에 이중지원할 수 없음).

선취업 후진학 : 일과 학습 병행으로 지속적인 경력과 능력 개발

❶ 마이스터고등학교	• 바른 인성 • 직업의식 • 직업기초능력 • 직업기초능력 • 직업기술능력 • 직업 체험
❷ 취업	취업 후 학업 병행 : 계약학과, 산업체 재직자 특별전형, 사내대학 진학
❸ 군복무	• 취업확정 후 4년간 입영연기 • 중소기업 취업 시 산업기능요원으로 대체복무 가능
❹ 취업복귀	복귀 후 학업 병행 : 계약학과, 산업체 재직자 특별전형, 사내대학 진학
❺ 마이스터	• 최고기술자(CTO) • 기술전수자 • 창업경영자(CEO)

졸업 이후 경력개발 지원

❶ 졸업 이후 우수기업 취업

▸ 학교 운영 전반에 걸쳐 산업체, 지자체와 협력하여 우수한 기업에 취업할 수 있도록 지원합니다.

❷ 특기를 살린 군복무

▸ 취업 확정자는 최대 4년간 입영을 연기할 수 있습니다(군 관련 마이스터고의 경우 졸업 후 3년 근무가 군복무로 대체됩니다).

▸ 군 복무 시 자신의 특기분야에 산업기능요원으로 근무할 수 있습니다.

❸ 직장과 대학교육 병행

▸ 취업 후 계약학과, 사내대학, 사이버 대학 등을 활용하여 근로경험과 연계한 고등교육 기회가 제공됩니다.

이 책의 차례

Search

PART 1

마이스터고 입시 준비

01 마이스터고 기본지식 ··· 012

02 심층면접 자주 나오는 질문 ··· 017

03 토론면접 대비 ··· 023

04 마이스터고 자기소개서 · 학업계획서 ··· 025

PART 2

마이스터고 적성평가 준비

CHAPTER 01 적성검사

01 의사소통능력(NCS + 적성형) ··· 032

02 수리능력(NCS + 적성형) ··· 077

03 문제해결능력(NCS형) ··· 115

04 추리능력(적성형) ··· 139

05 공간지각능력(적성형) ··· 175

06 사무지각능력(적성형) ··· 236

07 영어능력(적성형) ··· 259

CHAPTER 02 인성검사

01 인성검사 모의연습 ··· 290

PART 3

실전 모의고사

제1회 실전 모의고사(NCS형) ··· 298

제2회 실전 모의고사(적성형) ··· 309

정답 및 해설 ··· 319

PART Ⅰ

마이스터고 입시 준비

마이스터고등학교 지원에 앞서 준비해야 할 사항들을 점검하는 파트입니다. 학교별로 다소 차이가 있으나 마이스터고등학교 입시전형은 크게 적성평가 필기시험과 면접, 자기소개서로 나눌 수 있습니다. 여기서는 적성평가를 제외한 사안들에 대해 준비해봅니다. 자기소개서 작성방법, 면접 예상질문에 대한 대비방법 등이 제시되어 있으니 꼼꼼히 읽어보고 자신만의 답변을 마련해봅시다.

〈01 마이스터고 기본지식〉에서는 지원에 앞서 필수적으로 알아두어야 하는 마이스터고등학교에 관한 이론적인 사안에 대해 공부해봅니다. 마이스터고등학교의 이해, 산업의 이해, 직업 윤리 등이 있습니다.

〈02 심층면접 자주 나오는 질문〉에서는 인성 · 직무역량 면접에 꼭 나오는 필수 질문들을 유형별로 살펴볼 수 있습니다. 질문마다 답변에 참고할 수 있는 답변 요령이 마련되어 있으니 이를 숙지하고 자신만의 대답을 마련해보도록 합니다.

〈03 토론면접 대비〉에서는 입시 전형에서 토론면접을 실시하는 일부 마이스터고등학교의 지원자를 위해 마련됐습니다. 토론면접에 임할 때 갖춰야 할 원칙이나 태도에 대해 살펴보고 토론면접에서 고득점을 얻기 위해서는 어떤 토론을 이끌어야 하는지를 알아봅니다.

〈04 마이스터고 자기소개서 · 학업계획서〉에서는 입시용 에세이의 기본적인 작성방식을 알아봅니다. 자기소개서에 들어가는 기본 질문과 각종 학업계획 질문을 항목별로 나눠 답변 계획을 세워볼 수 있습니다.

01 마이스터고 기본지식
02 심층면접 자주 나오는 질문
03 토론면접 대비
04 마이스터고 자기소개서 · 학업계획서

01 마이스터고 기본지식

향후 마이스터고등학교의 재학생으로서 '마이스터고등학교는 왜 설립됐는지, 마이스터 교육과정은 무엇인지'에 대한 이해는 필수입니다. 이는 산업에 대한 이해와 함께 면접관들이 자주 물어보는 질문이기도 합니다.

01 마이스터고등학교의 이해

설립 근거

대한민국의 「초·중등교육법 시행령」 제90조에는 학생들에게 특수한 분야의 전문적인 교육을 실시하기 위해 각 교육감이 '특수목적고등학교'를 지정할 수 있다고 규정되어 있다. 이러한 특수목적고등학교 중에는 산업계에서 필요로 하는 인재를 양성하기 위한 **산업수요 맞춤형** 고등학교가 있는데, 이것이 바로 '마이스터고등학교'이다.

특수목적고등학교의 종류

- 특수목적 고등학교
  - 예술 고등학교
  - 체육 고등학교
  - 산업수요 맞춤형 고등학교 (마이스터고등학교)
  - 국제 고등학교
  - 외국어 고등학교
  - 과학 고등학교

마이스터고등학교

마이스터(Meister)란 '각 분야에 통달한 기술 직업인'을 가리키는 독일어로, 마이스터고등학교는 실제 산업현장에서 실력을 발휘할 전문 기술인을 양성하기 위해, 학생들에게 산업계의 수요에 직접 연계된 맞춤형 교육과정을 제공하는 중등교육기관이다. 2008년 정부에서 기술명장 육성을 목표로 사업을 추진하였으며 2010년 처음으로 21곳의 마이스터고등학교가 개교했다.

개념 PLUS

마이스터(Meister)의 의미

유럽에서 봉건 영지 중심의 중세사회가 저물고 도시와 상공업 중심의 근대 사회가 형성되자, 각 상인들과 수공업자들은 직업별로 자신들의 이권을 보호하기 위해 '길드(Guild)'를 형성한다. 길드의 구성원으로는 직업 기술에 정통한 '마이스터'와 그들의 제자였던 '도제'가 있었다. 도제들은 수년의 수련을 거쳐 마이스터 자격을 취득하였는데, 1969년부터 독일은 기존으로부터 내려오던 이런 마이스터 직업훈련제도를 정규 교육과정에 편입시켜 체계적으로 각 산업 분야에서 필요한 전문인력, '마이스터'들을 양성하기 시작했다.

마이스터고등학교의 산학일체형 교육

학생들은 마이스터고등학교에서 주요 직무 분야를 중심으로 기초이론을 배우고, 향후 진로와 관련하여 취업 및 직무수행에 필요한 지식·기술 및 태도를 습득한다. 이를 바탕으로 실제 직업현장에서 투입되어 현장실습을 하는 **한국형 도제교육**(Apprenticeship)을 수행한다. 산업과 학문이 연계되는 이러한 **'산학일체형'** 교육방식은 기업과 학교 모두가 윈–윈하는 교육전략이라 할 수 있다. 무엇보다 학생들은 실제 생산에 사용되는 장비와 현장을 활용하여 숙련된 실무자로부터 직접 교육받을 수 있어 학습근로자로서의 역량을 극대화할 수 있다는 이점이 있다.

마이스터고등학교의 공통 로고는 위와 같다. 로고는 신분의 벽을 뛰어넘은 우리나라 최초의 마이스터 **장영실**과 그의 발명품 **측우기**를 모티브로 하여 제작되었다. 또한 세 개의 기둥은 마이스터의 머리글자인 'M'의 형상을 띠기도 한다. **푸른색**은 **지식과 기술**을, **붉은색**은 **장인의 열정과 도전정신**을 의미한다. 지식과 기술을 바탕 삼아 장인의 열정과 도전정신으로 세계 속에 우뚝 서고자하는 마이스터의 의지를 담고 있다.

KEY POINT

마이스터고등학교의 특징

- 마이스터고에는 전문 기술에 대한 졸업인증제가 있어 학생들은 졸업할 때 3년 동안 수학한 성취수준을 평가·인증받는다.
- 각 학교마다 협력 기업체가 붙어 교육과 채용에서 유기적인 도움을 주고받는다.
- 마이스터고등학교 졸업자는 군복무 시 특기 분야에 근무가 가능하다. 남학생은 취업이 확정되면 최대 4년간 입영을 연기할 수 있다.
- 대학 학위를 취득하기 위해서, 직장에서 3년 이상 근무 시 산업체 재직자 특별전형, 계약학과 전형, 사내대학 전형 등 다양한 경로가 마련되어 있다.

기출 엿보기

- 마이스터고등학교에 대해서 아는 것을 말해보시오.
- 마이스터란 무슨 뜻인가?
- 마이스터고등학교에서는 어떤 교육을 받을 수 있을까?
- 마이스터고등학교의 로고에 대해서 알고 있는가?
- 마이스터고등학교는 선취업·후진학을 목표로 하는데 이에 대해 어떻게 생각하는가?
- 마이스터고와 일반 특성화고가 어떤 차이가 있는지 알고 있는가?
- 졸업 후 대학 진학을 할 생각이 있는가?

02 산업의 이해

산업이란?

산업(産業)은 인간 사회의 물질적 풍요를 위해 **재화·서비스를 생산하는 행위**를 가리키는 말이다. 산업은 그 성격에 따라 다양하게 구분된다. 개별 산업의 구분은 노동, 자본, 원료 자원을 투입하여 비슷한 종류의 산출물을 만들어내는지를 따져 판단한다. 이러한 산업 활동에는 비영리적(경제적 이익을 추구하지 않는)인 활동도 포함될 수 있으나, 가정 내의 가사 활동은 제외된다.

클라크의 산업 분류

영국의 경제학자 **콜린 클라크**(Colin Clark, 1905~1989)는 산업의 종류를 문명 발전의 정도에 따라 3종류로 분류했다. 1차 산업에는 자연으로부터 자원을 직접 채취하는 농업, 목축업, 어업, 수산업, 임업이 있으며, 2차 산업에는 1차 산업에서 얻은 자원을 인간에게 필요한 재화나 에너지로 가공하는 광업, 공업, 건축업이 있다. 3차 산업에는 1차 산업과 2차 산업에서 발생한 재화가 잘 활용될 수 있도록 편의성을 제공하는 상업, 서비스업, 관광업 등이 있다.

클라크의 산업 분류 이후로도 새로운 산업은 계속해서 생겨났다. 그런데 새로운 산업의 탄생은 3차 산업에 집중되다 보니 1·2차 산업에 비해 3차 산업의 비중이 너무 높아졌다. 그래서 3차 산업 중 더욱 고차원적인 것을 분리하여 4차 산업과 5차 산업으로 새로 분류하려는 시도가 이뤄지고 있다. 4차 산업은 정보·지식 기반과 연관된 **정보업, 교육업, 의료업** 등의 산업으로 규정된다. 5차 산업은 아직 유의미한 분류 기준이 없으며 이를 구분하기 위해 다양한 사회학자들이 연구 중이다.

4차 산업혁명

4차 산업혁명은 산업에 **정보통신기술**(ICT), 대표적으로 인공지능(AI) 기술이 융합되어 혁신이 일어나는 것을 가리킨다. 산업의 기술적 변화를 가리키는 '4차 산업혁명'과 산업 분류에서의 '4차 산업'은 다른 개념이다.

이전의 산업혁명은 18세기 영국에서 증기기관과 기계화로 일어난 **1차 산업혁명**, 전기를 통한 대량생산을 통해 일어난 **2차 산업혁명**, 컴퓨터와 통신 기술의 발달로 일어난 **3차 산업혁명**이 있었다. 이어 일어난 4차 산업혁명은 생산능력과 효율성에 큰 향상을 불러일으키고 있다. 4차 산업혁명의 키워드라 불리는 **인공지능, 빅데이터, 3D프린팅, 드론, VR, 사물인터넷** 등 기술의 융복합은 단순한 노동구조의 변화를 넘어 기획과 창조의 영역까지 인간을 대체할 것으로 보이며, 생산이라는 패러다임의 변화를 가져올 것으로 예상된다.

특히 제조업에서는 '아이디어를 구체화하는 인공지능 시스템', '즉각적인 고객 맞춤형 생산', '자원효율성과 제품 수명주기를 관장하는 가상생산 시스템' 등이 현실화 될 것으로 보이는데 이를 **제조업의 디지털화·서비스화·스마트화**라 한다. 이러한 4차 산업혁명의 변화는 우리 삶을 더 풍족하게 하겠지만 한편으로는 사람들의 일자리가 줄어 대량실업 사태가 발생할 수 있다는 우려도 꾸준히 제기된다.

NCS(National Competency Standards)

NCS는 다변화되고 복잡해지는 산업현장에서 직무를 수행하기 위해 요구되는 지식·기술·태도 등의 내용을 국가가 체계화한 것이다. 관련 부처는 산업현장의 요구를 숙지하여 각 직무별로 필요한 능력을 선별하고 표준화한다. 이렇게 생성된 NCS 체계는 다양한 기관에서 이뤄지는 교육훈련과 자격검정, 경력개발에 해당 직무의 표준 지표로 활용되어 산업현장에 적합한 인적자원을 개발하는 데 활용된다. 과거 직업교육과 자격검정이 실제 산업현장과 불일치하여 발생하던 비효율성을 극복하고 실제 직무 중심의 인적 개발을 이뤄, 나아가 국가경쟁력을 향상시키기 위해 개발되었다.

기출 엿보기

- 우리 마이스터고등학교의 전공 산업은 클라크의 산업 분류 중 어디에 속하는가?
- 4차 산업과 5차 산업은 어떻게 구분할 수 있을까?
- 4차 산업혁명의 도래로 인해 우리의 삶에는 어떤 변화가 생길까?
- NCS란 무엇인가?
- 우리 마이스터고등학교의 전공 산업 분야에 대해 알고 있는 대로 말해보시오.
- □□ 산업과 관련된 자격증의 종류와 어떤 자격증을 취득하고 싶은지 말해보시오.
- □□ 산업과 관련된 창업을 한다면 어떤 아이템을 소재로 하고 싶은지 말해보시오.
- □□ 산업과 관련된 기업을 아는 대로 말해보시오.

03 직업 윤리

근로 윤리

근로 윤리에는 **근면성과 정직성, 성실성**이 있다. 근면성은 '부지런하고 꾸준한 자세를 유지하고 있는 것', 정직성은 '속이거나 숨김이 없이 참되고 바르게 행동하는 것', 성실성은 '맡은 업무에 있어서 자신의 정성을 다하여 처리하는 것' 등이라 할 수 있다.

서비스

서비스의 사전적 의미는 '나라나 사회 또는 남을 위하여 자신의 이해를 돌보지 아니하고 몸과 마음을 다하여 일하는 것'을 의미한다. 현대 사회의 직업인에게 서비스란 자신보다는 고객의 가치를 최우선으로 하는 개념이라 할 수 있다.

개념 PLUS

제조물 책임

제조물의 결함으로 인하여 소비자 또는 제3자에게 생명, 신체, 재산상의 손해가 발생했을 경우 해당 제조물의 제조업자나 판매업자가 손해배상 책임을 지는 것을 말한다. 생산한 재화를 이용한 고객을 최우선으로 생각하는 서비스 정신에서 비롯된 제도이다.

공동체 윤리

공동체 윤리에는 **봉사정신**, **책임의식**, **준법성**, **직장 예절** 등이 있다. 봉사정신은 '자신의 이해를 먼저 생각하기보다는 국가, 기업 또는 남을 위하여 애써 일하는 자세', 책임의식은 '주어진 업무는 어떠한 일이 있어도 하는 자세', 준법성은 '직장에서 정해진 규칙이나 규범 등을 지키고 따르는 것', 직장 예절은 '직장생활과 대인관계에서 절차에 맞는 공손하고 삼가는 말씨와 몸가짐을 가지는 자세' 등이라 할 수 있다.

예의범절

예절은 에티켓이라는 용어로 많이 활용되는데, 현대 사회 에티켓의 본질은 ① 남에게 폐를 끼치지 않는다 ② 남에게 호감을 주어야 한다 ③ 남을 존경한다 등의 세 가지 뜻으로 요약될 수 있다. 남을 대할 때의 마음가짐이나 태도를 총칭한다.

기출 엿보기

- 공공생활에서 지켜야 할 것들엔 무엇이 있을까?
- 서비스란 무엇이라고 생각하는가?

02 심층면접 자주 나오는 질문

심층면접은 지원자의 자질과 능력, 영 마이스터로서의 성장가능성 등 총체적인 모습을 평가하기 위한 방법입니다. 크게 '면접태도'와 '인성', '직무역량'에 관한 평가로 나뉩니다. 지원자의 자기소개서 내용을 바탕으로 질문하는 경우가 많은데, 학교에 따라서는 면접 당일에 별도의 질문지가 부여되고 답변을 준비할 시간이 제공되는 경우도 있습니다.

심층면접 평가표(예시)

평가영역	세부평가영역	불가	미흡	보통	우수	탁월
면접태도	면접자세	①	②	③	④	⑤
	언어이해 · 자기표현 능력	①	②	③	④	⑤
인 성	직업윤리 · 가치관	①	②	③	④	⑤
	조직적합도	①	②	③	④	⑤
직무역량	지원분야 이해(직무지식)	①	②	③	④	⑤
	직무관련 경험	①	②	③	④	⑤
	대인관계능력(사회성)	①	②	③	④	⑤
	문제해결능력	①	②	③	④	⑤
	영 마이스터로서의 발전가능성(미래설계 계획)	①	②	③	④	⑤

면접 기본태도

(1) 면접 대기실에서

① 예상 질문에 대한 답변을 다시 한 번 떠올리는 등 옆 사람과 잡담하지 않는다.

② 교복, 구두 상태를 점검한다.

(2) 면접장에 입장할 때

① 면접관을 향해 서서 미소를 지으며 인사를 한다.

② 인사를 할 때 "안녕하십니까, △△마이스터고 지원자(혹은 수험번호) ○○○입니다."라고 이름을 밝힌다.

③ 면접관이 앉으라고 하면 자리에 앉는다.

(3) 면접장에서

① 면접장에서는 예의 바른 태도로 일관한다.

② 면접 때는 불필요하게 몸을 움직이지 않고 손은 두 무릎 위에 둔다.

③ "~했습니다.", "~입니다."로 분명하게 말끝을 맺는다.

Q 인성 영역 자주 나오는 질문

1. 자기소개를 해보시오.

예시 답변

안녕하십니까. △△마이스터고 지원자 ○○○이라고 합니다. 저는 어떤 한 가지 목표를 갖게 되면 그것을 이뤄낼 방법을 찾으려 꾸준히 노력합니다. 초등학교 시절 뉴스에 등장한 □□ 분야의 기술자들을 보고 그분들에 대한 흥미와 호기심을 갖게 됐습니다. 자신의 능력과 기술에 대한 자부심을 갖고 있었고, 구슬땀을 흘리며 일하는 모습이 무척 근사하게 느껴졌습니다. 이를 계기로 □□ 분야의 기술자가 되고 싶다는 목표를 갖게 되었고, □□ 분야에 관련된 정보들을 찾아보고 활동을 하며 꿈을 키웠습니다. 그러던 중 중학교 2학년 진로학습 시간에 □□ 분야의 전문가를 키우는 △△마이스터고가 있다는 사실을 알게 되어 지원하게 되었습니다. 학교에 입학하고 열심히 공부해 □□ 분야 기술을 선도하는 마이스터가 되고 싶습니다.

참고

기본적인 자기소개 내용의 답변시간은 40초에서 1분 사이가 적당하다. 답변을 시작하면 다시 한 번 인사를 한 뒤 자신의 이름과 출신 학교를 말하고 해당 마이스터고등학교의 지원 이유에 대해 설명하면 된다. 답변 후 입학 후에 대한 짤막한 포부도 이어진다면 더욱 좋다. 단, 자기소개서 및 생활기록부에 기술한 사항과 어긋나는 대답을 해서는 안 된다. 면접 준비과정에서 이 부분을 유념하자.

2. 우리 학교에 오고 싶은 이유는 무엇인가?(진학동기)

예시 답변

어릴 때부터 □□ 분야에 관심이 많아 □□ 전문가가 되는 것이 꿈이었습니다. 초등학교에 입학한 뒤부터 관련 방과후 수업이 개설되면 항상 참여해왔고, □□ 분야를 다룬 책을 읽으며 □□ 전문가가 된 제 모습을 상상하곤 했습니다. 그렇게 꿈을 키워 오던 중 고등학교 입학을 앞두고 취업과 대학 진학 등에 대해 여러 고민을 하게 되었습니다. 그런 저의 고민을 알고 계시던 부모님의 권유로 전부터 관심이 있었던 △△마이스터고의 설명회에 참석해 학교에 대한 자세한 정보를 얻을 수 있었습니다. □□ 분야에 대해 전문적이고 수준 높은 기술교육을 받을 수 있다는 점과 높은 취업률을 기록하고 있다는 점이 매력적으로 느껴졌고, △△마이스터고에 입학하고 싶다는 생각이 굳어지는 계기가 되었습니다. 훌륭한 교육환경과 시설을 갖춘 △△마이스터고에서 성실히 노력하여 향후 □□ 분야의 산업 발전을 도모하는 전문가로 성장하고 싶습니다.

참고

지원자가 해당 학과에서 수학하여, 관련 분야에 종사하고자 하는 이유를 묻는 질문이다. 해당 분야와 관련된 자신의 경험을 한두 개 정도는 준비해두는 것이 좋다. 이 때 단순히 '어려서부터 ~에 관심이 많았다'는 답변보다는 구체적인 경험을 말해야 한다. 자신 주변에 해당 산업에 종사하는 인원이 없는지, 혹은 과거 해당 산업 분야와 관련된 박람회나 각종 이벤트에 참여한 경험은 없었는지 생각해보자. 이러한 경험을 밝힌 뒤에는 '그리하여 진학한 뒤 어떻게 할 것이다'와 같은 학업계획이 이어지면 좋다.

3. 친구와 갈등 상황이 생겼을 경우 어떻게 해결하겠는가?

예시 답변

교우관계에서 갈등 상황을 해결할 수 있는 두 가지 열쇠는 공감과 대화라고 생각합니다. 보통 친구와 갈등을 겪게 되는 원인은 친구의 감정과 입장을 헤아리지 않고, 나의 상황만을 내세우는 데 있습니다. 친구와 갈등이 생겼을 때에는 일단 악화된 감정을 추스르는 데 노력하고, 그다음 친구의 입장을 생각하며 나의 언행을 친구가 어떻게 받아들였을지 생각해봅니다. 그리고 친구에게 다가가 서로의 감정과 입장을 구체적이고 진솔하게 이야기 나누며 저부터 먼저 스스로의 잘못을 인정하고 사과하는 자세를 가져야 합니다.

참고

대인관계는 언제 어디서든 중요한 덕목 중 하나다. 면접관들은 지원자가 학교생활에 잘 적응해나가기 위해 선생님, 친구와 원활한 관계를 유지할 수 있을지 궁금해 한다. 대인관계에서의 노하우라면 '친구를 사귀는 법, 의견을 조율하는 법' 등 다양한 것들이 있겠지만, 이를 설명하는 과정에서 여러분이 '배려할 줄 알며 예의를 지킬 줄 아는 학생'임을 어필할 수 있어야 한다.

Q 그 외 인성 영역 자주 나오는 질문

Q. 제일 좋아하는 과목은 무엇인지 그 이유를 설명해보시오.

Q. 자신만의 공부방법이 있다면 말해보시오.

Q. 마이스터고등학교 입시를 준비하면서 가장 힘들었던 부분은 무엇이었는가?

Q. 자신이 다니고 있는 중학교에 대해 소개해보시오.

Q. 부모님은 어떤 사람인지 이야기해보시오.

Q. 지원한 분야가 향후 사회와 인간에게 어떤 이익을 줄 수 있을지 생각해보았는가?

Q. 스트레스를 받았을 때 해소하는 방법을 말해보시오.

Q. 우리 학교에 대해 아는 대로 말해보시오.

Q. 존경하는 인물은 누구인가? 있다면 존경하는 이유를 말해보시오.

Q. 생활기록부에 지각이 조금 있는데 왜 그랬는가?

Q. 자신을 한 단어로 표현한다면 무엇이라고 생각하는가?

Q. 자신을 장점을 말해보시오.

Q. 본인의 단점은 무엇이고 이를 극복하기 위해 어떤 노력을 했는지 말해보시오.

Q. 다른 마이스터고등학교가 아닌 우리 학교에 지원한 이유는 무엇인가?

Q. 마지막으로 하고 싶은 말이 있으면 해보시오.

Q 직무역량 영역 자주 나오는 질문

1. 우리 학교에 오기 위해, 또는 지원한 학과를 위해 준비한 것을 말해보시오.

예시 답변

마이스터고에 진학하겠다고 결심한 후에 제게 현재 부족한 것은 무엇인지 먼저 파악하고 이를 채워야겠다고 생각했습니다. 제가 지망하는 ㅁㅁ 분야의 일은 해외를 자주 오가기 때문에 먼저 영어 공부에 더 집중해야겠다고 생각했습니다. 그래서 학교 영어 선생님의 도움을 받아 어떤 영역을 추가로 공부해야 하는지 파악하고 공부에 매진했습니다. 영어뿐 아니라 △△마이스터고에 진학하기 위해서는 전체적인 내신 성적도 중요하기 때문에 부족한 성적을 높이고, 이를 관리하려 노력했습니다.

참고 

이 질문에는 '우리 학교에 얼마나 관심을 갖고 있는지', '지원 분야를 얼마나 잘 알고 있는지'를 알아보고자 하는 의도가 담겨 있다. 중학교를 다니면서 자신이 해당 학교 입학과 지원 분야를 위해 노력한 활동, 예를 들어 자격증 취득, 동아리 활동, 각종 교내 대회 준비 등 관련된 내용이 있다면 경험을 들어 구체적으로 표현하자. 여기서 중요한 것은 지원학교와 직무 내용이 연관되는 내용이어야 한다는 것이다.

2. ㅁㅁ 분야의 마이스터로서 갖춰야 할 자질은 무엇이라고 생각하며, 본인이 그러한 자질을 갖췄음을 설명할 수 있는 경험은 무엇인지 말해보시오.

예시 답변

ㅁㅁ 분야는 작업 중 변수가 많아 예상치 못한 상황이 일어날 수 있기 때문에 이에 대처하는 문제해결능력을 갖춰야 합니다. 저는 2학년 때 과학 동아리 발표회 준비를 하면서, 실험장치는 잘 만들었는데도 예상과는 계속 빗나가는 실험결과 때문에 어려움을 겪었습니다. 동아리를 이끄는 입장이었던 저는 지도 선생님의 도움 없이 해결해보자고 친구들을 독려했습니다. 그리고 실험과정을 처음부터 되짚어보며 어떤 변수가 있었는지 자세히 탐구했습니다. 그 결과 잘 만들어졌다고 생각한 실험장치에 이상이 있었음을 알게 됐고, 실험을 잘 마무리하여 발표회를 성공적으로 마칠 수 있었습니다.

참고

직무 · 전공에 대한 이해와 그에 대한 역량을 동시에 묻기 위한 질문이다. 거창하지는 않더라도 면접 전에 해당 직무를 하는 사람이 가져야 할 자질을 생각해본다. 거기에 과거의 사례를 찾아 접목시킨 다음 내가 경험한 사실을 최대한 명확하게 답변하는 것이 좋다.

3. 자신과 성향이 매우 다른 사람과 함께 조별과제를 해결해야 하는 상황에서 어떻게 행동할 것인가?

예시 답변

잘 맞지 않는 사람과 조별과제를 진행하는 것은 어렵고 괴로울 수 있습니다. 그러나 중요한 것은 과제를 성공적으로 수행하는 것입니다. 성향이 다른 것이 조별과제를 하는 데 장애가 될 수도 있겠지만, 한편으로는 서로 잘 할 수 있는 일이 다르다는 뜻이라고 생각합니다. 상대방과 긴밀하게 대화를 나누고 서로 해야 할 일을 정확히 배분해서, 과제를 수행할 때 갈등이 없도록 할 것입니다.

참고

협업을 통한 과제해결능력과 대인관계능력까지 알아볼 수 있는 질문이다. 중요한 것은 서로 갈등을 빚지 않고 최대한 협력하여 과제를 수행하는 것임을 명심하자. 상대방을 향한 이해와 배려, 협동심을 바탕으로 대답한다면 좋은 답변이 될 것이다.

4. 마이스터고가 일반고에 비해 어떤 장점이 있다고 생각하는가?

예시 답변

제가 생각하는 마이스터고의 장점은 산업계의 수요와 연계된 맞춤형 교육과정과 빠른 취업이라고 생각합니다. 마이스터고의 설립 목적은 산업 분야에 바로 투입될 수 있는 현장인력을 양성하는 것에 있습니다. 따라서 직업교육에 특화된 교육과정으로 편성되어 있고, 학교별로 중점적으로 다루는 분야가 달라 원하는 진로에 맞춰 전문적인 교육을 받는 것이 가능합니다. 아울러 취업을 최우선 목표로 두고 있는 만큼 평균적으로 높은 취업률을 자랑하고 있습니다. 학생들은 학교에서 배운 지식과 기술을 바탕으로 현장실습을 하며 나만의 포트폴리오를 만들 수 있고, 이는 취업을 준비할 때 활용하기 좋은 자료가 됩니다. 무엇보다 학생들이 빠르게 경쟁력을 갖추고 사회로 나아가 전문인으로 성장할 수 있도록 지원을 아끼지 않는다는 점이 마이스터고의 가장 큰 장점이라고 생각합니다.

참고

마이스터고 입시를 준비하면서 조사한 내용, 선생님께 듣게 된 내용 등을 잘 정리해 답변하면 된다. 해당 마이스터고가 개최하는 입시설명회에 가보는 것도 이 같은 질문 답변에 큰 도움이 된다. 교육부의 '마이스터고 포털'을 검색하는 것도 한 방법이다.

5. 본교에 진학한 후에 학업계획은 어떠한가?

예시 답변

우선 학과 실습이나 기숙사, 교우관계 등 새로운 환경에 적응하도록 노력할 것입니다. 특히 처음 해보는 실습에서 어려움을 겪을 수 있겠지만 열심히 노력하고 교우들과도 서로 도와 능숙해질 수 있도록 힘쓸 것입니다. 또한 성적이 전교 상위 10% 안에는 들어야 제가 목표로 하는 △△전자 취업에 유리하다고 알고 있습니다. 따라서 1학년 때부터 기본적으로 학업 성적을 상위권으로 유지하겠습니다. 아울러 교내 대회에도 적극적으로 참여하여 실력을 높이고, 방학 기간에는 기술 자격이나 한국사 자격 취득에 매진하며, 토익 공부에도 도전할 계획입니다. 또한 공부뿐 아니라 동아리나 봉사활동에도 꾸준히 참여해 마이스터 점수를 향상시키려 노력하겠습니다. 진학 후 해야 할 일이 무척 많지만 성실히 계획을 세워 학교생활을 보낸다면 제가 목표한 바를 이룰 수 있으리라 생각합니다.

향후 진로계획에 대해 묻고, 지원한 분야에 대해 얼마나 잘 알고 있는지도 체크할 수 있는 질문이다. 이를 통해 면접관은 지원자의 '성장 가능성'과 '취업 의지'를 파악할 수 있다. 마이스터고등학교에서는 3학년 2학기부터 보통 기업에 입사를 시작한다. 학교별로 마련된 취업전형은 학교 홈페이지에서 쉽게 찾아볼 수 있다. 이를 기반으로 답변을 마련하되, 이 과정에서 관련 업계 소식을 녹여 말할 수 있다면 훌륭한 답변이 될 것이다. 구체적인 기업명과 왜 그 기업에 들어가고 싶은지까지 말할 수 있다면 완벽하다.

Q 그 외 직무역량 영역 자주 나오는 질문

Q. 교내외 활동에서 큰 성과를 이룬 경험이 있는가? 이때 자신의 역할은 무엇이었는가?

Q. 중학교에서 동아리를 만든 계기가 있는가? 어떤 활동을 진행하였는가?

Q. 봉사활동을 한 경험이 있으면 말해보시오.

Q. 취업하게 되면 일이 힘든데 할 수 있겠는가?

Q. 수학 성적이 좋은데 자신만의 특별한 공부법이 있는가?

Q. 사회 구성원으로서 갖춰야 할 가장 중요한 자질은 무엇이라고 생각하는가?

Q. 전공과 관련하여 만나보고 싶은 사람이 있다면 누구인가?

Q. 본인의 손해를 감수하고 공동체를 위해 노력한 경험이 있는가?

Q. 만약 우리 학교에 떨어진다면 어떻게 할 것인가?

Q. 엔지니어가 가져야 할 역량은 무엇인가?

Q. 읽어본 책 중에서 학생에게 가장 많은 영향을 준 책은 무엇인가?

Q. 최근 뉴스에서 인상 깊었던 주제는 무엇인가?

Q. 지원하고자 하는 ㅁㅁ 분야의 기술에 대해 말해보시오.

03 토론면접 대비

일반적인 면접과 달리 학교에 따라 지원 학생들 간의 토론면접을 실시하는 마이스터고등학교도 있습니다. 자신이 지원한 학교가 입시 전형에서 토론면접을 진행하는지 알아보기 위해선 입시요강을 확인하거나 직접 전화해 문의할 수 있습니다. 꼭 확인해두도록 합시다.

01 토론면접이란?

토론면접의 진행

일부 마이스터고등학교 입시에서는 심층면접 전형에서 '집단 토론면접' 평가를 실시한다. 학생들은 **'산업과 관련된, 상호갈등적 요소를 지닌'** 사회문제에 대해 토론을 진행한다. 토론 전 찬반으로 조를 나눠 토론 내용에 대한 회의를 하고 전략을 점검하는 시간을 갖는다. 이후 사회자의 주도로 토론을 실시한다. 면접관은 토론 과정을 지켜보며 지원자들을 평가한다.

KEY POINT

토론면접의 평가 요소

- 의사소통능력
- 팀워크
- 갈등조정능력
- 결론도출능력
- 토론 결과의 합리성
- 상대방에 대한 배려 자세

02 올바른 토론 자세

논리적인 토론 자세

토론면접에서 좋은 평가를 받기 위해서는 무엇보다 논리적인 토론을 만들어나가는 것이 가장 중요하다. 토론 내에서 개별 참가자의 참여도와 태도로 인해 각각의 점수가 나뉘기도 하지만 토론면접에서 가장 큰 점수를 차지하는 것은 공통평가 대상이 되는 '**토론의 진행과정과 생산성**'이다. 토론에 특정한 정답이 정해져 있는 것은 아니나, 어떠한 결론이 나오든 그것을 뒷받침할 근거가 필요하다. 결론에 다다르는 과정에서 찬성 측과 반대 측이 벌어지는 논박도 객관적인 자료와 합리성에 기반을 두고 진행돼야 한다.

논리적인 토론 진행을 위한 3요소

- 논리적 근거 마련 : '위험하다, 무섭다, 기분이 나쁘다, 불쌍하다' 등 감정 표현을 자기주장의 근거로 삼는 것은 피해야 한다. 새로운 의견을 내거나 다른 이의 의견에 반대하기 위해서는 과학적인 근거를 제시할 수 있어야 한다. 이를 위해서는 주어진 자료를 잘 파악해두어야 한다. 반대로 상대방의 주장에 이러한 근거가 부재되어 있을 경우 이를 정중하게 짚어줄 수 있다.
- 이해되기 쉽고 명료한 표현 : 타인에 의해 제기되는 주장은, 비록 그 근거가 논리적일지라도 듣는 이의 입장에서는 재빨리 이해되지 않는 경우가 있다. 토론에서 말을 할 때에는 어려운 표현을 사용하기보다는 최대한 다른 이들이 쉽게 알아들을 수 있도록 순화된 표현을 사용하는 것이 좋다. 자신의 주장에 사회통념에 기초한 다양한 비유를 붙일 수 있다면 참여자들을 설득하기가 쉬워진다.
- 용어 사용의 오해 줄이기 : 토론에서 특정한 용어의 의미를 서로 다르게 알고 있음으로 인해 발생하는 장애는 무의미한 논의과정을 유발하며 토론의 본질을 흐리기 쉽다. 입시생들은 지원 분야에 있어 아직 전문지식이 부족하기 때문에 토론 도중 이런 문제가 더욱 쉽게 발생할 수 있다. 토론 도중 상대방과 용어에 대한 이해를 달리 하고 있는 것이 느껴진다면 주저하지 말고 확인해보는 것이 좋다.

상대방을 배려하는 토론 자세

토론을 할 때에는 다른 사람의 의견을 경청하고 받아들일 수 있는 자세를 취하는 것도 매우 중요하다. 한 편이 되는 조원들의 의견뿐 아니라 상대방의 의견 또한 타협과 절충의 방안은 없는지 꾸준히 모색해야 한다. 토론면접의 평가 목적 중 한 가지는 '**다른 사람의 말을 경청하고 자신의 의견을 잘 개진할 수 있는지**'를 검증하는 것이다.

참 고

상호 배려하는 토론 진행을 위한 3요소

- 배려심 : 발언이 겹쳤을 때 타인에게 발언권을 양보하거나 대화에 참여하지 못하는 지원자에게 발언 기회를 주는 등의 기본적인 배려 자세이다.
- 경청의 자세 : 타인이 말을 할 때 허공을 바라보거나 땅을 보는 등 집중하지 않는 태도를 보여서는 안 된다. 고개를 끄덕이고 중요한 것은 메모하며 적극적으로 타인의 이야기를 듣고 있다는 표현을 한다면 경청의 자세를 보여줄 수 있다.
- 문제해결 의지 : 상호갈등적 요소를 지닌 과제라 하더라도, 모두가 동의하는 해답을 내놓기 위해서는 서로 타협해야만 한다. 말과 행동 등의 배려 자세뿐 아니라 논거에 있어서도 상대방의 주장을 이해하고 절충안을 내놓으려는 태도를 보일 수 있어야 한다.

04 마이스터고 자기소개서·학업계획서

다수의 마이스터고등학교 입시에서 지원 서류와 함께 '학업계획서 · 진로계획서 · 자기계발계획서' 등으로 불리는 에세이를 제출할 것을 요구합니다. 이들의 기본적인 형식은 자기소개서와 크게 다르지 않습니다. 자기소개서를 작성하는 방법과 기본 질문을 알아보고 지원 학교의 질문과 분량에 맞춰 자신만의 자기소개서를 써봅시다.

01 자기소개서 작성 요령

자신의 콘텐츠에 대한 파악

'교내외 학습활동, 봉사활동, 여행, 현장방문, 독서 내용' 등 우리 기억 속의 각종 경험들은 얼핏 자기소개서에 쓰기에 유용해보이나, 준비되지 않은 상태에서 글로 옮기면 글이 꼬이기 시작하고 점차 갈피를 못 잡게 되어버리기 쉽다. 자기소개서를 쓰기에 앞서 우선 자신의 경험을 **'콘텐츠화'**시키는 작업이 필요하다. 이는 각 경험에 대해 그것이 일어나게 된 원인과 그 경험으로 인한 자신의 외적·내적인 변화, 그 경험이 주는 가치를 파악해두는 작업이다.

우선 각 경험이 일어난 원인과 그 결과를 파악해두고 그 경험이 내포하는 의미가 무엇인지에 대해 정리해두자. 꼭 과거의 경험만을 콘텐츠화시킬 수 있는 것은 아니다. 학업계획서와 진로계획서에 쓸 미래계획들도, 왜 이런 계획을 세우게 되었는지와 학업 과정을 통해 어떤 성과를 이루고자 하는지, 이를 통해 드러낼 자신의 가치관은 어떤 것일지를 명확히 해두어야 한다. 콘텐츠화가 끝났다면 자기소개서를 쓰는 과정은 자신의 콘텐츠들을 취사선택하는 과정일 뿐이다. 이렇게 정리한 내용은 추후 취업과 대학 입시에서도 유용하게 사용할 수 있다.

솔직담백한 자신의 장점

자기소개서를 통해 드러나는 자신의 장점은 '진솔하고 개성 넘치게', 자신의 단점은 '극복하기 위한 노력이 어필되게끔' 해야 한다. 장점을 말할 때에는 평가관이 거부감을 느끼지 않을 정도로 그 내용에서 **진실성**이 느껴져야 하고 동시에 시선을 사로잡는 **개성**도 느껴져야 한다. 글의 신뢰도를 올리는 방법은 **'구체화'**이다. 자신의 장점을 단순히 평문으로 얘기하는 것이 아닌 장점이 드러난 경험을 이야기 형식으로 전달하는 것이다. 국어 시간에 배운 인물의 성격 제시 방법 중 '간접적 제시 방법'을 떠올릴 수 있다. 이런 전달방식은 디테일한 부분을 살릴 수 있을 때 더욱 효과적이다. 디테일한 상황 설명이 있는 자신만의 이야기가 있을 때 평가관들은 지원자의 자기소개서를 보고 '솔직담백하다'고 느낄 수 있다.

분량·구성에 철저

마이스터고등학교 입시 전형에서 요구하는 에세이들은 대체로 분량이 각 항목 당 1,000자 이내인 경우가 많다. 일부 학교는 면접장에서 자필로 작성할 것을 요구하기도 하는데, 이러한 조건에 맞게 자기소개서를 작성하는 것이 매우 중요하다. 분량의 경우 넘치는 것은 지양하되, 부족하다고 하여 무리하게 내용을 늘려서 정량을 맞출 필요는 없다. 평가관이 보기에 글이 늘어지고 같은 내용이 반복되는 것 같은 자기소개서보다는 분량이 살짝 부족한 자기소개서가 낫다. 자기소개서는 자신의 특성을 명료하게 드러낼 수 있다면 충분하다.

주변에 도움 요청

자기소개서 또한 글이기에 같은 내용이라도 구성력과 문장력이 뛰어난 자기소개서가 더 높은 평가를 받을 수밖에 없다. 주변 친구들과 부모님, 선생님에게 보여주어 '첨삭'을 받는 것, 스스로 읽어보며 더 나은 구성이 없을지 바꿔보고 다시 써 보는 것이 중요하다. 그러기 위해서 자기소개서는 시간을 갖고 준비해야 한다. 한 번에 써서 끝내려는 생각은 금물이다. 자기소개서를 쓰는 과정은 그 자체로 자신의 정체성을 찾아가는 과정이기도 하다. 처음 쓰고 난 뒤 한 주 뒤에 읽어보고 고치고, 한 달 뒤에 읽어보고 고치는 등 반복해서 살펴봐야 한다.

면접과 함께 대비

학교별로 자기소개서에 '가족·교우 관계, 좋아하는 과목, 존경하는 인물' 등 기본 사항 외에 다른 것들을 물어볼 수 있다. 이런 질문에 대한 답변 방식은 앞서 살펴본 인성면접과 같다. 또한 면접관들은 인성면접에서 자기소개서의 내용을 기반으로 한 질문을 자주 한다. 자기소개서를 읽어보고 어떤 사건에 대해서 추가적인 설명을 요구하거나 의문이 드는 부분을 캐물어보기도 하는데, 여기서 제대로 대답하지 못한다면 면접관의 신뢰를 얻을 수 없다. 때문에 제출한 자기소개서 내용을 꼼꼼히 숙지해두어야 한다. 면접관이 자신의 자기소개서를 보고 의문을 가질만한 부분을 미리 예측해 그에 대한 답변을 준비해두는 것도 좋다.

02 성장과정

기본적인 사안

우선 면접에서 자기소개를 하듯이 출신 고장과 학교가 어딘지를 밝히고 인적사항을 말하면 된다. 자신의 성장과정을 말함에 있어서 가정의 분위기를 빼놓을 수는 없다. 부모님의 교육 방침과 그로 인해 받은 영향 등을 쓸 수 있다면 쓰되, 그렇지 않다면 가족구성원과 구성원들에 대한 소개를 짤막하게 하자.

지원 학교에 걸맞은 경험

자기소개서를 쓰는 목적은 자신이 해당 마이스터고등학교에 적합한 학생이라는 걸 증명하기 위해서이다. 따라서 같은 사람이 쓰더라도 지원하는 학교가 달라진다면 자기소개서의 내용 또한 바뀔 수 있다. 예를 들어 '경기게임마이스터고등학교'에 지원하는 학생이라면 성장과정에 대해 쓸 때, 해당 분야인 '게임'과 관련된 어린 시절의 경험을 쓰는 것이 좋다. 이야깃거리를 찾는다면 게임을 좋아하기 때문에 했던 경험, 게임을 좋아하게 된 경험, 게임에 대한 자신만의 가치관을 가지게 된 경험 등을 떠올려볼 수 있을 것이다. 이외에도 관련 개념을 확장하여, 해당 분야의 종사자로서 지녀야 할 덕목·능력을 찾아보고 이와 관련된 자신의 경험을 찾아볼 수 있다.

사용할 만한 콘텐츠

성장과정에 쓸 만한 콘텐츠로는 '특기와 취미, 학교 활동과 수상 경력, 교우관계' 등이 있다. 앞서 말했듯 자기소개서의 목적에 걸맞은 경험을 사용해야 한다. 유치원, 초등학교, 중학교 순으로 모든 시절을 의미 없이 나열하는 식의 서술은 좋지 않으며, 사건의 배열을 시간 순서대로 할 필요도 없다.

03 지원동기

지원동기의 필연성

지원동기에 대해 쓰는 것은 지원한 마이스터고등학교에 자신이 얼마나 부합하는지를 설명하는 과정이다. 성장과정보다 더욱 집약적으로 자신의 장점을 부각시켜 '해당 학교에 꼭 맞는 인재'라는 점을 보여주어야 한다. 기본적인 글의 구성은 학교의 특성을 말하고 자신의 특성을 말한 뒤, 자신이 이 학교에 들어가야 하는 이유와 학교가 자신을 뽑아야 하는 이유를 나열하면 된다. 이는 자기소개서를 통틀어 가장 중요한 부분이다.

학교와 산업 분야에 대한 탐구

마이스터고등학교의 홈페이지를 보면 학교소개 부분에서 '교육목표, 인재상' 등을 찾아볼 수 있다. 이러한 학교 정보는 면접 때에도 매우 중요하기 때문에 간단한 내용은 암기해두는 것이 좋다. 지원동기를 말할 때 일반고에 지원한다면 교육 커리큘럼이나 교훈 등에 드러난 일반적인 학생의 덕목에 부합하는 자신의 특징을 부각시킬 수도 있겠지만, 마이스터고등학교의 '교육 커리큘럼과 교훈, 교육목표, 인재상' 등은 학교에서 가르치는 산업 분야와 직결되어 있다. 이를 자세히 파악하고 지원동기를 마련하자.

가장 중요한 것은 해당 산업 분야에 대한 탐구이다. 탐구 대상은 다음과 같다. **'최근 어떤 신기술이 개발되고 있는가?', '산업현장에 적용되는 기술은 무엇이 있는가?', '시장에서는 어떤 국가와 어떤 기업이 우세한가?', '산업의 미래 먹거리로는 무엇이 있는가?'**이다. 이와 같은 것들을 뉴스 검색과 도서 등을 통해 찾아본다. 그리고 해당 분야와 관련된 디테일한 내용을 자기소개서 내에서 매끄럽게 언급할 수 있다면 높은 평가를 받을 수 있다. 신기술과 기업 등에 대한 정보는 해당 분야에 관심을 갖게 된 계기 등을 말하면서 함께 언급할 수 있다. 산업 비전, 미래 먹거리 등에 관한 정보는 포부, 비전 등을 말하면서 함께 언급할 수 있다.

자신의 열정을 보일 수 있는 포부와 비전

마이스터고등학교는 해당 산업에 취직하여 꾸준히 성장할 가능성이 높은 학생을 뽑고자 한다. 그러기 위해서 **지원자의 학업에 대한 열정**을 확인하길 원한다. 이를 보여주기 위한 가장 효과적인 방법은 진학 시 자신의 포부와 비전에 대해 언급하는 것이다. 학업과 진로계획에 대해 묻는 항목이 따로 있다면 지원동기 항목에서는 짤막하게 언급해도 되지만, 아니라면 지원동기 단계에서 자신의 미래계획을 언급해주어야 한다. 이외에 마이스터고등학교에 대한 자신의 열정을 보여주는 방법으로, 자신이 현재 주변 사람들로부터 응원받고 있다는 사실을 언급해도 좋다. 선생님이나 부모님으로부터 마이스터고등학교 입학에 대해 격려를 받고 있다거나 친구들에게 자신의 비전에 대해 설명하고 자랑했다는 등의 내용은 지원자의 열정을 보여주는 단면이기도 하다.

04 학업계획서

학업계획

마이스터고등학교를 다니면서 어떻게 수학(受學)할 것인지를 정리하는 것이다. 마이스터고등학교의 교과 커리큘럼을 통해 하고자 하는 것들을 정리하여 3년 동안 이뤄야 할 자신의 목표를 적고 이것을 이루기 위해 해야 할 공부방식 등을 적을 수 있다. 연·월 단위로 이루어야 할 단계별 목표를 정리하여 소개할 수도 있고 주 단위로 반복할 자신의 공부 루틴을 짜서 소개할 수도 있다. 자신만의 공부방법을 쓰는 것 또한 매우 좋다. 마이스터고등학교는 학업과 취업의 경계가 구분되지 않기 때문에 관련 진로를 잘 알아보고 학업계획에 이를 반영하는 것 또한 중요하다. 이를 통해 개성을 살리는 것도 좋다. 자신이 느끼기에는 실현 가능성이 적어보이더라도 학업계획이 구체적이라면 평가관에게 신뢰를 주기엔 충분하다. 무엇보다 지원자의 자신감 있는 태도가 중요하다.

진로계획

학교는 지원자의 장래성을 파악하기 위해 지원자의 졸업 후 계획을 살펴보고자 한다. 물론 마이스터고등학교에서 배울 산업 분야와 전혀 무관한 진로계획을 세운다면 좋은 평가를 하기 어려울 것이다. 지원 학교의 분야와 맞는 진로설계를 해야 한다. 학교에서 배운 내용을 바탕으로 사회에 나가 어떤 일을 할 것인지 **개성 있게, 자신감 넘치게 구체적으로** 적으면 된다. 마이스터고등학교 학생들은 **'선취업 후진학'** 커리큘럼에 따라 우선 취업을 하는 경우가 대부분이며 졸업 후 일정 기간 대학에 진학을 하지 못하므로 이에 맞춰 진로를 설계해야 한다.

마이스터로서의 비전

마이스터고등학교의 교육 목표는 기본적으로 해당 분야의 '영 마이스터(Young Meister)'를 육성하는 데에 있다. 마이스터는 단순 공장 노무자가 아니다. 마이스터는 산업현장의 정점에 서 있는 기술자인 동시에, 산업의 성장을 견인시키는 창의력과 추진력을 겸비한 개발자이기도 하다. 이와 같이 마이스터고등학교 진학생의 목표에는 **자신의 진로계획만이 들어 있는 것이 아닌 해당 분야에 대한 비전 또한 담겨 있어야 한다.** 그렇다고 해서 비전이 너무 학구적인 내용이 되어서는 안 된다. 마이스터고등학교라는 시스템이 갖춰진 것은 산업 분야에서 필요로 하는 기술자를 효율적으로 길러내기 위해서이다. 같은 분야라 하더라도 마이스터고등학교를 들어가 마이스터가 된 인력과 일반계 고등학교를 가서 대학을 간 인력이 하는 일에는 차이가 있다. 자신의 진로와 비전이 마이스터의 영역에 있는지 아닌지를 잘 파악하는 것이 중요하다.

예 학업계획서 작성 예시

1. 마이스터고 지원동기

□□ 분야는 4차 산업혁명 시대를 이끄는 대표 기술 분야입니다. 아울러 우리의 상상을 현실로 이루어줄 가장 비전 있는 분야 중 하나입니다. 이러한 첨단 기술을 익히며 시대의 새로운 모습을 창조할 수 있는 산업 역군으로 성장하고 싶습니다. 또한 마이스터는 단순한 노동자가 아닌 산업현장의 중심에 서 있는 최고의 전문가입니다. 저는 그런 □□ 분야의 전문가가 되기 위해 망설임 없이 귀고를 선택하게 되었습니다.

2. 학습하고 싶은 분야 및 학습계획

성공적인 고등학교 생활을 위한 저의 학업계획은 다음과 같습니다.

첫째 1, 2학년 때는 기초교과 과정에 충실히 공부하면서 나중에 심화된 전공수업을 이해하기 위한 기틀을 다질 것입니다. 성실히 공부하면서 □□ 분야를 깊이 알아가는 시간을 가질 것입니다.

둘째 회화가 가능한 수준의 영어 실력을 갖추기 위해 노력할 것입니다. □□ 분야는 산업의 발달에 따라 성장하는 선진 기술인만큼 외국어 공부는 필수이기 때문입니다.

셋째 3학년 때는 그간 배워온 전공 공부를 토대로 심화 학습을 할 것입니다. 가능하면 많이 실험하고 이 결과를 분석하여 실제 제가 전공 분야를 이해하는데 도움이 되도록 집중해보고 싶습니다.

3. 학교 졸업 후 계획

고등학교를 졸업하면서는 △△전자에 입사하고 싶습니다. 전공 분야에서 제가 배운 이론을 직접 현장에 접목시켜 나가면서 □□ 분야의 신기술을 사용해 사회에 도움을 주고 싶습니다. 더불어 취업 후 업무 적응이 완료된 후에는 사내대학에 진학하여 기술연구를 하며 일과 학업을 병행하고 싶습니다.

PART Ⅱ

마이스터고 적성평가 준비

적성검사 문제의 난이도는 천천히 풀면 쉽게 답을 맞힐 수 있는 수준이지만, 많은 문제를 빠르게 풀어야 한다는 점에서 지원자들 간에 실력 차가 생깁니다. 문제의 난이도가 쉽다고만 판단해서 제대로 준비하지 않고 시험에 응시한다면, 문제를 전부 풀지 못하거나 쉬운 문제임에도 실수를 해 틀리는 등 낭패를 볼 수 있습니다.

마이스터고등학교 적성평가 시험 문제들은 'NCS-직업기초능력검사형' 과목과 '대기업 적성검사형' 과목이 혼재되어 나옵니다. 입시 요강에 어떤 과목이 출제되는지 명기된 학교도 있지만 쓰여 있지 않은 학교도 많으며, 대부분의 마이스터고등학교는 적성평가 시험을 외부 문제개발 업체의 지원을 받아 시행하기 때문에 시행 전까지 정확한 정보는 알기 어렵습니다.

본 도서의 적성검사 대비 파트는 마이스터고등학교 적성평가 시험에 출제될 수 있는 과목으로만 구성되었습니다. NCS-직업기초능력검사형 과목과 대기업 적성검사형 과목 중, 이론을 사전에 알아두어야 풀 수 있는 암기형은 제외하고 지능평가형 과목만을 모았으며, 실제로 많은 마이스터고등학교 적성평가 시험에 나오는 과목인지 확인하였습니다. 학교에 따라서 입시 요강에 출제 과목이 명확히 쓰여 있는 일부 마이스터고등학교의 지원자는 출제되는 영역에 맞는 부분만 공부해볼 수 있습니다.

CHAPTER 01 적성검사

01 의사소통능력(NCS + 적성형)

02 수리능력(NCS + 적성형)

03 문제해결능력(NCS형)

04 추리능력(적성형)

05 공간지각능력(적성형)

06 사무지각능력(적성형)

07 영어능력(적성형)

CHAPTER 02 인성검사

01 인성검사 모의연습

CHAPTER 01

적성검사

01 의사소통능력(NCS + 적성형)

■ 의사소통능력

의사소통능력이란 업무를 수행함에 있어 글과 말을 읽고 들음으로써 다른 사람이 뜻한 바를 파악하고, 자기가 뜻한 바를 글과 말로 정확하게 표현하는 언어능력이다. 일상에서 맞닥뜨릴 수 있는 다양한 상황에서 글을 정확하게 읽고 표현하는지, 대화과정에서 상대방과의 소통을 능숙하게 해낼 수 있는지에 대한 문제가 출제된다.

■ NCS형

하위능력	정의	세부요소
문서이해 능력	업무를 수행함에 있어 다른 사람이 작성한 글을 읽고 그 내용을 이해하는 능력	• 문서 정보 확인 및 획득 • 문서 정보 이해 및 수집 • 문서 정보 평가
문서작성 능력	업무를 수행함에 있어 자기가 뜻한 바를 글로 나타내는 능력	• 작성 문서의 정보 확인 및 조직 • 목적과 상황에 맞는 문서 작성 • 작성한 문서 교정 및 평가
경청능력	업무를 수행함에 있어 다른 사람의 말을 듣고 그 내용을 이해하는 능력	• 음성 정보와 매체 정보 듣기 • 음성 정보와 매체 정보 내용 이해 • 음성 정보와 매체 정보에 대한 반응과 평가
의사표현 능력	업무를 수행함에 있어 자기가 뜻한 바를 말로 나타내는 능력	• 목적과 상황에 맞는 정보 조직 • 목적과 상황에 맞게 전달 • 대화에 대한 피드백과 평가

■ 적성형

어휘력

어휘력 영역에서는 어휘와 어법문제가 출제된다. 어휘를 문장 내에서 바르게 쓰고 단어의 의미를 추론해 의사소통 시 정확한 표현을 구사하는 능력을 측정한다. 여러 가지 어휘관계나 맞춤법, 표준어 규정, 띄어쓰기 등은 중등 교육과정 수준에서 문제가 출제되기 때문에, 국어시간에 배운 어휘 표현을 다시 한 번 정리하면 시험 대비에 도움이 될 것이다.

언어논리

논리추론 영역에서는 일반논리 유형과 논리구조 유형이 출제된다. 일반논리에서는 주로 대우관계를 이용하여 답을 찾는 유형이나 명제를 보고 결론을 추론하는 유형 등이 출제되므로 관련된 문항을 많이 풀어봄으로써 자신만의 접근방식을 터득하도록 한다. 또한 논리구조 유형에서는 글의 순서를 바르게 배열하거나 글의 구조를 분석하여 빈칸에 맞는 문장 넣기, 주제 찾기 등의 유형이 출제되고 있으므로 제시문의 전체적인 흐름을 바탕으로 각 문단의 특징, 단락 간의 역할 등을 논리적으로 구조화할 수 있는 능력을 길러야 한다.

01-01 의사소통능력(NCS형)

01 의사소통능력

(1) 의사소통의 중요성

① 의사소통 : 둘 이상의 사람들 사이에서 일어나는 의사 전달 및 상호 교류를 의미하며, 어떤 개인 또는 집단이 다른 개인 또는 집단에게 정보·감정·사상·의견 등을 전달하고 또 그것들을 받아들이는 과정으로 이루어진다.

② 의사소통의 중요성 : 의사소통은 제각기 다른 사람들의 의견 차이를 좁혀줌으로써, 선입견을 줄이거나 제거해 줄 수 있는 수단이다.

③ 의사소통능력 : 상대방과 대화를 나누거나 문서를 통해 의견을 교환할 때, 상호 간에 전달하고자 하는 의미를 정확하게 전달할 수 있는 능력을 말한다. 글로벌 시대에 필요한 외국어 문서이해 및 의사표현능력도 여기에 포함된다.

(2) 의사소통능력의 종류

① 문서적인 측면

㉠ 문서이해능력 : 업무와 관련된 문서를 통해 구체적인 정보를 획득·수집·종합하는 능력

㉡ 문서작성능력 : 상황과 목적에 적합한 문서를 시각적·효과적으로 작성하는 능력

② 언어적인 측면

㉠ 경청능력 : 원활한 의사소통의 방법으로 상대방의 이야기를 듣는 능력

㉡ 의사표현능력 : 자신의 의사를 목적과 상황에 맞게 설득력을 가지고 표현하는 능력

(3) 의사소통능력의 개발

① 검토와 피드백을 활용

② 명확하고 쉬운 단어를 선택하여 이해를 높이는 언어 단순화

③ 상대방과 대화 시 적극적으로 경청

④ 감정적으로 메시지를 곡해하지 않고 침착하게 감정 조절

02 문서이해능력

(1) 문서이해능력

① 문 서

문서란 제안서 · 보고서 · 기획서 · 편지 · 이메일 · 팩스 · 메모 · 공지사항 등 문자로 구성된 것을 말한다. 사람들은 일상생활에서는 물론 직업현장에서도 다양한 문서를 사용한다. 문서를 통하여 효율적으로 자신의 의사를 상대방에게 전달하고자 한다.

② 문서이해능력

㉠ 문서이해능력이란 직업현장에서 자신의 업무와 관련된 인쇄물이나 기호화된 정보 등 필요한 문서를 확인하여 읽고, 내용을 이해하여 요점을 파악하는 능력이다.

㉡ 문서에서 주어진 문장이나 정보를 읽고 이해하여 자신에게 필요한 행동이 무엇인지 추론할 수 있어야 하며, 도표나, 수 · 기호 등도 이해할 수 있는 능력을 의미한다.

(2) 문서의 종류와 용도

① **공문서** : 행정기관에서 대내적 · 대외적으로 공무를 집행하기 위해 작성하는 문서

② **기획서** : 적극적으로 아이디어를 내고 기획해 하나의 프로젝트를 문서 형태로 만들어, 상대방에게 기획의 내용을 전달하여 그것을 시행하도록 설득하는 문서

③ **기안서** : 회사의 업무에 대한 협조를 구하거나 의견을 전달할 때 작성하며, 사내 공문서라고 불림

④ **보고서** : 특정한 일에 관한 현황이나 그 진행 상황 또는 연구 · 검토 결과 등을 보고하고자 할 때 작성하는 문서

⑤ **설명서** : 대개 상품의 특성이나 사물의 성질과 가치, 작동 방법이나 과정을 소비자에게 설명하는 것을 목적으로 작성한 문서

⑥ **보도자료** : 정부기관이나 기업체, 각종 단체 등이 언론을 상대로 자신들의 정보가 기사화되도록 하기 위해 배포하는 자료

⑦ **자기소개서** : 개인의 가정환경과 성장과정, 입사동기와 근무자세 등을 구체적으로 기술하여 자신을 소개하는 문서

⑧ **비즈니스 레터(E-mail)** : 사업상의 이유로 고객이나 단체에 쓰는 편지이다. 직장업무와 관련한 연락, 직접 방문하기 어려운 고객관리 등을 위해 사용되는 문서 혹은 제안서나 보고서 등 공식적인 문서를 의미한다.

⑨ **비즈니스 메모** : 업무상 필요한 중요한 일이나 앞으로 체크해야 할 일이 있을 때, 필요한 내용을 메모 형식으로 작성하여 전달하는 글

03 문서작성능력

(1) 문서작성의 중요성

① 문서작성의 중요성 : 문서작성은 개인의 의사표현이나 의사소통을 위한 과정으로서의 업무일 수도 있지만, 이를 넘어 조직의 사활이 걸린 중요한 업무의 일환이다.

② 문서작성능력 : 직장생활에서 요구되는 업무의 목적과 상황에 적합한 아이디어나 정보를 전달할 수 있도록 문서를 작성할 수 있는 능력이다.

(2) 문서작성 시 고려사항과 구성요소

① 문서작성 시 고려사항 : 대상, 목적, 시기, 기대효과

② 문서작성의 구성요소

㉠ 품위 있고 짜임새 있는 골격

㉡ 객관적이고 논리적이며 체계적인 내용

㉢ 이해하기 쉬운 구조

㉣ 명료하고 설득력 있는 구체적인 문장

㉤ 세련되고 인상적이며 효과적인 배치

(3) 문서작성법

① 상황에 따른 문서작성법

㉠ 요청이나 확인을 부탁하는 경우 : 일정한 양식과 격식을 갖추어 공문서로 작성

㉡ 정보 제공을 위한 경우

- 회사 자체의 인력보유 현황이나 기업 정보 제공 : 홍보물이나 보도자료 등
- 제품이나 서비스에 대해 정보 제공 : 설명서나 안내서에 시각적인 자료 활용이 효과적

㉢ 명령이나 지시가 필요한 경우 : 명확한 내용의 업무지시서

㉣ 제안이나 기획을 할 경우 : 관련된 내용을 깊이 있게 담을 수 있는 제안서나 기획서

② 종류에 따른 문서작성법

㉠ 공문서 : 공문서는 회사 외부로 전달되는 문서이므로 육하원칙(누가, 언제, 어디서, 무엇을, 어떻게, 왜)에 따라 정확하게 드러나도록 작성해야 한다.

- 날짜 작성 시 유의사항
  - 연도와 월일을 반드시 함께 기입한다.
  - 날짜 다음에 괄호를 사용할 경우에는 마침표를 찍지 않는다.
- 내용 작성 시 유의사항
  - 한 장에 담아내는 것이 원칙이다.
  - 마지막은 반드시 '끝'자로 마무리한다.
  - 복잡한 내용은 항목별로 구분한다('–다음–' 또는 '–아래–').
  - 대외문서이고, 장기간 보관되는 문서이기 때문에 정확하게 기술한다.

㉡ 설명서

- 명령형보다 평서형으로 작성한다.
- 상품이나 제품에 대해 정확하게 기술한다.
- 내용의 정확한 전달을 위해 간결하게 작성한다.
- 소비자들이 이해하기 어려운 전문용어는 가급적 사용을 삼간다.
- 복잡한 내용은 도표를 통해 시각화하여 이해도를 높인다.
- 동일한 문장 반복을 피하고 다양하게 표현한다.

㉢ 기획서

- 기획서 작성 전 유의사항
  - 기획서의 목적을 달성하기 위해 필요한 핵심 자료들이 준비되었는지 확인한다.
  - 기획서는 상대에게 어필해 상대가 채택하게끔 설득력을 갖춰야 하므로, 상대가 요구하는 것이 무엇인지 파악하여야 한다.
- 기획서 내용 작성 시 유의사항
  - 내용이 한눈에 파악되도록 체계적으로 목차를 구성한다.
  - 핵심 내용의 표현에 신경을 써야 한다.
  - 효과적인 내용전달을 위해 표나 그래프를 활용하여 시각화한다.
- 기획서 제출 시 유의사항
  - 충분한 검토를 한 후 제출한다.
  - 인용한 자료의 출처가 정확한지 확인한다.

㉣ 보고서

- 보고서 내용 작성 시 유의사항
  - 업무 진행과정에서 쓰는 보고서인 경우, 진행과정에 대한 핵심 내용을 구체적으로 제시하도록 작성한다.
  - 핵심 사항만을 산뜻하고 간결하게 작성한다(내용의 중복을 피하도록 한다).
  - 복잡한 내용일 때에는 도표나 그림을 활용한다.
- 보고서 제출 시 유의사항
  - 보고서는 개인의 능력을 평가하는 기본 요소이므로, 제출하기 전에 반드시 최종 점검을 한다.
  - 참고자료는 정확하게 제시한다.
  - 내용에 대한 예상 질문을 사전에 추출해 보고, 그에 대한 답을 미리 준비한다.

(4) 문서작성의 원칙

① 문장은 짧고, 간결하게 작성한다.
② 상대방이 이해하기 쉽게 쓴다.
③ 한자의 사용을 자제해야 한다.
④ 간결체로 작성한다.
⑤ 긍정문으로 작성한다.
⑥ 간단한 표제를 붙인다.
⑦ 문서의 주요한 내용을 먼저 쓴다.

04 경청능력

(1) 경청의 중요성

① 경청의 의미
경청이란 다른 사람의 말을 주의 깊게 듣는 것이다. 경청은 대화의 과정에서 신뢰를 쌓을 수 있는 최고의 방법이다. 듣는 이가 경청하면 상대는 안도감을 느끼고, 듣는 이에게 무의식적으로 믿음을 갖게 된다.

② 경청의 중요성
㉠ 상대방을 한 개인으로 존중하게 된다.
㉡ 상대방을 성실한 마음으로 대하게 된다.
㉢ 상대방의 입장에 공감하며 이해하게 된다.

③ 경청능력 : 다른 사람의 말을 주의 깊게 들으며, 공감하는 능력이다.

(2) 효과적인 경청의 방법

① 혼자서 대화를 독점하지 않는다.
② 상대방의 말을 가로채지 않는다.
③ 이야기를 가로막지 않는다.
④ 의견이 다르더라도 일단 수용한다.
⑤ 말하는 순서를 지킨다.
⑥ 논쟁에서는 먼저 상대방의 주장을 들어준다.
⑦ 시선을 맞춘다(Eye-Contact).
⑧ 귀로만 듣지 말고 오감을 동원해 적극적으로 경청한다.

05 의사표현능력

(1) 의사표현의 중요성

① 의사표현 : 말하는 이가 자신의 생각과 감정을 듣는 이에게 음성언어나 신체언어로 표현하는 행위

② 의사표현의 중요성 : 의사표현은 그 사람의 이미지를 결정한다.

③ 의사표현능력 : 말하는 사람이 자신의 생각과 감정을 듣는 사람에게 음성언어나 신체언어로 표현하는 능력이다.

(2) 상황에 따른 의사표현법

① 상대방의 잘못을 지적할 때 : 먼저 상대방과의 관계를 고려한 다음, 상대방이 알 수 있도록 확실하게 지적한다.

② 상대방을 칭찬할 때 : 칭찬은 별다른 노력을 기울이지 않아도 항상 상대방을 기분 좋게 만든다.

③ 상대방에게 부탁해야 할 때 : 먼저 상대의 사정을 들음으로써 상대방을 우선시하는 태도를 보여준 다음, 응하기 쉽게 구체적으로 부탁한다.

④ 상대방의 요구를 거절해야 할 때 : 먼저 사과한 다음, 응해줄 수 없는 이유를 설명한다.

⑤ 명령해야 할 때 : '○○을 이렇게 해주는 것이 어떻겠습니까'라는 식으로 부드럽게 표현하는 것이 효과적이다.

⑥ 설득해야 할 때 : 먼저 양보해서 이익을 공유하겠다는 의지를 보여주어야만 상대방도 받아들이게 된다.

⑦ 충고해야 할 때 : 충고는 마지막 방법이다. 충고를 해야 할 상황이면, 예를 들거나 비유법을 사용하는 것이 바람직하다.

⑧ 질책해야 할 때 : '칭찬의 말 + 질책의 말 + 격려의 말'처럼, 질책을 가운데 두고 칭찬을 먼저 한 다음 끝에 격려의 말을 하는 샌드위치 화법을 활용한다.

대표유형 길라잡이!

귀하는 화장품 회사의 상품기획팀 사원이다. 오늘은 거래처 직원과의 미팅이 있었는데 예상했던 것보다 미팅이 지연되는 바람에 사무실에 조금 늦게 도착하고 말았다. 귀하는 A팀장을 찾아가 늦게 된 상황을 설명하려고 한다. 다음의 대화에서 A팀장이 가져야 할 경청방법으로 가장 적절한 것은?

> 귀 하 : 팀장님, 외근 다녀왔습니다. 늦어서 죄송합니다. 업무가 지연되는 바람에 늦….
> A팀장 : 왜 이렇게 늦은 거야? 오후 4시에 회의가 있으니까 3시 30분까지는 들어오라고 했잖아. 지금 몇 시야? 회의 다 끝나고 오면 어떡해?
> 귀 하 : 죄송합니다. 팀장님. 거래처 공장에서 일이 갑자기 생겨….
> A팀장 : 알았으니까 30분 뒤에 외근 업무 내용 보고해.

① 상대방과 시선을 맞추며 이야기한다.
② 혼자 대화를 주도하지 않는다.
③ 상대방의 말을 가로막지 않는다.
④ 다리를 꼬고 앉거나 팔짱을 끼지 않는다.
⑤ 여러 사람과 대화할 경우 말하는 순서를 지킨다.

정답 ③

원활한 의사소통을 위해서는 상대방의 이야기를 끝까지 경청하는 자세가 필요하다. 하지만 A팀장은 상대방의 이야기가 끝나기도 전에 이야기를 가로막으며 자신의 이야기만 하는 태도를 보이고 있다. 그러므로 A팀장이 가져야 할 경청방법은 상대방의 말을 가로막지 않는 것이다.

01-02 의사소통능력(적성형)

01 어휘력

1 어휘의 의미관계

(1) 유의관계

유의관계는 두 개 이상의 어휘가 서로 소리는 다르나 의미가 비슷한 경우로, 대부분은 개념적 의미의 동일성을 전제로 한다.

(2) 반의관계

반의관계는 둘 이상의 단어에서 의미가 서로 짝을 이루어 대립하는 경우로, 의미가 서로 대립되는 단어의 관계를 말한다. 한 쌍의 단어가 반의어가 되려면, 두 어휘 사이에 공통적인 의미 요소가 있으면서도 동시에 하나의 의미 요소만 달라야 한다.

(3) 상하관계

상하관계는 단어의 의미적 계층 구조에서 한쪽이 의미상 다른 쪽을 포함하거나 다른 쪽에 포섭되는 관계를 말한다. 상하관계를 형성하는 단어들은 상위어일수록 일반적이고 포괄적인 의미를 지니며, 하위어일수록 개별적이고 한정적인 의미를 지닌다. 따라서 하위어는 상위어를 의미적으로 함의하게 된다. 즉, 상위어가 가지고 있는 의미 특성을 하위어가 자동적으로 가지게 된다.

(4) 부분관계

부분관계는 한 단어가 다른 단어의 부분이 되는 관계를 말하며, 전체–부분관계라고도 한다. 부분관계에서 부분을 가리키는 단어를 부분어, 전체를 가리키는 단어를 전체어라고 한다. 예를 들면, '머리, 팔, 몸통, 다리'는 '몸'의 부분어이며, 이러한 부분어들에 의해 이루어진 '몸'은 전체어이다.

2 다의어와 동음이의어

다의어(多義語)는 뜻이 여러 개인 낱말을 뜻하고, 동음이의어(同音異義語)는 소리는 같으나 뜻이 다른 낱말을 뜻한다. 중심의미(본래의 의미)와 주변의미(중심의미가 확장되어 달라진 의미)로 나누어지면 다의어이고, 중심의미와 주변의미로 나누어지지 않고 전혀 다른 의미를 지니면 동음이의어라 한다.

3 알맞은 어휘

(1) 나이와 관련된 어휘

- 충년(沖年) : 10세 안팎의 어린 나이
- 지학(志學) : 15세가 되어 학문에 뜻을 둠
- 약관(弱冠) : 남자 나이 20세, 여자는 묘령(妙齡)·묘년(妙年)·방년(芳年)·방령(芳齡) 등
- 이립(而立) : 30세, 인생관이 섰음을 뜻함
- 불혹(不惑) : 40세, 세상의 유혹에 빠지지 않음을 뜻함
- 지천명(知天命) : 50세, 하늘의 뜻을 깨달음
- 이순(耳順) : 60세, 경륜이 쌓이고 사려와 판단이 성숙하여 남의 어떤 말도 거슬리지 않음
- 화갑(華甲) : 61세, 회갑(回甲), 환갑(還甲)
- 진갑(進甲) : 62세, 환갑의 이듬해
- 고희(古稀) : 70세, 두보의 시에서 유래, 사람의 나이 70세는 예부터 드문 일
- 희수(喜壽) : 77세, '喜'자의 초서체가 '七十七'과 비슷한 데서 유래
- 산수(傘壽) : 80세, '傘'자를 풀면 '八十'이 되는 데서 유래
- 미수(米壽) : 88세, '米'자를 풀면 '八十八'이 되는 데서 유래
- 졸수(卒壽) : 90세, '卒'의 초서체가 '九十'이 되는 데서 유래
- 망백(望百) : 91세, 100세를 바라봄
- 백수(白壽) : 99세, '百'에서 '一'을 빼면 '白'
- 상수(上壽) : 100세, 사람의 수명 중 최상의 수명
- 기이(期頤) : 100세, 사람의 수명은 100년으로써 기(期)로 함
- 다수(茶壽) : 108세, '茶'를 풀면, '十'이 두 개라서 '二十'이고 아래 '八十八'이니 합하면 108세
- 천수(天壽) : 120세, 병 없이 늙어서 죽음을 맞이하면 하늘이 내려 준 나이를 다 살았다는 뜻

(2) 단위와 관련된 어휘

① 척도단위

㉠ 길 이

- 자 : 한 치의 열 배, 약 30.3cm
- 마장 : 주로 5리나 10리가 못되는 몇 리의 거리를 일컫는 단위
- 뼘 : 엄지손가락과 다른 손가락을 완전히 펴서 벌렸을 때에 두 끝 사이의 거리

㉡ 넓 이

- 갈이 : 소 한 마리가 하루에 갈 수 있는 넓이를 나타내는 단위. 약 2,000평
- 마지기 : 논밭의 넓이의 단위. 논은 200~300평, 밭은 100평에 해당
- 목 : 세금을 매기기 위한 논밭의 넓이 단위

㉢ 부 피

- 홉 : 곡식 같은 것들을 재는 단위의 한 가지, 또는 그 그릇. 한 되의 1/10, 약 180mL
- 되 : 곡식, 액체 등의 분량을 헤아리는 단위. 홉의 열 배, 즉 열 홉의 단위
- 춤 : 가늘고 긴 물건을 한 손으로 쥘 만한 분량

㉣ 무 게

- 돈 : 한 냥의 1/10, 약 3.75g
- 푼 : 한 돈의 1/10, 약 0.375g
- 냥 : 수관형사(수사) 밑에 쓰는 돈(엽전) 또는 중량의 단위의 하나. 한 근의 1/16, 약 37.5g

② 묶음 단위

- 가락 : 가느스름하고 기름하게 토막친 엿가락과 같은 물건의 낱개를 세는 단위
- 거리 : 오이, 가지 등의 50개를 묶어서 세는 단위
- 거웃 : 논밭을 갈아 넘긴 골을 헤아리는 단위
- 고리 : 소주 열 사발을 한 단위로 이르는 말
- 끗 : 접쳐서 파는 피륙의 접은 것을 세는 단위, 또는 노름 등에서 셈치는 점수
- 끼 : 끼니를 셀 때 쓰는 말
- 낱 : 셀 수 있는 물건의 하나하나를 세는 단위
- 닢 : 잎 또는 쇠붙이로 만든 돈, 가마니같이 납작한 물건을 세는 단위
- 대 : 담배를 피우는 분량, 또는 때리는 매의 횟수를 세는 단위
- 떨기 : 무더기진 풀, 꽃 따위의 식물을 세는 단위
- 마투리 : 한 가마나 한 섬에 차지 못하고 남는 양
- 바리 : 마소의 등에 잔뜩 실은 짐을 세는 단위
- 발 : 두 팔을 길게 잔뜩 편 길이를 나타내는 단위
- 벌 : 옷, 그릇 따위의 짝을 이룬 한 덩이를 세는 단위
- 사리 : 윷놀이에서 나오는 모나 윷을 세는 말
- 새 : 피륙의 날을 세는 단위
- 우리 : 기와를 세는 단위. 기와 2,000장
- 임 : 머리 위에 인 물건을 세는 단위
- 접 : 과일, 무, 배추, 마늘 등 채소 따위의 100개를 이르는 단위
- 죽 : 옷, 신, 그릇 따위의 10개를 이르는 말
- 쾌 : 북어 20마리를 세는 단위
- 토리 : 실 뭉치를 세는 말
- 톳 : 김 100장씩을 한 묶음으로 묶은 덩이(경우에 따라서는 40장씩 묶기도 한다)
- 편거리 : 인삼을 한 근씩 자를 때, 그 개수를 세는 말

(3) 호칭어와 지칭어

호칭어는 상대방을 부를 때 쓰는 말이고, 지칭어는 상대방을 가리킬 때 쓰는 말이다.

① 부모형제

㉠ 아버지의 형 : 큰아버지, 백부

㉡ 아버지 형의 아내 : 큰어머니, 백모

㉢ 아버지의 남동생 : 삼촌, 작은아버지, 숙부

㉣ 아버지 동생의 아내 : 작은어머니, 숙모

㉤ 아버지의 여자형제 : 고모

㉥ 어머니의 여자형제 : 이모

㉦ 어머니 여동생의 남편 : 이모부

㉧ 어머니 여동생의 아들 : 이종

② 시댁식구

㉠ 남편의 형 : 아주버님

㉡ 남편의 누나 : 형님

㉢ 남편의 여동생 : 아가씨

㉣ 남편의 동생(시동생) : 도련님(미혼), 서방님(기혼)

㉤ 남편 형의 아내 : 형님

㉥ 남편 누나의 남편 : 아주버님

㉦ 남편 여동생의 남편 : 서방님

㉧ 남편 남동생의 아내 : 동서

③ 처가식구

㉠ 아내의 오빠 : 처남(나이가 적을 경우), 형님(나이가 많을 경우)

㉡ 아내의 남동생 : 처남

㉢ 아내의 언니 : 처형

㉣ 아내의 여동생 : 처제

㉤ 아내 오빠의 아내 : 처남댁, 아주머니

㉥ 아내 언니의 남편 : 형님(나이가 많을 경우), 동서(나이가 적을 경우)

㉦ 아내 남동생의 아내 : 처남댁

㉧ 아내 여동생의 남편 : 동서

④ 기 타

㉠ 돌아가신 아버지를 남에게 지칭할 때 : 선친(先親), 선군(先君), 망부(亡父)

㉡ 돌아가신 어머니를 남에게 지칭할 때 : 선비(先妣), 선자(先慈), 망모(亡母)

㉢ 남의 아버지를 지칭할 때 : 춘부장(椿府丈)

㉣ 남의 어머니를 지칭할 때 : 자당(慈堂)

㉤ 돌아가신 남의 아버지를 지칭할 때 : 선대인(先大人)

㉥ 돌아가신 남의 어머니를 지칭할 때 : 선대부인(先大夫人)

(4) 접속어

접속어는 단어와 단어, 구절과 구절, 문장과 문장을 이어 주는 구실을 하는 문장 성분이다.

① **순접관계** : 앞의 내용을 순조롭게 받아 이어 주는 역할
예 그리고, 그리하여, 그래서, 이와 같이, 그러므로 등

② **역접관계** : 앞의 내용과 상반된 내용을 이어 주는 역할
예 그러나, 그렇지만, 하지만, 그래도, 반면에 등

③ **인과관계** : 앞뒤의 문장을 원인과 결과로, 또는 결과와 원인으로 이어 주는 역할
예 그래서, 따라서, 그러므로, 왜냐하면 등

④ **환언·요약관계** : 앞 문장을 바꾸어 말하거나 간추려 짧게 말하며 이어 주는 역할
예 즉, 요컨대, 바꾸어 말하면, 다시 말하면 등

⑤ **대등·병렬관계** : 앞 내용과 뒤 내용을 대등하게 이어 주는 역할
예 또는, 혹은, 및, 한편 등

⑥ **전환관계** : 뒤 내용이 앞 내용과는 다른, 새로운 생각이나 사실을 서술하여 화제를 바꾸어 이어 주는 역할
예 그런데, 한편, 아무튼, 그러면 등

⑦ **예시관계** : 앞 문장에 대한 구체적인 예를 들어 설명하며 이어 주는 역할
예 예컨대, 이를테면, 가령, 예를 들어 등

02 언어논리

1 일반논리

(1) 연역추론

이미 알고 있는 판단(전제)을 근거로 새로운 판단(결론)을 유도하는 추론이다. 연역추론은 진리일 가능성을 따지는 귀납추론과는 달리, 명제 간의 관계와 논리적 타당성을 따진다. 즉, 연역추론은 전제들로부터 절대적인 필연성을 가진 결론을 이끌어내는 추론이다.

① **직접추론** : 한 개의 전제로부터 새로운 결론을 이끌어내는 추론이며, 대우명제가 그 대표적인 예이다.
예 "P이면 Q이다." → "~Q이면 ~P이다."

② **간접추론** : 둘 이상의 전제로부터 새로운 결론을 이끌어내는 추론이다. 삼단논법이 가장 대표적인 예이다.

㉠ 정언 삼단논법 : 세 개의 정언명제로 구성된 간접추론 방식이다. 세 개의 명제 가운데 두 개의 명제는 전제이고, 나머지 한 개의 명제는 결론이다(P는 대개념, S는 소개념, M은 매개념).

• 모든 사람은 죽는다.	M은 P이다(대전제).
• 소크라테스는 사람이다.	S는 M이다(소전제).
• 따라서 소크라테스는 죽는다.	따라서 S는 P이다(결론).

㉡ 가언 삼단논법 : "만약 ~이면(전건), ~이다(후건)"라는 하나의 가언명제와 그 전건 또는 후건에 대한 긍정 또는 부정명제로 이루어진 삼단논법이다.

• 만일 내일 안개가 끼면, 비행기가 뜨지 않는다. 만일 P이면 Q이다.
• 만일 내일 비행기가 뜨지 않으면, 우리의 여행은 취소된다. 만일 Q이면 R이다.
• 그러므로 만일 내일 안개가 끼면, 우리의 여행은 취소된다. 따라서 만일 P이면 R이다.

㉢ 선언 삼단논법 : "~이거나 ~이다"의 형식으로 표현되며 전제 속에 선언명제를 포함하고 있는 삼단논법이다.

• 내일은 비가 오거나 눈이 온다. A 또는 B이다.
• 내일은 비가 오지 않는다. A는 아니다.
• 그러므로 내일은 눈이 온다. 그러므로 B다.

(2) 귀납추론

귀납추론은 귀납적 증명과정에 따른 결과물을 바탕으로 이끌어내는 논리적 결과를 말한다. 귀납은 경험적 근거를 바탕으로 한 사실명제를 전제로 한다. 따라서 귀납추론은 경험적 사실을 바탕으로 논리를 이끌어내는 방법이다. 예를 들어, 여러 번의 관측을 통해 "번개가 치면 곧 천둥이 울린다."라는 사실을 경험적으로 인식한 후 다음 번에 번개가 쳤을 때 곧 천둥이 울릴 것이라 추론하는 것이 귀납추론에 해당한다.

• 히틀러도 사람이고 죽었다.
• 스탈린도 사람이고 죽었다.
• 그러므로 모든 사람은 죽는다.

이러한 귀납추론은 일상생활 속에서 많이 사용하고, 우리가 알고 있는 과학적 사실도 이와 같은 방법으로 밝혀졌다.

① 통계적 귀납추론 : 전체 대상 중에서 일부만을 조사하고 관찰한 후에 전체에 대하여 결론을 내리는 추론방법이다.

② 인과적 귀납추론 : 이미 발생한 현상이나 결과에서 그 원인을 추론하는 방법이다.

(3) 유비추론

같은 종류의 것들을 비교하는 관계의 속성에서 새로운 사실을 추론하는 사고방법이다. 즉, 어떤 두 가지의 집합이 있을 때 그 집합이 어떤 관계적 속성을 공유한다면 특정 집합에 A와 B라는 속성이 있고, 다른 집합에 만약 A라는 속성이 있다면 그 집합에도 B에 상응하는 속성이 있다는 것을 유추할 수 있다는 것이다. 그렇기 때문에 유추는 기준이 되는 사물이나 현상이 있어야 한다.

• 지구에는 생물이 있다.
• 화성은 여러 점에서 지구와 유사하다.
• 그러므로 화성에도 생물이 있을 것이다.

2 논리구조

논리구조에서는 주로 단락과 문장 간의 관계나 글 전체의 논리적 구조를 정확히 파악했는지를 묻는다. 각 문단의 역할은 전체 글의 흐름 속에서 결정되는 것이므로 글 전체의 성격과 전개 방법상의 특징을 먼저 파악하고 글의 성격과 연관시켜 글을 하나하나의 문단으로 나누어 그 관계를 살펴본 뒤, 이를 바탕으로 글 전체에서 차지하는 역할이나 기능을 파악하는 것이 핵심이다.

출제유형 알아보기

- 문장을 논리적 순서에 맞게 나열한 것
- 글의 구조를 바르게 분석한 것
- 제시문을 대략적으로 도식화한 것
- 글에서 불필요하게 쓰인 부분 찾기

3 장문분석

장문에 대한 내용 파악 및 글의 제목 또는 주제 찾기, 글의 내용 전개 파악 및 이미지와 상징의 이해, 글의 분위기 등이 주로 출제된다. 또한, 문학작품에서는 글의 내용 전개 파악과 이미지와 상징의 이해, 시의 분위기 등이 주로 다뤄진다. 문학작품의 이해에서 기본이 되는 것은 주제와 소재, 이미지와 정서, 어조와 분위기, 태도 및 현실대응 방식의 이해이다. 이를 바탕으로 작품 또는 제시문의 제목을 묻거나 주로 문학작품의 내용을 이해한 후 글의 분위기나 주제, 글을 보고 알 수 있는(또는 없는) 것 등을 주로 묻는다.

출제유형 알아보기

- 글의 제목으로 알맞은 것
- 글의 주제로 알맞은 것
- 다음 글에 대한 설명으로 옳지 않은 것
- 글의 내용과 일치하지 않는 것
- 글의 내용과 관점이 일치하는 것
- 글을 읽고 알 수 있는 내용 찾기

대표유형 길라잡이!

다음 사실로부터 추론할 수 있는 것은?

- 러시아는 영국보다 넓다.
- 영국은 일본보다 멀다.
- 영국은 러시아보다 멀다.

① 일본은 러시아보다 멀다.

② 영국은 일본보다 넓다.

③ 일본은 영국보다 가깝다.

④ 러시아는 일본보다 가깝다.

정답 ③

주어진 명제를 통해서 추론하는 문제이다. 두 번째, 세 번째 사실을 통해 영국은 일본과 러시아보다 멀다는 것을 알 수 있다. 따라서 일본은 영국보다 가까움을 추론할 수 있다.

※ 다음 제시된 낱말의 대응관계로 볼 때, 빈칸에 들어가기에 적절한 것을 고르시오. [01~03]

확인 Check! ○ △ ×

풀이시간 30초

001

겨냥하다 : 가늠하다 = 다지다 : (　　)

① 진거하다
② 겉잡다
③ 요량하다
④ 약화하다
⑤ 강화하다

확인 Check! ○ △ ×

풀이시간 30초

002

변변하다 : 넉넉하다 = 소요하다 : (　　)

① 치유하다
② 한적하다
③ 공겸하다
④ 소유하다
⑤ 소란하다

확인 Check! ○ △ ×

풀이시간 30초

003

미비 : 완구 = 진취 : (　　)

① 완비
② 퇴각
③ 퇴출
④ 퇴로
⑤ 퇴영

※ 다음 제시된 낱말의 대응관계로 볼 때, 빈칸에 들어가기에 적절한 것끼리 짝지어진 것을 고르시오. [04~07]

확인 Check! ○ △ ×

풀이시간 30초

004

선풍기 : 바람 = (　　) : (　　)

① 하늘, 가뭄
② 인쇄기, 종이
③ 제빙기, 얼음
④ 세탁기, 빨래
⑤ 믹서기, 칼날

확인 Check! ○ △ ×

풀이시간 30초

005

(　　) : 탄소 = (　　) : 아미노산

① 그래핀, 탄수화물
② 석탄, DNA
③ 다이아몬드, 펩티드
④ 메탄, 암모니아
⑤ 흑연, 단백질

확인 Check! ○ △ ×

풀이시간 30초

006

(　　) : 곤충 = (　　) : 운동

① 비둘기, 심판
② 잠자리, 축구
③ 메뚜기, 경기
④ 개구리, 운동장
⑤ 메뚜기, 체육

확인 Check! ○ △ ×

풀이시간 30초

007

명절 : (　　) = 양식 : (　　)

① 추석, 어묵
② 설날, 스테이크
③ 세배, 짬뽕
④ 새해, 불고기
⑤ 광복절, 우동

확인 Check! ○ △ ×

풀이시간 30초

008 다음 중 맞춤법이 적절한 것을 고르면?

- 이번 일은 (금새 / 금세) 끝날 것이다.
- 이 사건에 대해 (일절 / 일체) 말하지 않았다.
- 새 프로젝트가 최고의 결과를 (낳았다 / 나았다).

① 금세, 일체, 낳았다
② 금새, 일체, 나았다
③ 금세, 일절, 나았다
④ 금새, 일절, 나았다
⑤ 금세, 일절, 낳았다

확인 Check! ○ △ ×

풀이시간 45초

009 다음 상황에 어울리는 속담으로 적절한 것은?

SNS를 통해 맛집으로 유명해진 A가게가 개인사정으로 인해 문을 닫자, 그 옆 B가게로 사람들이 몰리기 시작했다.

① 싸움 끝에 정이 붙는다.
② 미련은 먼저 나고 슬기는 나중 난다.
③ 배부르니까 평안 감사도 부럽지 않다.
④ 호랑이 없는 골에 토끼가 왕 노릇 한다.
⑤ 잠결에 남의 다리 긁는다.

※ 제시문 A를 읽고, 제시문 B가 참인지 거짓인지 혹은 알 수 없는지 고르시오. [10~11]

확인 Check! ○ △ ×

풀이시간 45초

10

[제시문 A]
- 일본으로 출장을 간다면 중국으로는 출장을 가지 않는다.
- 중국으로 출장을 간다면 홍콩으로도 출장을 가야 한다.

[제시문 B]
홍콩으로 출장을 간 김대리는 일본으로 출장을 가지 않는다.

① 참 ② 거짓 ③ 알 수 없음

확인 Check! ○ △ ×

풀이시간 45초

11

[제시문 A]
- 차가운 물로 샤워를 하면 순간적으로 체온이 내려간다.
- 체온이 내려가면 일정한 체온을 유지하기 위해 열이 발생한다.

[제시문 B]
차가운 물로 샤워를 하면 체온을 낮게 유지할 수 있다.

① 참 ② 거짓 ③ 알 수 없음

확인 Check! ○ △ ×

풀이시간 45초

12 다음 A와 B가 참일 때, C가 참인지 거짓인지 알 수 없는지 고르시오.

A. 혜진이가 영어 회화 학원에 다니면 미진이는 중국어 회화 학원에 다닌다.
B. 미진이가 중국어 회화 학원에 다니면 아영이는 일본어 회화 학원에 다닌다.
C. 아영이가 일본어 회화 학원에 다니지 않으면 혜진이는 영어 회화 학원에 다니지 않는다.

① 참 ② 거짓 ③ 알 수 없음

※ 다음 글을 읽고 각각의 보기가 옳은지 그른지, 주어진 지문으로는 알 수 없는지 고르시오. [13~15]

맨해튼 프로젝트는 제2차 세계대전 기간 중 미국이 주도한 원자폭탄 개발계획으로 최초의 거대과학 프로그램이었다. 우주공학과 우주과학을 포함하는 우주개발은 거대과학의 전형을 보여 준다. 소련의 스푸트니크 위성 발사는 냉전 시대 최고의 선전도구였다. 이 사건은 이듬해 미 항공우주국(NASA)을 탄생시키는 계기가 되었다. 미국은 1961년부터 우주에서의 우위를 점하기 위해 거대과학 우주 프로그램인 아폴로 계획을 출범시켰다. 1969년에는 아폴로 11호가 인간을 달에 착륙시키고 무사히 지구로 귀환했다. 우주개발 분야에서 현재 진행 중인 대표적인 거대과학이 국제우주정거장 건설이다. 미국, 유럽, 러시아, 일본 등 16개국이 참여해 지구 저궤도 350 ~ 400km에 건설 중이다. 2003년 컬럼비아 우주왕복선의 사고와 소요 재원 문제로 일부 계획이 축소됐다. 2010년 완공 예정으로 우주환경 이용 및 유인 우주활동을 위한 기반 정비를 목표로 추진 중이다. 건설과 운영에 소요되는 비용이 100조 원에 이를 것으로 예상된다. 최근에는 우주 선진국이 국제협력을 통해 달 및 화성에 대한 유인탐사를 공동으로 수행하는 방안을 협의 중이다.

확인 Check! ○ △ ×　　풀이시간 60초

13 최초의 거대과학 프로그램으로 일본인이 다치는 결과가 발생하였다.

① 항상 옳다.
② 전혀 그렇지 않다.
③ 주어진 지문으로는 옳고 그름을 알 수 없다.

확인 Check! ○ △ ×　　풀이시간 60초

14 우주정거장 건설 사업에는 약 100억 달러의 비용이 소요될 것으로 예상된다.

① 항상 옳다.
② 전혀 그렇지 않다.
③ 주어진 지문으로는 옳고 그름을 알 수 없다.

확인 Check! ○ △ ×　　풀이시간 60초

15 국제우주정거장 건설 사업에는 한국도 참여 중이다.

① 항상 옳다.
② 전혀 그렇지 않다.
③ 주어진 지문으로는 옳고 그름을 알 수 없다.

※ 제시된 내용을 바탕으로 내린 A, B의 결론에 대한 판단으로 적절한 것을 고르시오. [16~18]

확인 Check! ○ △ ×

풀이시간 60초

16

• 학교에서 우이동으로 2박 3일 MT를 간다.
• 경제학과는 경영학과보다 하루 일찍 MT를 간다.
• 국문학과는 경영학과보다 3일 늦게 MT를 간다.
• 영문학과는 경영학과보다는 늦게, 국문학과보다는 빨리 MT를 간다.

A : 경제학과와 영문학과는 우이동에서 만날 것이다.
B : 영문학과와 국문학과는 우이동에서 만날 것이다.

① A만 옳다.
② B만 옳다.
③ A, B 모두 옳다.
④ A, B 모두 틀리다.
⑤ A, B 모두 옳은지 틀린지 판단할 수 없다.

확인 Check! ○ △ ×

풀이시간 60초

17

• 서준, 민선, 연호, 승원이 달리기를 하고 있다.
• 민선이 승원보다 빠르다.
• 서준은 민선과 연호 사이에 있다.
• 연호가 같은 시간 동안 가장 멀리 갔다.

A : 서준이 민선보다 빠르다.
B : 4등이 누구인지는 알 수 없다.

① A만 옳다.
② B만 옳다.
③ A, B 모두 옳다.
④ A, B 모두 틀리다.
⑤ A, B 모두 옳은지 틀린지 판단할 수 없다.

확인 Check! ○ △ ×

풀이시간 60초

018

- 월요일부터 금요일까지 초등학생 방과 후 교실 도우미(1 ~ 5)를 배치할 계획이다.
- 도우미 1은 화요일 또는 수요일에 배치한다.
- 도우미 2는 도우미 3이 배치된 다음 날에 배치한다.
- 도우미 5는 목요일에 배치한다.

A : 도우미 4는 금요일에 배치된다.
B : 도우미 2는 화요일에 배치된다.

① A만 옳다.
② B만 옳다.
③ A, B 모두 옳다.
④ A, B 모두 틀리다.
⑤ A, B 모두 옳은지 틀린지 판단할 수 없다.

※ 주어진 문장을 논리적 순서에 따라 바르게 나열한 것을 고르시오. [19~20]

확인 Check! ○ △ ×

풀이시간 60초

019

(가) 따라서 사진관은 영구적인 초상을 금속판에 남기는 일로 많은 돈을 벌어들였다.
(나) 특허에 묶여 있었던 칼로 타입이 그나마 퍼질 수 있었던 곳은 프랑스였다.
(다) 프랑스의 화가와 판화가들은 칼로 타입이 흑백의 대조가 두드러진다는 점에서 판화와 유사함을 발견하고 이 기법을 활용하여 작품을 만들었다.
(라) 사진이 상업으로서의 가능성을 최초로 보여 준 분야는 초상 사진이었다. 정밀한 세부 묘사를 장점으로 하는 다게레오 타입은 초상 사진 분야에서 큰 인기를 누렸다.
(마) 반면에 명암의 차이가 심하고 중간색이 거의 없었던 칼로 타입은 초상 사진보다는 풍경·정물 사진에 제한적으로 이용되었다.

① (라) – (마) – (가) – (다) – (나)
② (라) – (가) – (나) – (마) – (다)
③ (다) – (나) – (라) – (마) – (가)
④ (라) – (가) – (마) – (나) – (다)
⑤ (라) – (가) – (다) – (마) – (나)

020

(가) 그 중에서도 우리나라의 나전칠기는 중국이나 일본보다 단조한 편이지만, 옻칠의 질이 좋고 자개 솜씨가 뛰어나 우리나라 칠공예만의 두드러진 개성을 가진다. 전래 초기에는 주로 백색의 야광패를 사용하였으나 후대에는 청록 빛깔을 띤 복잡한 색상의 전복껍데기를 많이 사용하였다. 우리나라의 나전칠기는 일반적으로 목제품의 표면에 옻칠을 하고 그것에다 한층 치레 삼아 첨가한다.

(나) 이러한 나전칠기는 특히 통영의 것이 유명하다. 이는 예로부터 통영에는 나전의 원료가 되는 전복이 많이 생산되었으며, 인근 내륙 및 함안지역의 질 좋은 옻이 나전칠기가 발달하는 데 주요 원인이 되었기 때문이다. 이에 통영시는 지역 명물인 나전칠기를 널리 알리기 위해 매년 10월 통영 나전칠기축제를 개최하여 400년을 이어온 통영지방의 우수하고 독창적인 공예법을 소개하고 작품도 전시한다.

(다) 제작방식은 우선 전복껍데기를 얇게 하여 무늬를 만들고 백골에 모시 천을 바른 뒤, 칠과 호분을 섞어 표면을 고른다. 그 후 칠죽 바르기, 삼베 붙이기, 탄회 칠하기, 토회 칠하기를 통해 제조과정을 끝마친다. 또한 문양을 내기 위해 나전을 잘라내는 방법에는 주름질(자개를 문양 형태로 오려낸 것), 이음질(문양 구도에 따라 주름대로 문양을 이어가는 것), 끊음질(자개를 실같이 가늘게 썰어서 문양 부분에 모자이크 방법으로 붙이는 것)이 있다.

(라) 나전칠기는 기물에다 무늬를 나타내는 대표적인 칠공예의 장식기법의 하나로 얇게 깐 조개껍데기를 여러 가지 형태로 오려내어 기물의 표면에 감입하여 꾸미는 것을 통칭한다. 우리나라는 목기와 더불어 칠기가 발달했는데, 이러한 나전기법은 중국 주대(周代)부터 이미 유행했고 당대(唐代)에 성행하여 한국과 일본에 전해진 것으로 보인다. 나전기법은 여러 나라를 포함한 아시아 일원에 널리 보급되어 있고 지역에 따라 독특한 성격을 가진다.

① (나) – (다) – (가) – (라)
② (나) – (가) – (다) – (라)
③ (다) – (나) – (라) – (가)
④ (라) – (가) – (다) – (나)
⑤ (라) – (다) – (나) – (가)

확인 Check! ○ △ ×

풀이시간 60초

021 다음과 같이 '독서 심리 치료'와 관련한 개요를 작성하였다. 이에 대한 수정 · 보완으로 적절하지 않은 것은?

> 주제문 : ______㉠______
> Ⅰ. 처음 : 독서 심리 치료에 대한 관심의 증대
> Ⅱ. 중간
> 1. 독서 심리 치료의 방법
> (1) 독서 심리 치료의 유래
> (2) 독서 심리 치료의 개념
> 2. 독서 심리 치료의 이론적 기초
> (1) 정신분석 이론
> (2) 사회학습 이론
> 3. 독서 심리 치료의 과정
> (1) ______㉡______
> (2) 참여자에게 필요한 정보를 제공
> (3) 참여자의 자발적인 해결을 유도
> 4. 독서 심리 치료의 효과
> (1) 단기적 효과
> (2) 장기적 효과
> Ⅲ. 끝 : 독서 심리 치료의 활성화

① ㉠은 '독서 심리 치료를 바르게 이해하고 활성화하자.'로 한다.
② Ⅰ에서 관련 신문 기사를 인용하여 흥미를 불러일으킨다.
③ 'Ⅱ-1'은 '독서 심리 치료의 정의'로 바꾼다.
④ 'Ⅱ-2'의 하위 항목으로 '독서 심리 치료의 성공 사례'를 추가한다.
⑤ ㉡은 '참여자의 심리 상태를 진단'으로 한다.

※ 다음 글에서 알 수 있는 사실로 적절하지 않은 것을 고르시오. [22~23]

확인 Check! ○ △ ×

풀이시간 60초

22

일반적으로 문화는 '생활양식' 또는 '인류의 진화로 이룩된 모든 것'이라는 포괄적인 개념을 갖고 있다. 이렇게 본다면 언어는 문화의 하위 개념에 속하는 것이다. 그러나 언어는 문화의 하위 개념에 속하면서도 문화 자체를 표현하여 그것을 전파전승하는 기능도 한다. 이로 보아 언어에는 그것을 사용하는 민족의 문화와 세계 인식이 녹아있다고 할 수 있다. 가령 '사촌'이라고 할 때, 영어에서는 'Cousin'으로 이를 통칭(通稱)하는 것을 우리말에서는 친·외, 고종·이종 등으로 구분하고 있다. 친족 관계에 대한 표현에서 우리말이 영어보다 좀 더 섬세하게 되어 있는 것이다. 이것은 친족 관계를 좀 더 자세히 표현하여 차별 내지 분별하려 한 우리 문화와 그것을 필요로 하지 않는 영어권 문화의 차이에서 기인한 것이다.

문화에 따른 이러한 언어의 차이는 낱말에서만이 아니라 어순(語順)에서도 나타난다. 우리말은 영어와 주술 구조가 다르다. 우리는 주어 다음에 목적어, 그 뒤에 서술어가 온다. 이에 비해 영어에서는 주어 다음에 서술어, 그 뒤에 목적어가 온다. 우리말의 경우 '나는 너를 사랑한다.'라고 할 때, '나'와 '너'를 먼저 밝히고, 그 다음에 '나의 생각'을 밝히는 것에 비하여, 영어에서는 '나'가 나오고, 그 다음에 '나의 생각'이 나온 뒤에 목적어인 '너'가 나온다. 이러한 어순의 차이는 결국 나의 의사보다 상대방에 대한 관심을 먼저 보이는 우리와 나의 의사를 밝히는 것이 먼저인 영어를 사용하는 사람들의 문화 차이에서 기인한 것이다. 대화를 할 때 다른 사람을 대우하는 것에서도 이런 점을 발견할 수 있다.

손자가 할아버지에게 무엇을 부탁하는 경우를 생각해 보자. 이 경우 영어에서는 'You do it, please.'라고 하고, 우리말에서는 '할아버지께서 해 주세요.'라고 한다. 영어에서는 상대방이 누구냐에 관계없이 상대방을 가리킬 때 'You'라는 지칭어를 사용하고, 서술어로는 'do'를 사용한다. 그런데 우리말에서는 상대방을 가리킬 때, 무조건 영어의 'You'에 대응하는 '당신(너)'이라는 말만을 쓰는 것은 아니고 상대에 따라 지칭어를 달리 사용한다. 뿐만 아니라, 영어의 'do'에 대응하는 서술어도 상대에 따라 '해 주어라, 해 주게, 해 주오, 해 주십시오, 해 줘, 해 줘요'로 높임의 표현을 달리한다. 이는 우리말이 서열을 중시하는 전통적인 유교 문화를 반영하고 있기 때문이다. 언어는 단순한 음성기호 이상의 의미를 지니고 있다. 앞의 예에서 알 수 있듯이 언어에는 그 언어를 사용하는 민족의 문화가 용해되어 있다. 따라서 우리 민족이 한국어라는 구체적인 언어를 사용한다는 것은 단순히 지구상에 있는 여러 언어 가운데 개별 언어 한 가지를 쓴다는 사실만을 의미하지는 않는다. 한국어에는 우리 민족의 문화와 세계 인식이 녹아있기 때문이다. 따라서 우리말에 대한 애정은 우리 문화에 대한 사랑이요, 우리의 정체성을 살릴 수 있는 길일 것이다.

① 언어는 문화를 표현하고 전파전승하는 기능을 한다.
② 문화의 하위 개념인 언어는 문화와 밀접한 관련이 있다.
③ 영어에 비해 우리말은 친족 관계를 나타내는 표현이 다양하다.
④ 우리말에 높임 표현이 발달한 것은 서열을 중시하는 문화가 반영된 것이다.
⑤ 우리말의 문장 표현에서는 상대방에 대한 관심보다는 나의 생각을 우선시한다.

확인 Check! ○ △ ×

풀이시간 60초

23

어떤 사회 현상이 나타나는 경우 그러한 현상은 '제도'의 탓일까, 아니면 '문화'의 탓일까? 이 논쟁은 정치학을 비롯한 모든 사회과학에서 두루 다루는 주제이다. 정치학에서 제도주의자들은 보다 선진화된 사회를 만들기 위해서 제도의 정비가 중요하다고 주장한다. 하지만 문화주의자들은 실제적인 '운용의 묘'를 살리는 문화가 제도의 정비보다 중요하다고 주장한다.

문화주의자들은 문화를 가치, 신념, 인식 등의 총체로서 정치적 행동과 행위를 특정한 방향으로 움직여 일정한 행동 양식을 만들어내는 것으로 정의한다. 이러한 문화에 대한 정의를 바탕으로 이들은 국민이 정부에게 하는 정치적 요구인 투입과 정부가 생산하는 정책인 산출을 기반으로 정치 문화를 편협형, 신민형, 참여형의 세 가지로 유형화하였다.

편협형 정치 문화는 투입과 산출에 대한 개념이 모두 존재하지 않는 정치 문화이다. 투입이 없으며, 정부도 산출에 대한 개념이 없어서 적극적 참여자로서의 자아가 있을 수 없다. 사실상 정치 체계에 대한 인식이 국민들에게 존재할 수 없는 사회이다. 샤머니즘에 의한 신정 정치, 부족 또는 지역 사회 등 전통적인 원시 사회가 이에 해당한다.

다음으로 신민형 정치 문화는 투입이 존재하지 않으며, 적극적 참여자로서의 자아가 형성되지 못한 사회이다. 이런 상황에서 산출이 존재한다는 의미는 국민이 정부가 해주는 대로 받는다는 것을 의미한다. 이들 국민은 정부에 복종하는 성향이 강하다. 하지만 편협형 정치 문화와 달리 이들 국민은 정치 체계에 대한 최소한의 인식은 있는 상태이다. 일반적으로 독재 국가의 정치 체계가 이에 해당한다.

마지막으로 참여형 정치 문화는 국민들이 자신들의 요구 사항을 표출할 줄도 알고, 정부는 그러한 국민들의 요구에 응답하는 사회이다. 따라서 국민들은 적극적인 참여자로서의 자아가 형성되어 있으며, 그러한 적극적 참여자들로 형성된 정치 체계가 존재하는 사회이다. 이는 선진 민주주의 사회로서 현대의 바람직한 민주주의 사회상이다.

정치 문화 유형 연구는 어떤 사회가 민주주의를 제대로 구현하기 위해서 우선적으로 필요한 것이 무엇인가 하는 질문에 대한 답을 제시하고 있다. 문화주의자들은 국가를 특정 제도의 장단점에 의해서가 아니라 국가의 구성 요소들이 민주주의라는 보편적인 목적을 위해 얼마나 잘 기능하고 있는가를 기준으로 평가하고 있는 것이다.

① 문화주의자들은 정치문화를 편협형, 신민형, 참여형으로 나눈다.
② 편협형 정치 문화는 투입과 산출에 대한 개념이 없다.
③ 참여형 정치 문화는 국민과 정부가 소통하는 사회이다.
④ 신민형 정치 문화는 투입은 존재하지 않으며 산출은 존재하는 사회이다.
⑤ 독재 국가의 정치 체계는 편협형 정치 문화에 해당한다.

확인 Check! ○ △ ×

풀이시간 60초

24 다음 글의 빈칸에 들어갈 문장으로 가장 적절한 것은?

> ______________________________ 사람과 사람이 직접 얼굴을 맞대고 하는 접촉이 라디오나 텔레비전 등의 매체를 통한 접촉보다 결정적인 영향력을 미친다는 것이 일반적인 견해로 알려져 있다. 매체는 어떤 마음의 자세를 준비하게 하는 구실을 한다. 예를 들어 어떤 사람에게서 새 어형을 접했을 때 그것이 텔레비전에서 자주 듣던 것이면 더 쉽게 그쪽으로 마음의 문을 열게 된다. 하지만, 새 어형이 전파되는 것은 매체를 통해서보다 상면(相面)하는 사람과의 직접적인 접촉에 의해서라는 것이 더 일반적인 견해이다. 사람들은 한두 사람의 말만 듣고 언어 변화에 가담하지 않고 주위의 여러 사람이 다 같은 새 어형을 쓸 때 비로소 그것을 받아들이게 된다고 한다. 매체를 통한 것보다 자주 접촉하는 사람들을 통해 언어 변화가 진전된다는 사실은 언어 변화의 여러 면을 바로 이해하는 핵심적인 내용이라 해도 좋을 것이다.

① 언어 변화는 결국 접촉에 의해 진행되는 현상이다.
② 연령층으로 보면 대개 젊은 층이 언어 변화를 주도한다.
③ 접촉의 형식도 언어 변화에 영향을 미치는 요소로 지적되고 있다.
④ 매체의 발달이 언어 변화에 중요한 영향을 미치는 것으로 알려져 있다.
⑤ 언어 변화는 외부와의 접촉이 극히 제한되어 있는 곳일수록 그 속도가 느리다.

확인 Check! ○ △ ×

풀이시간 60초

25 다음 글의 중심내용으로 가장 적절한 것은?

> 통계는 다양한 분야에서 사용되며 막강한 위력을 발휘하고 있다. 그러나 모든 도구나 방법이 그렇듯이, 통계 수치에도 함정이 있다. 함정에 빠지지 않으려면 통계 수치의 의미를 정확히 이해하고, 도구와 방법을 올바르게 사용해야 한다. 친구 5명이 만나서 이야기를 나누다가 연봉이 화제가 되었다. 2천만 원이 4명, 7천만 원이 1명이었는데, 평균을 내면 3천만 원이다. 이 숫자에 대해 4명은 "나는 봉급이 왜 이렇게 적을까?"하며 한숨을 내쉬었다. 그러나 이 평균값 3천만 원이 5명의 집단을 대표하는 데에 아무 문제가 없을까? 물론 계산과정에는 하자가 없지만, 평균을 집단의 대푯값으로 사용하는 데에 어떤 한계가 있을 수 있는지 깊이 생각해 보지 않는다면, 우리는 잘못된 생각에 빠질 수도 있다. 평균은 극단적으로 아웃라이어(비정상적인 수치)에 민감하다. 집단 내에 아웃라이어가 하나만 있어도 평균이 크게 바뀐다는 것이다. 위의 예에서 1명의 연봉이 7천만 원이 아니라 100억 원이었다고 하자. 그러면 평균은 20억 원이 넘게 된다.
> 나머지 4명은 자신의 연봉이 평균치의 100분의 1밖에 안 된다며 슬퍼해야 할까? 연봉 100억 원인 사람이 아웃라이어이듯이 처음의 예에서 연봉 7천만 원인 사람도 아웃라이어인 것이다. 두드러진 아웃라이어가 있는 경우에는 평균보다는 최빈값이나 중앙값이 대푯값으로서 더 나을 수 있다.

① 평균은 집단을 대표하는 수치로서는 매우 부적당하다.
② 통계는 숫자 놀음에 불과하므로 통계 수치에 일희일비할 필요가 없다.
③ 평균보다는 최빈값이나 중앙값을 대푯값으로 사용해야 한다.
④ 통계 수치의 의미와 한계를 정확히 인식하고 사용할 필요가 있다.
⑤ 통계는 올바르게 활용하면 다양한 분야에서 사용할 수 있는 도구이다.

※ 다음 글을 읽고 물음에 답하시오. [26~27]

(가) 이러한 인간 욕구 5단계는 경영학에서 두 가지 의미로 널리 사용된다. 하나는 인사 분야에서 인간의 심리를 다루는 의미로 쓰인다. 그 예로는 승진이나 보너스, 주택 전세금 대출 등 사원들에게 동기부여를 위한 다양한 보상의 방법을 만드는 데 사용한다. 사원들이 회사생활을 좀 더 잘할 수 있도록 동기를 부여할 때 주로 사용한다 하여 '매슬로우의 동기부여론'이라고도 부른다.

(나) 인간의 욕구는 치열한 경쟁 속에서 살아남으려는 생존 욕구부터 시작해 자아실현 욕구에 이르기까지 끝이 없다. 그런데 이런 인간의 욕구는 얼마나 다양하고 또 욕구 간에는 어떤 순차적인 단계가 있는 걸까? 이런 본질적인 질문에 대해 에이브러햄 매슬로우(Abraham Maslow)는 1943년 인간 욕구에 관한 학설을 제안했다. 이른바 '매슬로우의 인간 욕구 5단계 이론(Maslow's Hierarchy of Needs)'이다. 이 이론에 의하면 사람은 누구나 다섯 가지 욕구를 가지고 태어나며, 이들 다섯 가지 욕구에는 우선순위가 있어서 단계가 구분된다.

(다) 좀 더 자세히 보자. 첫 번째 단계는 생리적 욕구이다. 숨 쉬고, 먹고, 자고, 입는 등 우리 생활에 있어서 가장 기본적인 요소들이 포함된 단계이다. 사람이 하루 세끼 밥을 먹는 것, 때마다 화장실에 가는 것, 그리고 종족 번식 본능 등이 이 단계에 해당한다. 두 번째 단계는 (A) 안전 욕구이다. 우리는 흔히 놀이동산에서 롤러코스터를 탈 때 '혹시 이 기구가 고장이 나서 내가 다치지는 않을까?' 하는 염려를 한다. 이처럼 안전 욕구는 신체적, 감정적, 경제적 위험으로부터 보호받고 싶은 욕구이다. 세 번째 단계는 소속과 애정의 욕구이다. 누군가를 사랑하고 싶은 욕구, 어느 한 곳에 소속되고 싶은 욕구, 친구들과 교제하고 싶은 욕구, 가족을 이루고 싶은 욕구 등이 여기에 해당한다. 네 번째 단계는 존경 욕구이다. 우리가 흔히들 말하는 명예욕, 권력욕 등이 이 단계에 해당한다. 즉, 누군가로부터 높임을 받고 싶고, 주목과 인정을 받으려 하는 욕구이다. 마지막으로 다섯 번째 단계는 자아실현 욕구이다. 존경 욕구보다 더 높은 욕구로 역량, 통달, 자신감, 독립심, 자유 등이 있다. 매슬로우는 최고 수준의 욕구로 이 자아실현 욕구를 강조했다. 모든 단계가 기본적으로 충족돼야만 이뤄질 수 있는 마지막 단계로 자기 발전을 이루고 자신의 잠재력을 끌어내어 극대화할 수 있는 단계라 주장한 것이다.

(라) 사람은 가장 기초적인 욕구인 생리적 욕구(Physiological Needs)를 맨 먼저 채우려 하며, 이 욕구가 어느 정도 채워지면 안전해지려는 욕구(Safety Needs)를, 안전 욕구가 어느 정도 채워지면 사랑과 소속 욕구(Love & Belonging)를, 그리고 더 나아가 존경 욕구(Esteem)와 마지막 욕구인 자아실현 욕구(Self-Actualization)를 차례대로 채우려 한다. 즉, 사람은 5가지 욕구를 채우려 하되 우선순위에 있어서 가장 기초적인 욕구부터 차례로 채우려 한다는 것이다.

(마) 다른 하나는 마케팅 분야에서 소비자의 욕구를 채우기 위해 단계별로 다른 마케팅 전략을 적용하는 데 사용한다. 예를 들면, 채소를 구매하려는 소비자가 안전의 욕구를 갖고 있다고 가정하자. 마케팅 전략을 짜는 사람이라면 '건강'에 기초한 마케팅 전략을 구상해야 할 것이다. 마케팅 담당자가 고객의 욕구보다 더 높은 수준의 가치를 제공한다면, 고객 만족을 실현할 수 있는 지름길이자 기회인 것이다.

확인 Check! ○ △ ×

풀이시간 60초

26 다음 (가) ~ (마) 문단을 논리적 순서대로 바르게 나열한 것은?

① (나) – (라) – (다) – (가) – (마)
② (라) – (다) – (가) – (마) – (나)
③ (나) – (다) – (가) – (마) – (라)
④ (라) – (다) – (나) – (마) – (가)
⑤ (나) – (가) – (다) – (마) – (라)

확인 Check! ○ △ ×

풀이시간 60초

27 위 자료의 밑줄 친 (A)에 대한 사례로 적절한 것은?

① 돈을 벌어 부모에게서 독립하고 싶은 A씨
② 야근에 지쳐 하루 푹 쉬고 싶어 하는 B씨
③ 노후 대비를 위해 연금보험에 가입한 C씨
④ 동호회 활동을 통해 다양한 사람들을 만나고 싶은 D씨
⑤ 모두에게 존경받는 판사가 되기 위해 열심히 공부하는 E씨

확인 Check! ○ △ ×

풀이시간 60초

28 다음 글의 빈칸에 들어갈 내용으로 가장 적절한 것은?

오존 구멍을 비롯해 성층권의 오존이 파괴되면 어떤 문제가 생길까. 지표면에서 오존은 강력한 산화물질로 호흡기를 자극하는 대기 오염물질로 분류되지만, 성층권에서는 자외선을 막아주기 때문에 두 얼굴을 가진 물질로 불리기도 한다. 오존층은 강렬한 태양 자외선을 막아주는 역할을 하는데, 오존층이 얇아지면 자외선이 지구 표면까지 도달하게 된다.
사람의 경우 자외선에 노출되면 백내장과 피부암 등에 걸릴 위험이 커진다. 강한 자외선이 각막을 손상시키고 세포 DNA에 이상을 일으키기 때문이다. DNA 염기 중 티민(Thymine, T) 두 개가 나란히 있는 경우 자외선에 의해 티민 두 개가 한데 붙어버리는 이상이 발생하고, 세포 분열 때 DNA가 복제되면서 다른 염기가 들어가고, 이것이 암으로 이어질 수 있다.
지난 2월 '사이언스'는 극지방 성층권의 오존 구멍은 줄었지만, 많은 인구가 거주하는 중위도 지방에서는 오히려 오존층이 얇아졌다고 지적했다. 중위도 성층권에서도 상층부는 오존층이 회복되고 있지만, 저층부는 얇아졌다는 것이다. 오존층이 얇아지면 더 많은 자외선이 지구 표면에 도달하여 사람들 사이에서 피부암이나 백내장 발생 위험이 커지게 된다. 즉, ______________

① 극지방 성층권의 오존 구멍을 줄이는 데 정부는 더 많은 노력을 기울여야 한다.
② 인구가 많이 거주하는 지역일수록 오존층의 파괴가 더욱 심하게 나타난다는 것이다.
③ 극지방의 파괴된 오존층으로 인해 사람들이 더 많은 자외선에 노출되고, 세포 DNA에 이상이 발생한다.
④ 극지방의 오존 구멍보다 중위도 저층부에서 얇아진 오존층이 더 큰 피해를 가져올 수도 있는 셈이다.
⑤ 대기 오염물질로 분류되는 오존이라도 지표면에 적절하게 존재해야 사람들의 피해를 막을 수 있다.

※ 다음 글을 읽고 물음에 답하시오. [29~30]

현대 사회에서 스타는 대중문화의 성격을 규정짓는 가장 중요한 열쇠이다. 스타를 생산, 관리, 활용, 거래, 소비하는 전체적인 순환 메커니즘이 바로 스타 시스템이다. 이것이 자본주의 대중문화의 가장 핵심적인 작동 원리로 자리 잡게 되면서 사람들은 스타가 되기를 열망하고, 또 스타 만들기에 진력하게 되었다.
스크린과 TV 화면에 보이는 스타는 화려하고 강하고 영웅적이며, 누구보다 매력적인 인간형으로 비춰진다. 사람들은 스타에 열광하는 순간 스타와 자신을 무의식적으로 동일시하며 그 환상적 이미지에 빠진다. 스타를 자신들이 스스로 결여되어 있다고 느끼는 부분을 대리 충족시켜 주는 대상으로 생각하기 때문이다. 그런 과정이 가장 전형적으로 드러나는 장르가 영화이다. 영화는 어떤 환상도 쉽게 먹혀들어갈 수 있는 조건에서 상영되며 기술적으로 완벽한 이미지를 구현하여 압도적인 이미지로 관객을 끌어들인다. 컴컴한 극장 안에서 관객은 부동자세로 숨죽인 채 영화에 집중하게 되며 자연스럽게 영화가 제공하는 이미지에 매료된다. 그리고 그 순간 무의식적으로 자신을 영화 속의 주인공과 동일시하게 된다. 관객은 매력적인 대상과 자신을 동일시하면서 자신의 진짜 모습을 잊고 이상적인 인간형을 간접 체험하게 되는 것이다.
스크린과 TV 화면에 비친 대중이 선망하는 스타의 모습은 현실적인 이미지가 아니라 허구적인 이미지에 불과하다. 사람들은 스타 역시 어쩔 수 없는 약점과 한계를 안고 사는 한 인간일 수밖에 없다는 사실을 아주 쉽게 망각해 버리곤 한다. 이렇게 스타에 대한 열광의 성립은 대중과 스타의 관계가 기본적으로 익명적일 수밖에 없다는 데서 가능해진다. 자본주의의 특징 가운데 하나는 필요 이상의 물건을 생산하고 그것을 팔기 위해 갖은 방법으로 소비자들의 욕망을 부추긴다는 것이다. 스타는 그 과정에서 소비자들의 구매 욕구를 불러일으키는 가장 중요한 연결고리 역할을 함과 동시에 그들도 상품처럼 취급되어 소비되는 경향이 있다.
스타 시스템은 대중문화의 안과 밖에서 스타의 화려하고 소비적인 생활패턴의 소개를 통해 사람들의 욕망을 자극하게 된다. 또한 스타들을 상품의 생산과 판매를 위한 도구로 이용하며, 끊임없이 오락과 소비의 영역을 확장하고 거기서 이윤을 발생시킨다. 이 모든 것이 가능한 것은 많은 대중이 스타를 닮고자 하는 욕구를 가지고 있어 스타의 패션과 스타일, 소비패턴을 모방하기 때문이다.
스타 시스템을 건전한 대중문화의 작동 원리로 발전시키기 위해서는 우선 대중문화 산업에 종사하고 싶어 하는 사람들을 위한 활동 공간과 유통 구조를 확보하여 실험적이고 독창적인 활동을 다양하게 벌일 수 있는 토양을 마련해 주어야 한다. 나아가 이러한 예술 인력을 스타 시스템과 연결하는 중간 메커니즘도 육성해야 할 것이다.

확인 Check! ○ △ ×

풀이시간 60초

29 제시된 글의 논지 전개상 특징에 대한 설명으로 적절한 것은?

① 상반된 이론을 제시한 후 절충적 견해를 이끌어내고 있다.
② 현상에 대한 문제점을 언급한 후 해결방안을 제시하고 있다.
③ 권위 있는 학자의 견해를 들어 주장의 정당성을 입증하고 있다.
④ 대상을 하위 항목으로 구분하여 논의의 범주를 명확히 하고 있다.
⑤ 현상의 변천과정을 고찰하고 향후의 발전방향을 제시하고 있다.

확인 Check! ○ △ ×

풀이시간 60초

30 제시된 글을 바탕으로 〈보기〉를 이해한 내용 중 적절하지 않은 것은?

보 기

인간은 자기에게 욕망을 가르쳐주는 모델을 통해 자신의 욕망을 키워간다. 이런 모델을 ⓐ 욕망의 매개자라고 부른다. 욕망의 매개자가 존재한다는 사실은 욕망이 '대상 – 주체'의 이원적 구조가 아니라 '주체 – 모델 – 대상'의 삼원적 구조를 갖고 있음을 보여준다. ⓑ 욕망의 주체와 모델은 ⓒ 욕망 대상을 두고 경쟁하는 욕망의 경쟁자이다. 이런 경쟁은 종종 욕망 대상의 가치를 실제보다 높게 평가하게 된다. 이렇게 과대평가된 욕망 대상을 소유한 모델은 주체에게는 ⓓ 우상적 존재가 된다.

① ⓐ는 ⓑ가 무의식적으로 자신과 동일시하는 인물이다.
② ⓑ는 스타를 보고 열광하는 사람들을 말한다.
③ ⓒ는 ⓑ가 지향하는 이상적인 대상이다.
④ ⓒ는 ⓐ와 ⓑ가 동시에 질투를 느끼는 인물이다.
⑤ ⓓ는 ⓑ의 진짜 모습을 잊게 하는 환상적인 인물이다.

확인 Check! ○ △ ×

풀이시간 60초

31 다음 글을 읽은 독자의 반응으로 적절하지 않은 것은?

우주로 쏘아진 인공위성들은 지구 주위를 돌며 저마다의 임무를 충실히 수행한다. 이들의 수명은 얼마나 될까? 인공위성들은 태양전지판으로 햇빛을 받아 전기를 발생시키는 태양전지와 재충전용 배터리를 장착하여 지구와의 통신은 물론 인공위성의 온도를 유지하고 자세와 궤도를 조정하는데, 이러한 태양전지와 재충전용 배터리의 수명은 평균 15년 정도이다.
방송통신위성은 원활한 통신을 위해 안테나가 늘 지구의 특정 위치를 향해 있어야 하는데, 안테나 자세 조정을 위해 추력기라는 작은 로켓에서 추진제를 소모한다. 자세 제어용 추진제가 모두 소진되면 인공위성은 자세를 유지할 수 없기 때문에 더 이상의 임무 수행이 불가능해지고 자연스럽게 수명을 다하게 된다.
첩보위성의 경우는 임무의 특성상 아주 낮은 궤도를 비행한다. 하지만 낮은 궤도로 비행하게 될 경우 인공위성은 공기의 저항 때문에 마모가 훨씬 빨라지므로 수명이 몇 개월에서 몇 주일까지 짧아진다. 게다가 운석과의 충돌 등 예기치 못한 사고로 인하여 부품이 훼손되어 수명이 다하는 경우도 있다.

① 수명이 다 된 인공위성들은 어떻게 되는 걸까?
② 첩보위성을 높은 궤도로 비행시키면 더욱 오래 임무를 수행할 수 있을 거야.
③ 안테나가 특정 위치를 향하지 않더라도 통신이 가능하도록 만든다면 방송통신위성의 수명을 늘릴 수 있을지도 모르겠군.
④ 별도의 충전 없이 오래가는 배터리를 사용한다면 인공위성의 수명을 더 늘릴 수 있지 않을까?
⑤ 아무런 사고 없이 임무를 수행한 인공위성이라도 15년 정도만 사용할 수 있겠구나.

확인 Check! ○ △ ×

풀이시간 30초

32 다음 중 밑줄 친 단어의 유의어로 적절하지 <u>않은</u> 것은?

> H공사의 '최고 청렴인'이란 해당 연도 중 청렴한 조직문화 정착에 <u>탁월한</u> 공이 있는 자로, 규정에서 정한 절차를 통하여 선정된다.

① 뛰어나다
② 월등하다
③ 출중하다
④ 열등하다
⑤ 눈부시다

확인 Check! ○ △ ×

풀이시간 30초

33 다음 밑줄 친 단어와 <u>반대</u> 의미를 가진 단어는?

> 세계는 사물의 <u>총체</u>가 아니라 사건의 총체이다.

① 전체(全體)
② 개체(個體)
③ 별개(別個)
④ 유별(有別)
⑤ 전부(全部)

확인 Check! ○ △ ×

풀이시간 30초

34 다음 중 단어 사이의 관계가 나머지와 <u>다른</u> 하나는?

① 참조 – 참고
② 숙독 – 탐독
③ 임대 – 차용
④ 정세 – 상황
⑤ 관찰 – 관측

확인 Check! ○ △ ×

풀이시간 45초

35 다음 글의 ㉠~㉢에 해당하는 말로 적절한 것끼리 묶인 것은?

음향은 종종 인물의 생각이나 심리를 극적으로 ㉠ 표시(表示) / 제시(提示) 하는 데 활용된다. 화면을 가득 채운 얼굴과 함께 인물의 목소리를 들려주면 인물의 속마음이 효과적으로 표현된다. 인물의 표정은 드러내지 않은 채 심장 소리만을 크게 들려줌으로써 인물의 불안정한 심정을 ㉡ 표출(表出)/ 표명(表明)하는 예도 있다. 이처럼 음향은 영화의 장면 및 줄거리와 밀접한 관계를 유지하며 주제나 감독의 의도를 ㉢ 실현(實現) / 구현(具縣)하는 중요한 요소이다.

	㉠	㉡	㉢
①	표시	표명	실현
②	제시	표출	실현
③	제시	표출	구현
④	표시	표명	구현
⑤	제시	표명	구현

확인 Check! ○ △ ×

풀이시간 60초

36 다음 빈칸에 들어갈 접속어로 가장 적절한 것은?

'딥페이크(Deepfake)'란 딥러닝(Deep Learning)과 페이크(Fake)의 합성어로, 인공지능(AI) 기술을 이용해 제작된 가짜 동영상 또는 가짜 동영상 제작 프로세스 자체를 의미한다. 생성적 적대 신경망(GAN)이라는 기계학습 기술을 사용하여 사진이나 영상을 원본 영상에 겹쳐서 만들어낸다. 이는 미국의 한 네티즌이 온라인 소셜 커뮤니티인 레딧(Reddit)에 할리우드 배우의 얼굴과 포르노 영상 속 인물의 얼굴을 악의적으로 합성한 편집물을 올리면서 시작되었다. 연예인이나 정치인 등 유명인 뿐만 아니라 일반인도 딥페이크의 피해자가 될 수 있다는 우려가 커지면서 사회적 문제가 되고 있다.

______ 딥페이크 기술을 유용하게 쓰는 방안도 등장했다. 과학기술 전문지 〈뉴 사이언티스트〉에 따르면 이스라엘의 기업인 '캐니 인공지능(Canny AI)'은 동영상을 여러 다른 언어로 더빙하는 데 딥페이크 기술을 이용하고 있다. 이 기업은 현재 유명 연예인이 촬영한 광고나 홍보 동영상을 다양한 언어로 더빙하는 데 딥페이크 기술을 활용하고 있으며, 향후 텔레비전 프로그램이나 영화 더빙에 이를 확대 적용할 예정이다.

① 이를 통해
② 그러므로
③ 한편
④ 즉
⑤ 하지만

확인 Check! ○ △ × 풀이시간 30초

037 다음 중 밑줄 친 부분이 맞춤법 규정에 어긋나는 것은?

① 그는 목이 메어 한동안 말을 잇지 못했다.
② 어제는 종일 아이를 치다꺼리하느라 잠시도 쉬지 못했다.
③ 왠일로 선물까지 준비했는지 모르겠다.
④ 노루가 나타난 것은 나무꾼이 도끼로 나무를 베고 있을 때였다.
⑤ 각 분야에서 내로라하는 사람들이 모였다.

확인 Check! ○ △ × 풀이시간 30초

038 다음 중 띄어쓰기가 적절하지 않은 것은?

① 강아지가 집을 나간지 사흘 만에 돌아왔다.
② 북어 한 쾌는 북어 스무 마리를 이른다.
③ 박승후 씨는 국회의원 출마 의사를 밝혔다.
④ 나는 주로 삼학년을 맡아 미술을 지도했다.
⑤ 그녀가 사는 데는 회사에서 한참 멀다.

확인 Check! ○ △ × 풀이시간 30초

039 다음 밑줄 친 어휘의 쓰임이 적절하지 않은 것을 모두 고르면?

㉠ 등굣길	㉡ 전셋방
㉢ 기찻간	㉣ 만둣국
㉤ 선짓국	

① ㉠, ㉡
② ㉠, ㉢
③ ㉡, ㉢
④ ㉡, ㉣
⑤ ㉣, ㉤

풀이시간 60초

040 다음 글로 미루어 알 수 있는 내용으로 적절한 것은?

회전 운동을 하는 물체는 외부로부터 돌림힘이 작용하지 않는다면 일정한 빠르기로 회전 운동을 유지하는데, 이를 각운동량 보존 법칙이라 한다. 각운동량은 질량이 m인 작은 알갱이가 회전축으로부터 r만큼 떨어져 속도 v로 운동하고 있을 때 mvr로 표현된다. 그런데 회전하는 물체에 회전 방향으로 힘이 가해지거나 마찰 또는 공기 저항이 작용하게 되면, 회전하는 물체의 각운동량이 변화하여 회전 속도는 빨라지거나 느려지게 된다. 이렇게 회전하는 물체의 각운동량을 변화시키는 힘을 돌림힘이라고 한다.

그러면 팽이와 같은 물체의 각운동량은 어떻게 표현할까? 아주 작은 균일한 알갱이들로 팽이가 이루어졌다고 볼 때, 이 알갱이 하나하나를 질량 요소라고 한다. 이 질량 요소 각각의 각운동량의 총합이 팽이 전체의 각운동량에 해당한다. 회전 운동에서 물체의 각운동량은 (각속도)×(회전 관성)으로 나타낸다. 여기에서 각속도는 회전 운동에서 물체가 단위 시간당 회전하는 각이다. 질량이 직선 운동에서 물체의 속도를 변화시키기 어려운 정도를 나타내듯이, 회전 관성은 회전 운동에서 각속도를 변화시키기 어려운 정도를 나타낸다. 즉, 회전체의 회전 관성이 클수록 그것의 회전 속도를 변화시키기 어렵다.

회전체의 회전 관성은 회전체를 구성하는 질량 요소들의 회전 관성의 합과 같은데, 질량 요소들의 회전 관성은 질량 요소가 회전축에서 떨어져 있는 거리와 멀수록 커진다. 그러므로 질량이 같은 두 팽이가 있을 때 홀쭉하고 키가 큰 팽이보다 넓적하고 키가 작은 팽이가 회전 관성이 크다.

각운동량 보존의 원리는 스포츠에서도 쉽게 확인할 수 있다. 피겨 선수에게 공중 회전수는 중요한데 이를 확보하기 위해서는 공중 회전을 하는 동안 각속도를 크게 해야 한다. 이를 위해 피겨 선수가 공중에서 팔을 몸에 바짝 붙인 상태로 회전하는 것을 볼 수 있다. 피겨 선수의 회전 관성은 몸을 이루는 질량 요소들의 회전 관성의 합과 같다.

따라서 팔을 몸에 붙이면 팔을 구성하는 질량 요소들이 회전축에 가까워져서 팔을 폈을 때보다 몸 전체의 회전 관성이 줄어들게 된다. 점프 이후에 공중에서 각운동량은 보존되기 때문에 팔을 붙였을 때가 폈을 때보다 각속도가 커지는 것이다. 반대로 착지 직전에는 각속도를 줄여 착지 실수를 없애야 하기 때문에 양팔을 한껏 펼쳐 회전 관성을 크게 만드는 것이 유리하다.

① 정지되어 있는 물체는 회전 관성이 클수록 회전시키기 쉽다.
② 회전하는 팽이는 외부에서 가해지는 돌림힘의 작용 없이 회전을 멈출 수 있다.
③ 지면과의 마찰은 회전하는 팽이의 회전 관성을 작게 만들어 팽이의 각운동량을 줄어들게 한다.
④ 무게는 같으나 지름의 크기가 서로 다른 공이 회전할 때 지름의 크기가 더 큰 공의 회전 관성이 더 크다.
⑤ 피겨 선수는 공중 회전을 빨리하기 위해 질량 요소로 간주될 수 있는 것을 최대한 몸에서 덜어내야 한다.

풀이시간 60초

41 다음 글의 내용으로부터 도출할 수 있는 사실을 〈보기〉에서 모두 고르면?

뉴턴 역학은 갈릴레오나 뉴턴의 근대 과학 이전 중세를 지배했던 아리스토텔레스의 역학관에 정면으로 반대된다. 아리스토텔레스에 의하면 물체가 똑같은 운동 상태를 유지하기 위해서는 외부에서 끝없이 힘이 제공되어야만 한다. 이렇게 물체에 힘을 제공하는 기동자가 물체에 직접적으로 접촉해야 운동이 일어난다. 기동자가 없어지거나 물체와의 접촉이 중단되면 물체는 자신의 운동 상태를 유지할 수 없다. 그러나 관성의 법칙에 의하면 외력이 없는 물체도 자신의 원래 운동 상태를 유지할 수 있다. 아리스토텔레스는 기본적으로 물체의 운동을 하나의 정지 상태에서 다른 정지 상태로의 변화로 이해했다. 즉, 아리스토텔레스에게는 물체의 정지 상태가 물체의 운동 상태와는 아무런 상관이 없었다. 그러나 뉴턴 혹은 근대 과학의 시대를 열었던 갈릴레오에 의하면 물체가 정지한 상태는 운동하는 상태의 특수한 경우이다. 운동 상태가 바뀌는 것은 물체의 외부에서 힘이 가해지는 경우이다. 즉, 힘은 운동의 상태를 바꾸는 요인이다. 지금 우리는 뉴턴 역학이 옳다고 쉽게 생각하고 있지만 이론적인 선입견을 배제하고 일상적인 경험만 떠올리면 언뜻 아리스토텔레스의 논리가 더 그럴 듯하게 보일 수도 있다.

보 기

㉠ 뉴턴 역학은 올바르지 않으므로, 아리스토텔레스의 역학관을 따라야 한다.
㉡ 아리스토텔레스는 "외부에서 힘이 작용하지 않으면 운동하는 물체는 계속 그 상태로 운동하려 하고, 정지한 물체는 계속 정지해 있으려고 한다."고 주장했다.
㉢ 뉴턴이나 갈릴레오 또한 당시에는 아리스토텔레스의 논리가 옳다고 판단했다.
㉣ 아리스토텔레스는 정지와 운동을 별개로 봤다.

① ㉡
② ㉣
③ ㉠, ㉢
④ ㉡, ㉣
⑤ ㉠, ㉣

확인 Check! ○ △ ×

풀이시간 60초

42 다음 글을 읽고 알 수 있는 것은?

정신질환이란 정신기능에 장애가 온 상태를 총칭한 것인데, 그 범위에는 넓은 뜻과 좁은 뜻의 정신질환이 있다. 정신보건법에서는 정신병자(중독성 정신병자를 포함)와 정신박약자 및 정신병질자를 정신장애자로 하고 비정신병성 정신장애는 포함하지 않고 있다. 이에 대해서 세계보건기구의 국제질병분류에서는 (1) 정신병, (2) 신경병 및 그 밖의 인격장애로 크게 나뉘어지고 (1)의 정신병은 기질 정신병과 그 밖의 정신병으로 나뉘어진다. 기질 정신병에는 노년기 정신병 및 초로기 정신병, 알코올 정신병, 약물 정신병, 일과성 기질 정신병, 그 밖의 기질 정신병이 있으며, 그 밖의 정신병에는 조현병(정신분열병), 조울병 망상상태, 그 밖의 비기질 정신병, 소아기 정신병이 포함된다. 또 (2)에는 신경증, 인격장애, 성적장애, 알코올 의존증, 약물 의존증, 약물 남용, 정신적 제요인에 따른 신체적 병태 그리고 분류되지 않은 특수증상 또는 증상군, 급성스트레스 반응, 부적응 반응, 기질장애에 뒤따르는 비정신병성 정신장애, 그 밖에 분류되지 않은 정신적 요인, 정신박약이 포함된다. 한편 이와 같은 것들은 더욱 세분되고 있다.

① 정신질환의 특성
② 정신질환의 원인
③ 정신질환의 종류
④ 정신질환 발병률
⑤ 정신질환 진단방법

확인 Check! ○ △ ×

풀이시간 60초

43 다음 기사에 나타난 통계를 통해 추론할 수 없는 것은?

일본에서 나이가 들어서도 부모 곁을 떠나지 않고 붙어사는 '캥거루족'이 증가하고 있는 것으로 나타났다. 일본 국립 사회보장인구문제 연구소가 2004년 전국 1만 711가구를 대상으로 조사해 21일 발표한 가구 동태 조사를 보면, 가구당 인구수는 평균 2.8명으로 최저치를 기록했다. 2인 가구는 28.7%로 5년 전 조사 때보다 조금 증가한 반면, 4인 가구는 18.1%로 조금 줄었다.
부모와 함께 사는 자녀의 비율은 크게 증가했다. 30 ~ 34살 남성의 45.4%가 부모와 동거하는 것으로 나타났다. 같은 연령층 여성의 부모 동거 비율은 33.1%였다. 5년 전에 비해 남성은 6.4%p, 여성은 10.2%p 증가한 수치다. 25 ~ 29살 남성의 부모 동거 비율은 64%, 여성은 56.1%로 조사됐다. 부모를 모시고 사는 기혼자들도 있지만, 상당수는 독신으로 부모로부터 주거와 가사 지원을 받는 캥거루족으로 추정된다.

① 25 ~ 34살의 남성 중 대략 반 정도가 부모와 동거한다.
② 현대 사회에서 남녀를 막론하고 독신의 비율이 증가하고 있다.
③ 30 ~ 34살의 경우 부모 동거 비율은 5년 전에도 여성이 남성보다 높지 않았다.
④ '캥거루족'이 늘어난 것은 젊은이들이 직장을 구하기가 점점 어려워지고 있기 때문이다.
⑤ 자녀의 연령대가 낮을수록 부모와 동거하는 비율이 높다.

※ 다음 〈조건〉을 바탕으로 추론한 〈보기〉에 대한 판단으로 옳은 것을 고르시오. [44~46]

확인 Check! ○ △ ×

풀이시간 60초

044

조 건

- 지영, 소영, 은지, 보미, 현아의 신발 사이즈는 각각 다르다.
- 신발 사이즈는 225 ~ 250mm이다.
- 지영이의 신발 사이즈는 235mm이다.
- 소영이의 신발 사이즈는 가장 작고, 은지의 신발 사이즈는 가장 크다.
- 신발 사이즈는 5mm 단위이다.

보 기

A : 현아의 신발 사이즈가 230mm라면, 보미는 신발 사이즈가 두 번째로 크다.
B : 보미의 신발 사이즈가 240mm라면, 소영이의 신발 사이즈는 225mm이다.

① A만 옳다.
② B만 옳다.
③ A, B 모두 옳다.
④ A, B 모두 틀리다.
⑤ A, B 모두 옳은지 틀린지 판단할 수 없다.

확인 Check! ○ △ ×

풀이시간 60초

045

조 건

- 청포도를 좋아하는 사람은 정욱, 하나이다.
- 멜론을 좋아하는 사람은 하나, 은정이다.
- 체리를 좋아하는 사람은 정욱이다.
- 사과를 좋아하는 사람은 정욱, 은정, 하나이다.
- 딸기를 좋아하는 사람은 정욱, 은하이다.

보 기

A : 가장 많은 종류의 과일을 좋아하는 사람은 정욱이다.
B : 하나와 은정이가 좋아하는 과일은 같다.

① A만 옳다.
② B만 옳다.
③ A, B 모두 옳다.
④ A, B 모두 틀리다.
⑤ A, B 모두 옳은지 틀린지 판단할 수 없다.

확인 Check! ○ △ ×

풀이시간 60초

046

● 조 건 ●

- K회사의 직원 A ~ D의 휴가 기간은 3일이고, 주말은 휴가 일수에 포함되지 않는다.
- A는 B보다 하루 일찍 휴가를 떠난다.
- C는 B보다 이틀 늦게 휴가를 떠난다.
- D는 C보다 하루 일찍 휴가를 떠난다.
- B는 화요일에 휴가를 떠난다.

● 보 기 ●

A : C는 금요일까지 휴가이다.
B : D는 금요일까지 휴가이다.

① A만 옳다.
② B만 옳다.
③ A, B 모두 옳다.
④ A, B 모두 틀리다.
⑤ A, B 모두 옳은지 틀린지 판단할 수 없다.

확인 Check! ○ △ ×

풀이시간 45초

047

다음 전제를 바탕으로 판단할 때, 빈칸에 들어갈 명제는?

전제1. 자기관리를 잘 하는 모든 사람은 업무를 잘한다.
전제2. 산만한 어떤 사람은 업무를 잘 하지 못한다.
결론. ______________________

① 업무를 잘 하는 사람은 산만하다.
② 업무를 잘 하지 못하는 어떤 사람은 산만하다.
③ 산만한 어떤 사람은 자기관리를 잘 하지 못한다.
④ 업무를 잘 하지 못하는 모든 사람은 자기관리를 잘 한다.
⑤ 산만하지 않은 모든 사람은 자기관리를 잘 한다.

확인 Check! ○ △ ×

풀이시간 60초

048 다음 명제가 모두 참일 때, 〈보기〉 중 반드시 참인 명제를 모두 고르면?

• 물을 마시면 기분이 상쾌해진다.
• 물을 마시지 않으면 피부가 건조해진다.

보 기

ㄱ. 기분이 상쾌해지지 않으면 피부가 건조해진다.
ㄴ. 기분이 상쾌해지지 않은 것은 물을 마시지 않았다는 것이다.
ㄷ. 피부가 건조해진 것은 물을 마시지 않았다는 것이다.
ㄹ. 피부가 건조해지지 않았다는 것은 물을 마셨다는 것이다.

① ㄴ, ㄷ
② ㄱ, ㄴ, ㄷ
③ ㄱ, ㄴ, ㄹ
④ ㄴ, ㄷ, ㄹ
⑤ ㄱ, ㄷ, ㄹ

확인 Check! ○ △ ×

풀이시간 60초

049 다음 글의 중심 내용으로 적절한 것은?

진(秦)나라 재상인 상앙에게는 유명한 일화가 있지요. 진나라 재상으로 부임한 상앙은 나라의 기강이 서지 않았음을 걱정했습니다. 그는 대궐 남문 앞에 나무를 세우고 방문(榜文)을 붙였지요. '이 나무를 옮기는 사람에게는 백금(百金)을 하사한다.' 그러나 나무를 옮기는 사람이 아무도 없었습니다. 그래서 다시 상금을 만금(萬金)으로 인상했습니다. 어떤 사람이 상금을 기대하지도 않고 밑질 것도 없다 하며 장난삼아 옮겼습니다. 그랬더니 방문에 적힌 대로 만금을 하사하였습니다. 그 이후 백성들이 나라의 정책을 잘 따르게 되고 진나라는 부국강병을 이루었습니다.

① 신뢰의 중요성
② 부국강병의 가치
③ 우민화 정책의 폐해
④ 명분을 내세운 정치의 효과
⑤ 보상을 상향해야 하는 이유

확인 Check! ○ △ ×

풀이시간 60초

050 다음 글을 논리적 순서대로 바르게 나열한 것은?

(가) 어떤 모델이든지 상품의 특성에 적합한 이미지를 갖는 인물이어야 광고 효과가 제대로 나타날 수 있다. 예를 들어, 자동차, 카메라, 치약과 같은 상품의 경우에는 자체의 성능이나 효능이 중요하므로 대체로 전문성과 신뢰성을 갖춘 모델이 적합하다. 이와 달리 상품이 주는 감성적인 느낌이 중요한 보석, 초콜릿, 여행 등과 같은 상품은 매력과 친근성을 갖춘 모델이 잘 어울린다. 그런데 유명인이 그들의 이미지에 상관없이 여러 유형의 상품 광고에 출연하면 모델의 이미지와 상품의 특성이 어울리지 않는 경우가 많아 광고 효과가 나타나지 않을 수 있다.

(나) 광고에서 소비자의 눈길을 확실하게 사로잡을 수 있는 요소는 유명인 모델이다. 일부 유명인들은 여러 상품 광고에 중복하여 출연하고 있는데, 이는 광고계에서 관행이 되어 있고, 소비자들도 이를 당연하게 여기고 있다. 그러나 유명인의 중복 출연은 과연 높은 광고 효과를 보장할 수 있을까? 유명인이 중복 출연하는 광고의 효과를 점검해 볼 필요가 있다.

(다) 유명인의 중복 출연이 소비자가 모델을 상품과 연결시켜 기억하기 어렵게 한다는 점도 광고 효과에 부정적인 영향을 미친다. 유명인의 이미지가 여러 상품으로 분산되면 광고 모델과 상품 간의 결합력이 약해질 것이다. 이는 유명인 광고 모델의 긍정적인 이미지를 광고 상품에 전이하여 얻을 수 있는 광고 효과를 기대하기 어렵게 만든다.

(라) 유명인 모델의 광고 효과를 높이기 위해서는 유명인이 자신과 잘 어울리는 한 상품의 광고에만 지속적으로 나오는 것이 좋다. 이렇게 할 경우 상품의 인지도가 높아지고, 상품을 기억하기 쉬워지며, 광고 메시지에 대한 신뢰도가 제고된다. 유명인의 유명세가 상품에 전이되고 소비자는 유명인이 진실하다고 믿게 되기 때문이다.

① (가) – (나) – (라) – (다)
② (가) – (라) – (나) – (다)
③ (나) – (다) – (가) – (라)
④ (나) – (가) – (라) – (다)
⑤ (나) – (가) – (다) – (라)

확인 Check! ○ △ ×

풀이시간 60초

051 다음 글의 빈칸에 들어갈 말을 〈보기〉에서 골라 순서대로 바르게 나열한 것은?

『정의론』을 통해 현대 영미 윤리학계에 정의에 대한 화두를 던진 사회철학자 '롤즈'는 전형적인 절차주의적 정의론자이다. 그는 정의로운 사회 체제에 대한 논의를 주도해온 공리주의가 소수자 및 개인의 권리를 고려하지 못한다는 점에 주목하여 사회계약론적 토대 하에 대안적 정의론을 정립하고자 하였다.
롤즈는 개인이 정의로운 제도하에서 자유롭게 자신들의 욕구를 추구하기 위해서는 ___(가)___ 등이 필요하며 이는 사회의 기본 구조를 통해서 최대한 공정하게 분배되어야 한다고 생각했다. 그리고 이를 실현할 수 있는 사회 체제에 대한 논의가, 자유롭고 평등하며 합리적인 개인들이 모두 동의할 수 있는 원리들을 탐구하는 데에서 출발해야 한다고 보고 '원초적 상황'의 개념을 제시하였다.
'원초적 상황'은 정의로운 사회 체제의 기본 원칙들을 선택하는 합의 당사자들로 구성된 가설적 상황으로, 이들은 향후 헌법과 하위 규범들이 따라야 하는 가장 근본적인 원리들을 합의한다. '원초적 상황'에서 합의 당사자들은 ___(나)___ 등에 대한 정보를 모르는 상태에 놓이게 되는데 이를 '무지의 베일'이라고 한다. 단, 합의 당사자들은 ___(다)___ 와/과 같은 사회에 대한 일반적 지식을 알고 있으며, 공적으로 합의된 규칙을 준수하고, 합리적인 욕구를 추구할 수 있는 존재로 간주된다. 롤즈는 이러한 '무지의 베일' 상태에서 사회 체제의 기본 원칙들에 만장일치로 합의하는 것이 보장된다고 생각하였다. 또한 무지의 베일을 벗은 후에 겪을지 모를 피해를 우려하여 합의 당사자들이 자신의 피해를 최소화할 수 있는 내용을 계약에 포함시킬 것으로 보았다.
위와 같은 원초적 상황을 전제로 합의 당사자들은 정의의 원칙들을 선택하게 된다. 제1원칙은 모든 사람이 다른 개인들의 자유와 양립 가능한 한도 내에서 '기본적 자유'에 대한 평등한 권리를 갖는다는 것인데, 이를 '자유의 원칙'이라고 한다. 여기서 롤즈가 말하는 '기본적 자유'는 양심과 사고 표현의 자유, 정치적 자유 등을 포함한다.

보 기

㉠ 자신들의 사회적 계층, 성, 인종, 타고난 재능, 취향
㉡ 자유와 권리, 임금과 재산, 권한과 기회
㉢ 인간의 본성, 제도의 영향력

	(가)	(나)	(다)
①	㉠	㉡	㉢
②	㉡	㉢	㉠
③	㉡	㉠	㉢
④	㉢	㉠	㉡
⑤	㉢	㉡	㉠

052 다음 중 빈칸에 들어갈 말로 적절한 것은?

범죄가 언론 보도의 주요 소재가 되고 있다. 그 이유는 언론이 범죄를 취잿감으로 찾아내기가 쉽고 편의에 따라 기사화할 수 있을 뿐만 아니라, 범죄 보도를 통하여 시청자의 관심을 끌 수 있기 때문이다. 이러한 보도는 범죄에 대한 국민의 알 권리를 충족시키는 공적 기능을 수행하기 때문에 사회적으로 용인되는 경향이 있다. 그러나 지나친 범죄 보도는 범죄자나 범죄 피의자의 초상권을 침해하여 법적·윤리적 문제를 일으키기도 한다.

일반적으로 초상권은 얼굴 및 기타 사회 통념상 특정인임을 식별할 수 있는 신체적 특징을 타인이 함부로 촬영하여 공표할 수 없다는 인격권과 이를 광고 등에 영리적으로 이용할 수 없다는 재산권을 포괄한다. 언론에 의한 초상권 침해의 유형으로는 본인의 동의를 구하지 않은 무단 촬영·보도, 승낙의 범위를 벗어난 촬영·보도, 몰래 카메라를 동원한 촬영·보도 등을 들 수 있다.

법원의 판결로 이어진 대표적인 사례로는 교내에서 불법으로 개인 지도를 하던 대학 교수를 현행범으로 체포하려는 현장을 방송 기자가 경찰과 동행하여 취재하던 중 초상권을 침해한 경우를 들 수 있다. 법원은 '원고의 동의를 구하지 않고, 연습실을 무단으로 출입하여 취재한 것은 원고의 사생활과 초상권을 침해하는 행위'라고 판시했다. 더불어 취재의 자유를 포함하는 언론의 자유는 다른 법익을 침해하지 않는 범위 내에서 인정되며, 비록 취재 당시 원고가 현행범으로 체포되는 상황이라 하더라도, 원고의 연습실과 같은 사적인 장소는 수사 관계자의 동의 없이는 출입이 금지되고, 이를 무시한 취재는 원칙적으로 불법이라고 판결했다.

이 사례는 법원이 언론의 자유와 초상권 침해의 갈등을 어떤 기준으로 판단하는지 보여 주고 있다. 또한 이 판결은 사적 공간에서의 취재 활동이 어디까지 허용되는가에 대한 법적 근거를 제시하고 있다. 언론 보도에 노출된 범죄 피의자는 경제적·직업적·가정적 불이익을 당할 뿐만 아니라, 인격이 심하게 훼손되거나 심지어는 생명을 버리기까지도 한다. 따라서 사회적 공기(公器)인 언론은 개인의 초상권을 존중하고 언론 윤리에 부합하는 범죄 보도가 될 수 있도록 신중을 기해야 한다. 범죄 보도가 초래하는 법적·윤리적 논란은 언론계 전체의 신뢰도에 치명적인 손상을 가져올 수도 있다. 이는 범죄가 언론에는 매혹적인 보도 소재이지만, 자칫 ________이/가 될 수도 있음을 의미한다.

① 시금석
② 부메랑
③ 아킬레스건
④ 악어의 눈물
⑤ 뜨거운 감자

확인 Check! ○ △ ×

풀이시간 60초

053 다음 글의 주제로 가장 적절한 것은?

맹자는 다음과 같은 이야기를 전한다. 송나라의 한 농부가 밭에 나갔다 돌아오면서 처자에게 말한다. "오늘 일을 너무 많이 했다. 밭의 싹들이 빨리 자라도록 하나하나 잡아당겨줬더니 피곤하구나." 아내와 아이가 밭에 나가보았더니 싹들이 모두 말라 죽어 있었다. 이렇게 자라는 것을 억지로 돕는 일, 즉 조장(助長)을 하지 말라고 맹자는 말한다. 싹이 빨리 자라기를 바란다고 싹을 억지로 잡아 올려서는 안 된다. 목적을 이루기 위해 가장 빠른 효과를 얻고 싶겠지만 이는 도리어 효과를 놓치는 길이다. 억지로 효과를 내려고 했기 때문이다. 싹이 자라기를 바라 싹을 잡아당기는 것은 이미 시작된 과정을 거스르는 일이다. 효과가 자연스럽게 나타날 가능성을 방해하고 막는 일이기 때문이다. 당연히 싹의 성장 가능성은 땅 속의 씨앗에 들어있는 것이다. 개입하고 힘을 쏟고자 하는 대신에 이 잠재력을 발휘할 수 있도록 하는 것이 중요하다.
피해야 할 두 개의 암초가 있다. 첫째는 싹을 잡아당겨서 직접적으로 성장을 이루려는 것이다. 이는 목적성이 있는 적극적 행동주의로써 성장의 자연스러운 과정을 존중하지 않는 것이다. 달리 말하면 효과가 숙성되도록 놔두지 않는 것이다. 둘째는 밭의 가장자리에 서서 자라는 것을 지켜보는 것이다. 싹을 잡아당겨서도 안 되고 그렇다고 단지 싹이 자라는 것을 지켜만 봐서도 안 된다. 그렇다면 무엇을 해야 하는가? 싹 밑의 잡초를 뽑고 김을 매주는 일을 해야 하는 것이다. 경작이 용이한 땅을 조성하고 공기를 통하게 함으로써 성장을 보조해야 한다. 기다리지 못함도 삼가고 아무것도 안함도 삼가야 한다. 작동 중에 있는 자연스런 성향이 발휘되도록 기다리면서도 전력을 다할 수 있도록 돕는 노력도 멈추지 말아야 한다.

① 인류 사회는 자연의 한계를 극복하려는 인위적 노력에 의해 발전해 왔다.
② 싹이 스스로 성장하도록 그대로 두는 것이 수확량을 극대화하는 방법이다.
③ 어떤 일을 진행할 때 가장 중요한 것은 명확한 목적성을 설정하는 것이다.
④ 잠재력을 발휘하도록 하려면 의도적 개입과 방관적 태도 모두를 경계해야 한다.
⑤ 목적을 이루기 위해서는 수단과 방법을 가리지 않아야 한다.

■ 수리능력

수리능력이란 사칙연산, 통계, 확률의 의미를 정확하게 이해하고, 이를 업무에 적용하는 능력을 말한다. 따라서 사칙연산, 통계, 확률의 의미를 정확하게 이해했는지, 이를 응용하여 다양한 수식에 적용할 수 있는지를 확인하는 문제들이 출제된다.

■ NCS형

하위능력	정의	세부요소
기초연산 능력	업무를 수행함에 있어 기초적인 사칙연산과 계산을 하는 능력	• 과제 해결을 위한 연산 방법 선택 • 연산 방법에 따라 연산 수행 • 연산 결과와 방법에 대한 평가
기초통계 능력	업무를 수행함에 있어 필요한 기초 수준의 백분율, 평균, 확률과 통계를 계산하는 능력	• 과제 해결을 위한 통계 기법 선택 • 통계 기법에 따라 연산 수행 • 통계 결과와 기법에 대한 평가
도표분석 능력	업무를 수행함에 있어 도표(그림, 표, 그래프 등)가 갖는 의미를 해설하는 능력	• 도표에서 제시된 정보 인식 • 정보의 적절한 해설 • 해설한 정보의 업무 적용
도표작성 능력	업무를 수행함에 있어 필요한 도표(그림, 표, 그래프 등)를 작성하는 능력	• 도표 제시 방법 선택 • 도표를 이용한 정보 제시 • 제시 결과 평가

■ 적성형

기초계산

기초계산 영역에서는 기본적인 사칙연산이나 단순계산, 수의 대소비교 등이 출제된다. 난이도는 높지 않으나 짧은 시간 안에 많은 문제를 해결해야 하므로 연산 순서와 계산을 정확하게 하는 연습을 통해 계산 도중 발생할 수 있는 오류를 방지한다.

응용계산

응용계산 영역에서는 일상생활과 연관된 소금물의 농도, 나이, 일, 가격, 거리・속력・시간, 금액, 정가・원가, 증가・감소 등의 방정식・부등식 유형, 확률, 자료해설 등이 출제된다. 수리능력검사 중 가장 많은 문항 수를 차지하며 매해 출제되는 내용이기 때문에 철저히 대비해야 한다.

자료해석

자료해석 영역에서는 실생활에서 접할 수 있는 통계자료, 표 또는 그래프를 제시하여 이를 해설하거나 계산하는 문제가 출제된다. 시간을 단축하기 위해서 주어진 자료보다는 문제를 먼저 읽은 후, 필요한 요소를 자료에서 찾는 것이 도움이 된다.

02-01 수리능력(NCS형)

01 기초연산능력

1 기본연산

(1) 사칙연산

① 사칙연산 +, −, ×, ÷

왼쪽을 기준으로 순서대로 계산하되 ×와 ÷를 먼저 계산한 뒤 +와 −를 계산한다.

예 $1+2-3\times4\div2=1+2-12\div2=1+2-6=3-6=-3$

② 괄호연산 ( ), { }, [ ]

소괄호 ( ) → 중괄호 { } → 대괄호 [ ]의 순으로 계산한다.

예 $[\{(1+2)\times3-4\}\div5]\times6=\{(3\times3-4)\div5\}\times6$

$=\{(9-4)\div5\}\times6=(5\div5)\times6=1\times6=6$

대표유형 길라잡이!

다음 식을 계산할 때, □에 들어갈 알맞은 기호는?

9 × 3 □ 6 ÷ 3 = 29

① +　　② −
③ ×　　④ ÷

정답 ①

(9 × 3) 소괄호부터 계산하면 27 □ 6 ÷ 3 = 29이므로 □에 알맞은 기호는 +이다.

(2) 연산 규칙

크고 복잡한 수들의 연산에는 반드시 쉽게 해결할 수 있는 특성이 있다. 지수법칙, 곱셈공식 등 연산 규칙을 활용하여 문제 내에 숨어 있는 수의 연결고리를 찾아야 한다.

예 $3^3 \times 3^2 \div 3^4 = 3^{3+2-4} = 3^1 = 3$

$101^2 - 99^2 = (101 + 99)(101 - 99) = 200 \times 2 = 400$

출제유형 알아보기

- $a^b \times a^c \div a^d = a^{b+c-d}$
- $ab \times cd = ac \times bd = ad \times bc$
- $a^2 - b^2 = (a + b)(a - b)$
- $(a + b)(a^2 - ab + b^2) = a^3 + b^3$
- $(a - b)(a^2 + ab + b^2) = a^3 - b^3$

대표유형 길라잡이!

다음 식의 값은?

$$(126^2 - 35^2) \div 91$$

① 161　② 171
③ 181　④ 241

정답 ①

$(126^2 - 35^2) \div 91 = (126 + 35)(126 - 35) \div 91 = 161 \times 91 \div 91 = 161$

2 식의 계산

(1) 약수 · 소수

① 약수 : 0이 아닌 어떤 정수를 나누어떨어지게 하는 정수

② 소수 : 1과 자기 자신으로만 나누어지는 1보다 큰 양의 정수

예 10 이하의 소수는 2, 3, 5, 7이 있다.

③ 소인수분해 : 주어진 합성수를 소수의 곱의 형태로 나타내는 것

예 $12 = 2^2 \times 3$

④ 약수의 개수 : 양의 정수 $N = a^\alpha b^\beta$(a, b는 서로 다른 소수)일 때, N의 약수의 개수는 $(\alpha+1)(\beta+1)$개다.

⑤ 최대공약수 : 2개 이상의 자연수의 공통된 약수 중에서 가장 큰 수

예 GCM(4, 8) = 4

⑥ 최소공배수 : 2개 이상의 자연수의 공통된 배수 중에서 가장 작은 수

예 LCM(4, 8) = 8

⑦ 서로소 : 1 이외에 공약수를 갖지 않는 두 자연수

예 GCM(3, 7) = 1일 때, 3과 7은 서로소이다.

대표유형 길라잡이!

36^5은 다음 중 어느 수로 나누어지는가?

① 121
② 144
③ 169
④ 225

정답 ②

$36^5 = (2^2 \times 3^2)^5 = 2^{10} \times 3^{10}$

① $121 = 11^2$

② $144 = 2^4 \times 3^2$

③ $169 = 13^2$

④ $225 = 3^2 \times 5^2$

따라서 36^5은 144로 나누어떨어진다.

(2) 수의 크기

분수, 지수함수, 로그함수 등 다양한 형태의 문제들이 출제된다. 분모의 통일, 지수의 통일 등 제시된 수를 일정한 형식으로 정리해 해결해야 한다. 연습을 통해 여러 가지 문제의 풀이방법을 익혀 두자.

예 $\sqrt[3]{2}$, $\sqrt[4]{4}$, $\sqrt[5]{8}$ 크기 비교

$\sqrt[3]{2}=2^{\frac{1}{3}}$, $\sqrt[4]{4}=4^{\frac{1}{4}}=(2^2)^{\frac{1}{4}}=2^{\frac{1}{2}}$, $\sqrt[5]{8}=8^{\frac{1}{5}}=(2^3)^{\frac{1}{5}}=2^{\frac{3}{5}}$ 이므로

지수의 크기에 따라 $\sqrt[3]{2}<\sqrt[4]{4}<\sqrt[5]{8}$ 임을 알 수 있다.

대표유형 길라잡이!

다음 중 가장 큰 수는?

① $\frac{1}{7}$

② $\pi-3$

③ $\frac{\sqrt{2}}{10}$

④ 0.14

정답 ①

① $\frac{1}{7}=0.1428\cdots$

② $\pi-3=0.1415\cdots$

③ $\frac{\sqrt{2}}{10}=0.1414\cdots$

④ 0.14

$\therefore \frac{1}{7}>\pi-3>\frac{\sqrt{2}}{10}>0.14$

(3) 수의 특징

주어진 수들의 공통점 찾기, 짝수 및 홀수 연산, 자릿수 등 위에서 다루지 않았거나 복합적인 여러 가지 수의 특징을 가지고 풀이하는 문제들을 모아 놓았다. 주어진 상황에서 제시된 수들의 공통된 특징을 찾는 것이 중요한 만큼 혼돈하기 쉬운 수의 자릿수별 개수와 홀수, 짝수의 개수는 꼼꼼하게 체크해 가면서 풀이해야 한다.

대표유형 길라잡이!

분수 $\frac{5\times x}{36}$를 소수로 나타낼 때에 유한소수가 되는 자연수 x를 고르면?

① 4 ② 12
③ 18 ④ 24

정답 ③

유한소수가 되기 위한 조건
서로소가 되도록 분자, 분모를 약분한 후에 분모에 2와 5 이외의 소인수가 있어서는 안 된다.
$\frac{5\times x}{36}=\frac{5\times x}{2^2\times 3^2}$이므로 $x=18$일 때, 유한소수가 된다.

02 기초통계능력

(1) 통 계

집단현상에 대한 구체적인 양적 기술을 반영하는 숫자로, 특히 사회집단 또는 자연집단의 상황을 숫자로 나타낸 것이다.

예 서울 인구의 생계비, 한국 쌀 생산량의 추이, 추출 검사한 제품 중의 불량품의 개수 등

(2) 통계치

① **빈도** : 어떤 사건이 일어나거나 증상이 나타나는 정도

② **빈도분포** : 빈도를 표나 그래프로 종합적이면서도 일목요연하게 표시하는 것

③ **평균** : 모든 자료의 합을 자료의 개수로 나눈 값

④ **백분율** : 전체의 수량을 100으로 볼 때의 비율

(3) 통계의 계산

① **범위** : 최댓값 − 최솟값

② **평균** : $\dfrac{\text{사례수 값의 총합}}{\text{사례수의 총합}}$

③ **분산** : $\dfrac{(\text{관찰값} - \text{평균})^2\text{의 총합}}{\text{사례수의 총합}}$

※ 편차 = 관찰값 − 평균

④ **표준편차** : $\sqrt{\text{분산}}$ (평균으로부터 얼마나 떨어져 있는가를 나타냄)

03 도표분석능력

(1) 선(절선)그래프

① 시간적 추이(시계열 변화)를 표시하는 데 적합하다.

예 연도별 매출액 추이 변화 등

② 경과·비교·분포를 비롯하여 상관관계 등을 나타날 때 사용한다.

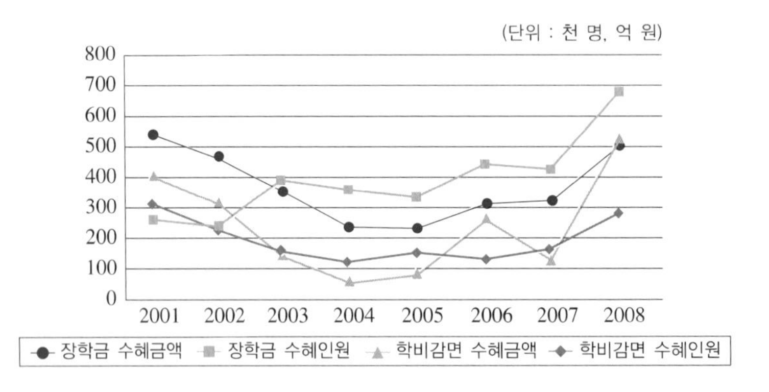

(2) 막대그래프

① 비교하고자 하는 수량을 막대 길이로 표시하고, 그 길이를 비교하여 각 수량 간의 대소관계를 나타내는 데 적합하다.

예 영업소별 매출액, 성적별 인원분포 등

② 가장 간단한 형태로 내역·비교·경과·도수 등을 표시하는 용도로 사용한다.

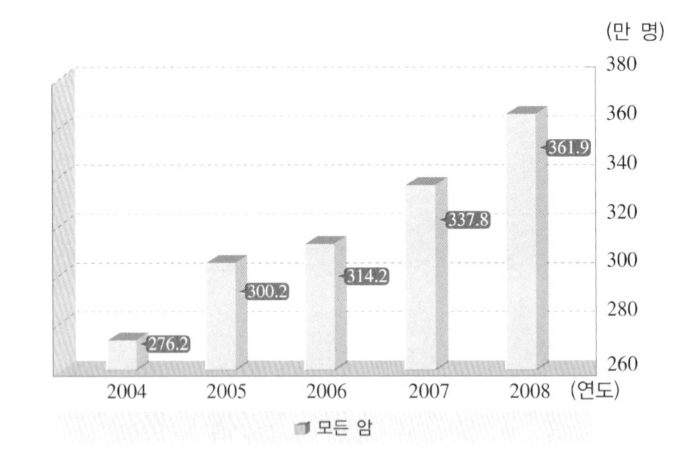

(3) 원그래프

① 내역이나 내용의 구성비를 분할하여 나타내는 데 적합하다.

예 제품별 매출액 구성비 등

② 원그래프를 정교하게 작성할 때는 수치를 각도로 환산해야 한다.

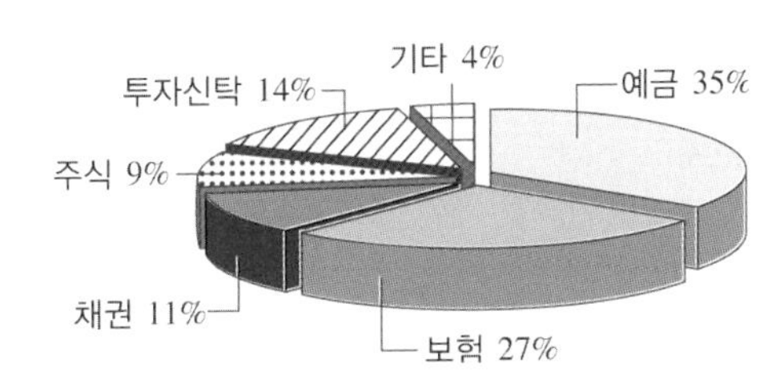

(4) 점그래프

① 지역분포를 비롯하여 도시, 지방, 기업, 상품 등의 평가나 위치, 성격을 표시하는 데 적합하다.

예 광고비율과 이익률의 관계 등

② 종축과 횡축에 두 요소를 두고, 보고자 하는 것의 위치를 알고자 할 때 사용한다.

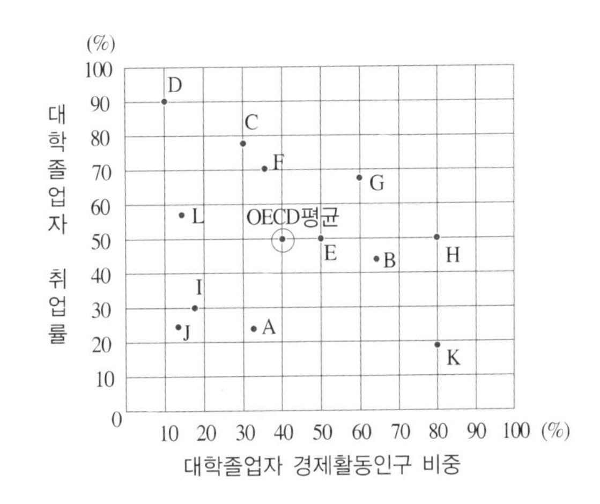

(5) 층별그래프

① 합계와 각 부분의 크기를 백분율로 나타내고 시간적 변화를 보는 데 적합하다.

② 합계와 각 부분의 크기를 실수로 나타내고 시간적 변화를 보는 데 적합하다.
  예 상품별 매출액 추이 등

③ 선의 움직임보다는 선과 선 사이의 크기로써 데이터 변화를 나타내는 그래프이다.

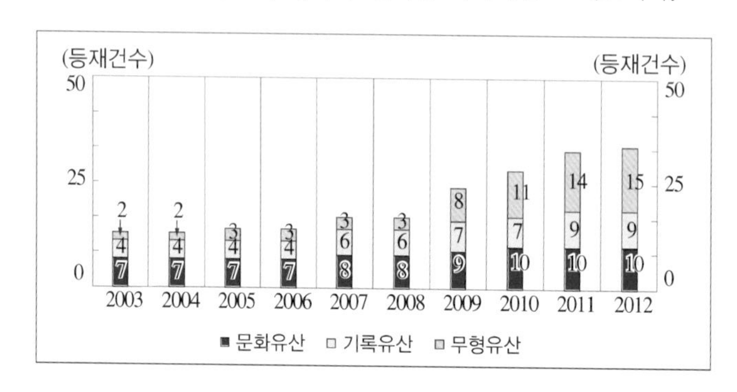

(6) 레이더 차트(거미줄그래프)

① 다양한 요소를 비교할 때, 경과를 나타내는 데 적합하다. 예 매출액의 계절변동 등

② 비교하는 수량을 직경, 또는 반경으로 나누어 원의 중심에서의 거리에 따라 각 수량의 관계를 나타내는 그래프이다.

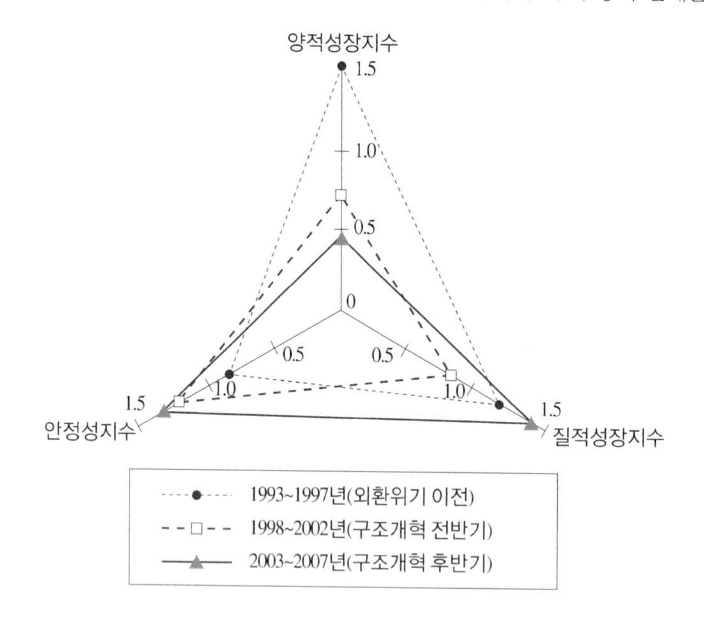

02-02 수리능력(적성형)

01 응용계산능력

1 방정식의 활용

(1) 시간 · 거리 · 속력

① 속력 = 거리 ÷ 시간, 거리 = 속력 × 시간, 시간 = 거리 ÷ 속력

② 흐르는 물을 거슬러 올라갈 때의 속력 = 배 자체의 속력 − 물의 속력

③ 흐르는 물과 같은 방향으로 내려갈 때의 속력 = 배 자체의 속력 + 물의 속력

(2) 날짜 · 요일 · 시계

① 1일 = 24시간 = 1,440(= 24 × 60)분 = 86,400(= 1,440 × 60)초

② 월별 일수 : 1월 31일, 2월 28일(또는 29일), 3월 31일, 4월 30일, 5월 31일, 6월 30일, 7월 31일, 8월 31일, 9월 30일, 10월 31일, 11월 30일, 12월 31일

③ 날짜와 요일 관련 문제는 대부분 나머지를 이용해 구한다.

예 오늘이 8월 19일 수요일일 경우, 9월 3일의 요일은 {(31 − 19) + 3} ÷ 7 = 2 … 1이므로 목요일이 된다.

④ 시침이 1시간 동안 이동하는 각도 : $\frac{360}{12} = 30°$

⑤ 시침이 1분 동안 이동하는 각도 : $\frac{360}{12 \times 60} = 0.5°$

⑥ 분침이 1분 동안 이동하는 각도 : $\frac{360}{60} = 6°$

대표유형 길라잡이!

집에서 학교까지 가는 데 동생은 뛰어서 매분 50m의 속력으로, 형은 걸어서 매분 30m의 속력으로 동시에 출발하였더니 동생이 5분 먼저 도착하였다. 집에서 학교까지의 거리는 몇 m인가?

① 355m ② 365m
③ 370m ④ 375m

정답 ④

집에서 학교까지의 거리를 x라 하면,

$\frac{x}{30} - \frac{x}{50} = 5$

→ $5x - 3x = 750$

$\therefore x = 375$

2 나이 · 수

부모와 자식 간, 형제 간의 나이를 간단한 비례식, 일차방정식 및 연립방정식을 이용해 유추하는 문제와 학생 수, 회원 수, 동물의 수, 사물의 수 등을 집합, 방정식을 이용해 유추하는 문제가 출제된다. 연습을 통해 문제의 내용을 정확히 이해하여 식으로 나타낼 수 있도록 해야 한다.

(1) 나 이

문제에서 제시된 조건의 나이가 현재인지, 과거인지를 확인한 후 구해야 하는 한 명의 나이를 변수로 잡고 식을 완성해야 한다.

(2) 개체 · 사물의 수

개체의 수를 구할 때 사람의 경우 남자와 여자의 조건을 혼동하지 않도록 주의해야 하며, 동물의 경우 다리의 개수가 조건에 포함되지 않았는지를 확인해야 한다. 또한, 사물의 수를 구할 때는 수량을 결정짓는 특징이 있는지를 살펴야 한다.

대표유형 길라잡이!

형과 동생의 나이를 더하면 22, 곱하면 117이라고 할 때, 동생의 나이는?

① 9세　　② 10세

③ 11세　　④ 12세

정답 ①

형의 나이를 x, 동생의 나이를 y라고 하면(단, $x > y$)

$x + y = 22$ ⋯ ㉠

$xy = 117$ ⋯ ㉡

㉠, ㉡을 연립하면

$x = 13$, $y = 9$

따라서 동생의 나이는 9세이다.

3 금 액

물건을 구매할 때의 금액, 예금 이자, 환전, 최근에는 휴대폰 요금까지 다양한 형태의 문제들이 현 상황에 맞춰 출제되는 추세이다. 대부분이 비례식과 연립방정식, 부등식 정도로 해결되지만 금리 문제 등에서 등비수열 등의 원리가 사용될 수 있다.

(1) 정가 = 원가 + 이익 = 원가 + (원가 × 이율)

(2) 판매가 = 정가 × (1 − 할인율)

(3) a원에서 b원 할인한 할인율 : $\frac{b}{a} \times 100 = \frac{100b}{a}(\%)$

(4) a원에서 b% 할인한 가격 = $a \times (1 - \frac{b}{100})$

(5) 휴대전화 요금 = 기본요금 + [무료통화 외 사용시간(초) × 초당 사용요금]

(6) 단리법 · 복리법

원금 a, 이율 r, 기간 n, 원리금 합계가 S일 때,

① 단리법 : $S = a(1 + rn)$

② 복리법 : $S = a(1 + r)^n$

대표유형 길라잡이!

3개에 A원인 물건을 10% 할인하여 5,400원에 샀다. 이 물건 1개의 가격은 얼마인가?

① 1,800원
② 2,000원
③ 2,200원
④ 2,400원

정답 ②

물건 한 개의 가격을 x라 하면

$3x \times (1 - 0.1) = 5{,}400 \rightarrow 2.7x = 5{,}400$

$\therefore x = 2{,}000$

4 일

일 관련 응용계산 문항은 작업 완료 시점에 맞춰 여러 문제가 출제되기 때문에, 전체 작업량을 1로 놓고, 분・시간 등의 단위 시간 동안 한 일의 양을 기준으로 식을 세워야 한다.

예 어떤 일을 하는 데 A가 5일, B가 4일씩 걸린다면, 둘이 함께 했을 때

$1 \div (\frac{1}{5}+\frac{1}{4}) = 1 \div \frac{4+5}{20} = \frac{20}{9} = 2\frac{2}{9} = 2$일 $\frac{16}{3}$시간 후에 일을 마치게 된다.

대표유형 길라잡이!

A관을 4시간, B관을 5시간 사용하면 100리터의 물이 공급되며, A관을 5시간, B관을 4시간 사용하면 89리터의 물이 공급된다. A관만 사용하여 60리터짜리 물통에 물을 가득 차게 하려면 걸리는 시간은?(단, 관에서 시간당 공급되는 물의 양은 일정하다)

① 9시간
② 12시간
③ 15시간
④ 18시간

정답 ②

A관, B관에서 시간당 공급되는 물의 양을 $a\ell$, $b\ell$라 하면 A관을 4시간, B관을 5시간 사용해 100ℓ가 공급되고, A관을 5시간, B관을 4시간 사용해 89ℓ가 공급되므로,

$4a+5b=100$ …… (ⅰ)

$5a+4b=89$ …… (ⅱ)

(ⅰ)과 (ⅱ)를 연립하면 $a=5$, $b=16$

A관에서 시간당 공급되는 물의 양은 5ℓ이다.

따라서 A관만 사용하여 60ℓ의 물통을 가득 채우려면 12시간이 걸린다.

5 점 수

시험 성적의 합, 평균, 개인의 과목별 성적, 운동 경기의 승점 등 다양한 점수에 관련된 문제들이 출제된다.

(1) 성 적

성적과 관련된 대부분의 문제는 전체 평균을 활용하면 식을 만들어 해결할 수 있으며, 일부 문제들에서 분산과 표준편차가 이용되기도 한다.

① 과목(시험)별 평균 = $\frac{\text{전체과목(시험점수)의 합}}{\text{과목의 개수}}$

② 중앙값 : 통계 집단의 변량을 크기 순서로 늘어놓았을 때, 중앙에 위치하는 값

③ 분산 : 각 변량의 값과 변량의 평균값의 차이

④ 표준편차 : 통계집단의 단위의 계량적 특성 값에 관한 산포도를 나타내는 도수 특성 값

예 관측값 $\{x_1,\ x_2,\ \cdots,\ x_n\}$의 평균을 m, 표준편차를 σ라고 할 때,

$$\sigma = \sqrt{\frac{\sum_{k=1}^{n}(x_k - m)^2}{n}} = \sqrt{\frac{\sum_{k=1}^{n}x^2_k}{n} - m^2}$$

(2) 승 점

승・무・패에 따른 팀별 승점과 경기 결과 등의 필요한 조건들을 제시하고, 결승에 진출하기 위한 점수 요건과 필요한 승리 횟수 등을 질문한다. 각각의 조건을 나열해 질문에 알맞은 결과를 논리적으로 도출해야 한다.

대표유형 길라잡이!

다음은 학생 수가 100명인 학급의 국어와 수학 시험의 점수 현황이다. 국어 점수가 9점 이상인 학생들의 수학 평균 점수는?

국어＼수학	5점	6점	7점	8점	9점	10점
5점	2		2			
6점		4	16	2	2	
7점	4	4	6	2	2	
8점	2	10	10	6	4	2
9점				8	2	4
10점				2	3	1

① $\frac{35}{4}$점

② 9점

③ $\frac{37}{4}$점

④ $\frac{19}{2}$점

정답 ①

국어 \ 수학	5점	6점	7점	8점	9점	10점
5점	2		2			
6점		4	16	2	2	
7점	4	4	6	2	2	
8점	2	10	10	6	4	2
9점				8	2	4
10점				2	3	1

국어 점수가 9점 이상인 학생들의 수학 평균 점수

$= \frac{(8\times10)+(9\times5)+(10\times5)}{10+5+5} = \frac{80+45+50}{20} = \frac{175}{20} = \frac{35}{4}$점

6 농 도

전체에 대한 비율, 혼합물을 합했을 때의 농도 등을 질문하는 유형으로 적성검사에서 빠지지 않고 출제되는 유형 중 하나이다. 기본원리를 이해하고 식을 만든다면 간단한 연립방정식으로 풀이가 가능하다.

(1) 용액의 농도 $= \frac{\text{용질의 양}}{\text{용액의 양(= 용매의 양 + 용질의 양)}} \times 100$

(2) 용질의 양 $=$ 용액의 농도 $\times \frac{\text{용액의 양}}{100}$

02 자료해석

보통 자료해석 문제는 다음 세 가지 유형으로 구분된다. 또한, 과학 관련 자료를 활용해 간단한 과학 상식까지 요구하는 경우도 있다.

(1) **이해** : 표와 그래프에서 제시된 정보를 정확하게 읽어내고 이것을 언어적인 형태로 바꾸어 표현할 수 있는지를 평가한다. 이 능력을 함양하기 위해서는 주어진 자료를 언어적 형태로 바꾸는 연습을 해야 한다. 주어진 자료에서 필요한 정보를 확인하고, 사칙연산 등을 통하여 값을 도출한다. 복잡한 식을 계산할 경우에는 계산값이 정확한지도 확인한다. 다양한 지수와 지표들이 산출되는 과정에 대하여 알아두는 것도 문제를 해결하는 데 도움이 될 것이다.

(2) 적용 : 적용능력은 규칙이나 법칙을 제대로 이해하고 이를 새로운 상황에 응용할 수 있는지의 여부를 묻는 것이다. 주어진 공식이나 제약에 따라 수를 조작해 보고 주어진 자료의 형태에 맞는 통계치를 찾아 사용해 본다. 그리고 어떤 자료가 만들어지는 과정에서 논리적인 문제가 없었는지를 살펴보아야 한다.

(3) 분석 : 분석능력은 자료가 어떤 하위요소로 분해되고 각 하위요소가 어떤 관계에 있으며 이것이 조직되어 있는 방식이 무엇인지를 발견하는 능력이다. 이 능력을 기르기 위해서는 주어진 정보에 숨어 있는 가정이 무엇인지를 알아보고 자료에서 분명히 알 수 있는 것과 알 수 없는 것을 구분하는 연습을 해야 한다.

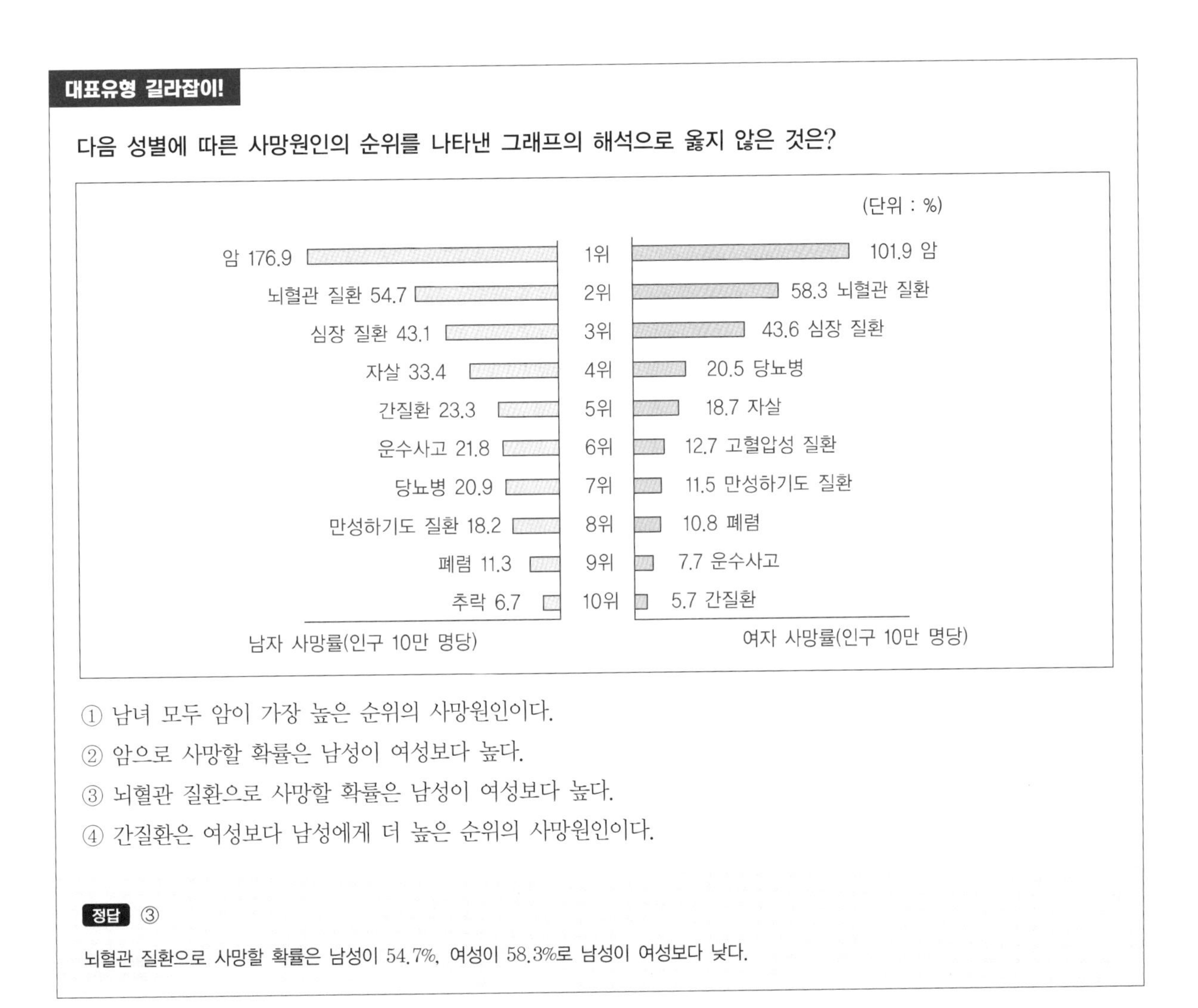

대표유형 길라잡이!

다음 성별에 따른 사망원인의 순위를 나타낸 그래프의 해석으로 옳지 않은 것은?

① 남녀 모두 암이 가장 높은 순위의 사망원인이다.
② 암으로 사망할 확률은 남성이 여성보다 높다.
③ 뇌혈관 질환으로 사망할 확률은 남성이 여성보다 높다.
④ 간질환은 여성보다 남성에게 더 높은 순위의 사망원인이다.

정답 ③

뇌혈관 질환으로 사망할 확률은 남성이 54.7%, 여성이 58.3%로 남성이 여성보다 낮다.

※ 다음 식을 계산한 값으로 옳은 것을 고르시오. [54~56]

확인 Check! ○ △ ×

풀이시간 30초

054

$$2,525 \div 5 + 124 \div 4 + 273$$

① 808
② 809
③ 810
④ 811
⑤ 812

확인 Check! ○ △ ×

풀이시간 30초

055

$$13 \times 13 - 255 \div 5 - 13$$

① 103
② 104
③ 105
④ 106
⑤ 107

확인 Check! ○ △ ×

풀이시간 30초

056

$$45 \times (243 - 132) - 23$$

① 4,970
② 4,971
③ 4,972
④ 4,973
⑤ 4,974

※ 다음 중 주어진 식의 계산 값과 같은 것을 고르시오. [57~59]

확인 Check! ○ △ ×

풀이시간 30초

57

$21\times 39+6$

① $31\times 21+174$
② $116\times 4+362$
③ $5\times 5\times 32$
④ $19\times 25+229$
⑤ $26\times 31+18$

확인 Check! ○ △ ×

풀이시간 30초

58

$41+42+43$

① $6\times 6\times 6$
② $5\times 4\times 9$
③ $7\times 2\times 3$
④ $3\times 2\times 21$
⑤ $4\times 7\times 6$

확인 Check! ○ △ ×

풀이시간 30초

59

$3\times 8\div 2$

① $7+6$
② $77\div 7$
③ $3\times 9-18+3$
④ $1+2+3+4$
⑤ $4\div 2+6$

확인 Check! ○ △ ×

풀이시간 30초

060 다음 빈칸에 들어갈 수 있는 것은?

$$\frac{25}{11} < (\quad) < \frac{86}{25}$$

① 2.345
② 2.270
③ 2.199
④ 2.024
⑤ 2.113

※ 다음 조건을 보고 주어진 식을 계산하시오. **[61~62]**

$$a \triangledown b = a^2 + b^2 - ab$$
$$a \blacktriangledown b = a^2 + b^2 + ab$$

확인 Check! ○ △ ×

풀이시간 30초

061

$$17 \triangledown 9$$

① 214
② 215
③ 216
④ 217
⑤ 218

확인 Check! ○ △ ×

풀이시간 30초

062

$$3 \blacktriangledown 23$$

① 606
② 607
③ 608
④ 609
⑤ 610

확인 Check! ○ △ ×

풀이시간 30초

063 921의 3할 6푼 9리는?

① 339.849
② 340.644
③ 341.943
④ 342.153
⑤ 343.474

확인 Check! ○ △ ×

풀이시간 30초

064 100 이하의 자연수 중 12와 32로 나누어떨어지는 자연수의 개수는 몇 개인가?

① 0개
② 1개
③ 2개
④ 3개
⑤ 4개

확인 Check! ○ △ ×

풀이시간 60초

065 $x \neq 1$, -1일 때, 분수방정식 $\frac{6x+5}{x^2-1}=\frac{2}{x-1}+\frac{3}{x+1}$을 풀어 x의 값을 구하면?

① 6
② -6
③ 5
④ -5
⑤ 4

확인 Check! ○ △ ×

풀이시간 60초

066

다음 수열에서 {ⓐ×(−1)−4}÷ⓑ+5의 값을 구하면?

11, −22, 44, (ⓐ), 176
360, 72, 18, (ⓑ), 3

① 16
② 17
③ 18
④ 19
⑤ 20

확인 Check! ○ △ ×

풀이시간 60초

067

지수방정식 $9^x - 4\times3^{x+1} + 27 = 0$의 두 근을 α, β라고 할 때, $\alpha+\beta$의 값은?

① 3
② 9
③ 15
④ 21
⑤ 27

확인 Check! ○ △ ×

풀이시간 45초

068

K대학교 논술시험 응시생은 총 200명이었고, 전체 논술 평균점수는 45점이었다. 합격자 평균점수는 90점이고, 불합격자 평균점수는 40점일 때, 합격률은 몇 %인가?

① 10%
② 20%
③ 30%
④ 40%
⑤ 50%

확인 Check! ○ △ ×

풀이시간 60초

069 A씨는 TV를 구매하였다. TV의 가로와 세로 비율은 4 : 3이고 대각선은 40인치이다. 다음 중 TV의 가로세로 길이의 차이는?(단, 1인치는 2.5cm이다)

① 10cm
② 20cm
③ 30cm
④ 40cm
⑤ 50cm

확인 Check! ○ △ ×

풀이시간 45초

070 둘레가 2km인 호수를 같은 지점에서 A는 뛰어가고 B는 걸어간다고 한다. 다른 방향으로 가면 5분 만에 다시 만나고, 같은 방향으로 가면 10분 만에 다시 만날 때 A의 속력은?(단, A는 B보다 빠르다)

① 200m/min
② 300m/min
③ 400m/min
④ 500m/min
⑤ 600m/min

확인 Check! ○ △ ×

풀이시간 45초

071 길이가 9km인 강이 있다. 강물의 속력은 시속 3km이고, 배를 타고 강물을 거슬러 올라갈 때 1시간이 걸린다고 하면, 같은 배를 타고 강물을 따라 내려올 때 걸리는 시간은?

① 32분
② 36분
③ 40분
④ 42분
⑤ 46분

확인 Check! ○ △ ×

풀이시간 45초

072 다정이네 집에는 화분 2개가 있다. 두 화분에 있는 식물 나이의 합은 8세이고, 각 나이 제곱의 합은 34세가 된다. 이때 두 식물의 나이 차는?(단, 식물의 나이는 자연수이다)

① 2세
② 3세
③ 4세
④ 5세
⑤ 6세

확인 Check! ○ △ ×

풀이시간 45초

073 L사는 신입사원 연수를 위해 숙소를 배정하려고 한다. 한 숙소에 4명씩 자면 8명이 남고, 5명씩 자면 방이 5개가 남으며 마지막 숙소에는 4명이 자게 된다. 이때 숙소의 수를 a개, 전체 신입사원 수를 b명이라고 한다면 $b-a$는?

① 105
② 110
③ 115
④ 120
⑤ 125

확인 Check! ○ △ ×

풀이시간 30초

074 육상선수 갑, 을, 병이 운동장을 각각 8분에 4바퀴, 9분에 3바퀴, 4분에 1바퀴를 돈다. 세 사람이 4시 30분에 같은 방향으로 동시에 출발하였다면, 출발점에서 다시 만나는 시각은?

① 4시 39분
② 4시 40분
③ 4시 41분
④ 4시 42분
⑤ 4시 43분

확인 Check! ○ △ ×

풀이시간 45초

75 A와 B는 생선을 파는 상인이다. 첫째 날 A와 B의 전체 생선의 양은 각각 k마리, $2k$마리가 있었다. A는 둘째 날에 첫째 날 양의 $\frac{2}{3}$를 팔았고, 그 다음날부터는 남은 양의 $\frac{2}{3}$씩 팔았다. B는 둘째 날부터 꾸준히 $\frac{5}{6}$씩 팔았다면, A의 남은 생선 양이 B보다 많아지는 날은?

① 첫째 날
② 둘째 날
③ 셋째 날
④ 넷째 날
⑤ 다섯째 날

확인 Check! ○ △ ×

풀이시간 60초

76 K사원은 인사평가에서 A, B, C, D 네 가지 항목의 점수를 받았다. 이 점수를 각각 1 : 1 : 1 : 1의 비율로 평균을 구하면 82.5점이고, 2 : 3 : 2 : 3의 비율로 평균을 구하면 83점, 2 : 2 : 3 : 3의 비율로 평균을 구하면 83.5점이다. 각 항목의 만점은 100점이라고 할 때, K사원이 받을 수 있는 최고점과 최저점의 차는?

① 45점
② 40점
③ 30점
④ 25점
⑤ 20점

확인 Check! ○ △ ×

풀이시간 45초

077 컴퓨터 정보지수는 컴퓨터 이용지수, 활용지수, 접근지수의 합으로 구할 수 있다. 컴퓨터 정보지수는 500점 만점이고 하위 항목의 구성이 〈보기〉와 같을 때, 컴퓨터 정보지수 중 정보수집률은 몇 점인가?

보 기

- (컴퓨터 정보지수)=[컴퓨터 이용지수(40%)]+[컴퓨터 활용지수(20%)]+[컴퓨터 접근지수(40%)]
- (컴퓨터 이용지수)=[이용도(50%)]+[접근가능성(50%)]
- (컴퓨터 활용지수)=[컴퓨터활용능력(40%)]+[정보수집률(20%)]+[정보처리력(40%)]
- (컴퓨터 접근지수)=[기기보급률(50%)]+[기회제공률(50%)]

① 5점
② 10점
③ 15점
④ 20점
⑤ 25점

확인 Check! ○ △ ×

풀이시간 45초

078 양궁 대회에 참여한 진수, 민영, 지율, 보라 네 명의 최고점이 모두 달랐다. 진수의 최고점과 민영의 최고점의 2배를 합한 점수가 10점이었고, 지율의 최고점과 보라의 최고점의 2배를 합한 점수가 35점이었다. 진수의 2배, 민영의 4배와 지율의 5배를 한 총점이 85점이었다면 보라의 최고점은 몇 점인가?

① 8점
② 9점
③ 10점
④ 11점
⑤ 12점

확인 Check! ○ △ ×

풀이시간 30초

79 서로 맞물려 도는 두 톱니바퀴 A, B가 있다. A의 톱니의 수는 18개, B의 톱니의 수는 15개일 때, 두 톱니바퀴가 같은 톱니에서 다시 맞물리려면 B톱니바퀴는 최소 몇 바퀴를 회전해야 하는가?

① 3바퀴
② 4바퀴
③ 5바퀴
④ 6바퀴
⑤ 7바퀴

확인 Check! ○ △ ×

풀이시간 45초

80 전체 인원이 1,000명인 한 기업체에서 직무만족도 설문조사를 진행하였다. 전체 인원의 $\frac{1}{3}$은 A조사팀에서, 나머지는 B조사팀에서 진행하였고 평균 만족도 점수는 각각 7점, 4점이었다. 이때, 기업체의 전체 평균 직무만족도는?

① 2점
② 3점
③ 4점
④ 5점
⑤ 6점

확인 Check! ○ △ ×

풀이시간 45초

81 농도를 알 수 없는 식염수 100g과 농도가 20%인 식염수 400g을 섞었더니 농도가 17%인 식염수가 되었다. 100g의 식염수의 농도는?

① 4%
② 5%
③ 6%
④ 7%
⑤ 8%

확인 Check! ○ △ ×

풀이시간 45초

082 농도가 5%인 설탕물 500g을 가열하였다. 1분 동안 가열하면 50g의 물이 증발할 때, 5분 동안 가열하면 설탕물의 농도는?(단, 설탕물을 가열했을 때 시간에 따라 증발하는 물의 양은 일정하다)

① 6%
② 7%
③ 8%
④ 10%
⑤ 12%

확인 Check! ○ △ ×

풀이시간 45초

083 민석이의 지갑에는 1,000원, 5,000원, 10,000원짜리 지폐가 각각 8장씩 있다. 거스름돈 없이 23,000원을 지불하려고 할 때, 지불방법의 가짓수는?

① 2가지
② 3가지
③ 4가지
④ 5가지
⑤ 6가지

확인 Check! ○ △ ×

풀이시간 60초

084 주머니에 빨간색 구슬 3개, 초록색 구슬 4개, 파란색 구슬 5개가 있다. 구슬 2개를 꺼낼 때, 모두 빨간색이거나 모두 초록색이거나 모두 파란색일 확률은?

① $\frac{3}{11}$
② $\frac{19}{66}$
③ $\frac{10}{33}$
④ $\frac{7}{22}$
⑤ $\frac{13}{55}$

확인 Check! ○ △ ×

풀이시간 30초

085 K공사는 하반기 공채에서 9명의 신입사원을 채용하였고, 신입사원 교육을 위해 A, B, C 세 개의 조로 나누기로 하였다. 신입사원들을 한 조에 3명씩 배정한다고 할 때, 3개의 조로 나누는 경우의 수는?

① 1,240가지
② 1,460가지
③ 1,680가지
④ 1,800가지
⑤ 2,020가지

확인 Check! ○ △ ×

풀이시간 45초

086 슬기, 효진, 은경, 민지, 은빈 5명은 여름휴가를 떠나기 전 원피스를 사러 백화점에 갔다. 모두 마음에 드는 원피스 하나를 발견해 각자 원하는 색깔의 원피스를 고르기로 하였다. 원피스가 노란색 2벌, 파란색 2벌, 초록색 1벌이 있을 때, 5명이 각자 한 벌씩 고를 수 있는 경우의 수는 얼마인가?

① 28가지
② 30가지
③ 32가지
④ 34가지
⑤ 36가지

확인 Check! ○ △ ×

풀이시간 30초

087 비가 온 다음 날 비가 올 확률은 $\frac{1}{3}$, 비가 안 온 다음 날 비가 올 확률은 $\frac{1}{8}$이다. 내일 비가 올 확률이 $\frac{1}{5}$일 때, 모레 비가 안 올 확률은?

① $\frac{1}{4}$
② $\frac{5}{6}$
③ $\frac{5}{7}$
④ $\frac{6}{11}$
⑤ $\frac{7}{13}$

확인 Check! ○ △ ×

풀이시간 30초

088 다음은 고충민원 접수처리 현황에 대한 그래프이다. '평균처리일이 약 29일인 연도'와 '접수 건보다 처리 건이 더 많은 연도'를 순서대로 짝지은 것은?

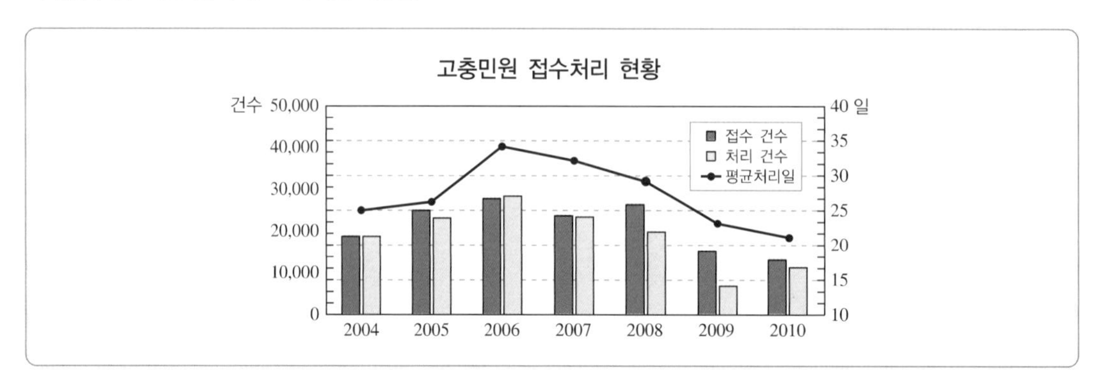

① 2008년 – 2006년

② 2007년 – 2005년

③ 2004년 – 2006년

④ 2008년 – 2009년

⑤ 2007년 – 2006년

풀이시간 45초

089 다음은 실업자 및 실업률 추이에 관한 그래프이다. 2018년 11월의 실업률은 2018년 2월 대비 얼마나 증감했는가?(소수점 이하 첫째 자리에서 반올림한다)

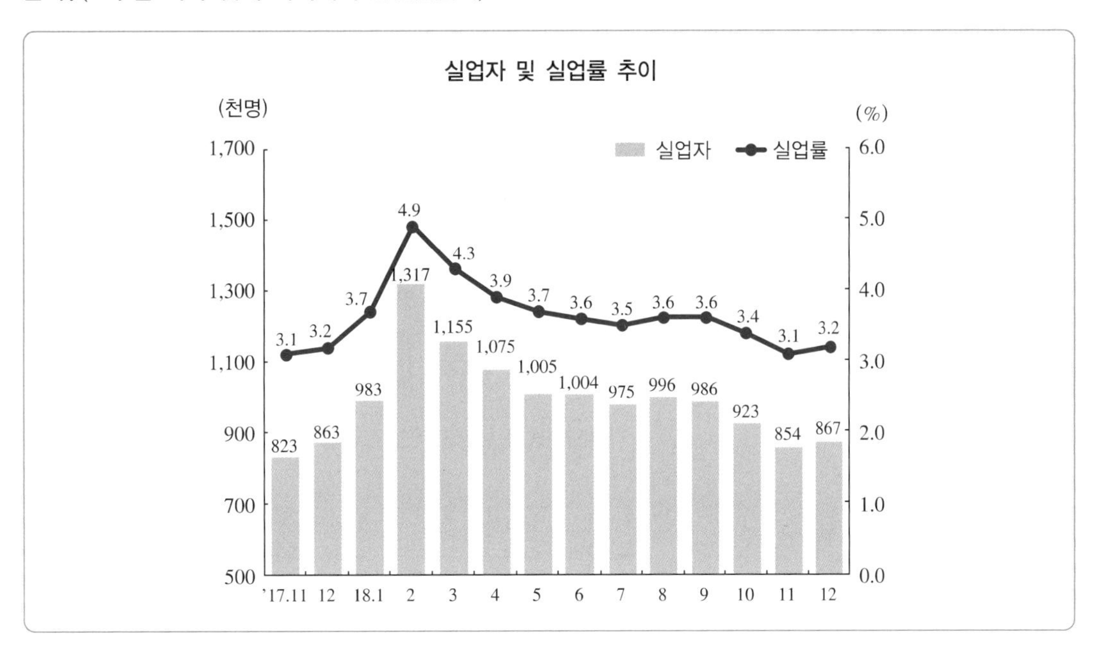

① −37%
② −36%
③ −35%
④ +37%
⑤ +38%

090 다음은 소나무재선충병 발생지역에 대한 자료이다. 이를 이용하여 계산할 때, 고사(枯死 : 나무나 풀이 말라 죽음)한 소나무 수가 가장 많이 발생한 지역은?

소나무재선충병 발생지역별 소나무 수

(단위 : 천 그루)

발생지역	소나무 수
거제	1,590
경주	2,981
제주	1,201
청도	279
포항	2,312

소나무재선충병 발생지역별 감염률 및 고사율

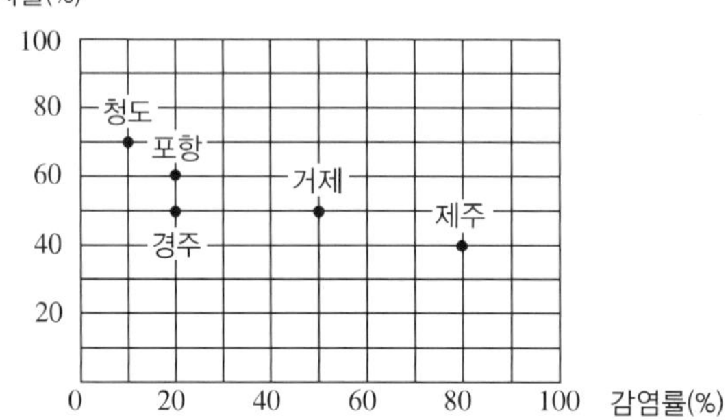

※ 고사율은 지역별 감염된 나무 중 고사된 나무가 차지하는 비율을 가리킴

① 거제
② 경주
③ 제주
④ 청도
⑤ 포항

확인 Check! ○ △ ×

풀이시간 60초

091 다음은 A국과 B국의 축구 대결을 앞두고 양국의 골키퍼, 수비(중앙 수비, 측면 수비), 미드필드, 공격(중앙 공격, 측면 공격) 능력을 각 영역별로 평가한 결과이다. 이에 대한 설명으로 옳지 <u>않은</u> 것은?(원 중심에서 멀어질수록 점수가 높아진다)

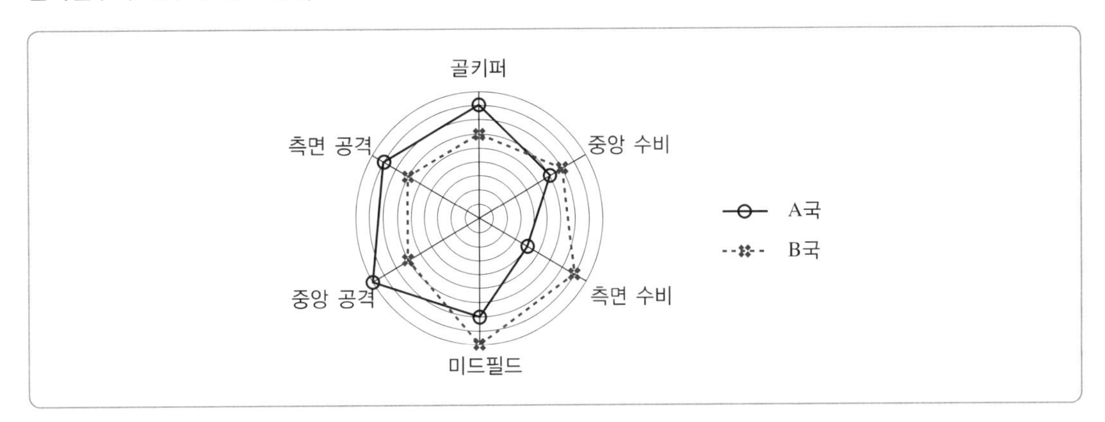

① A국은 공격보다 수비에 약점이 있다.

② B국은 미드필드보다 수비에서의 능력이 뛰어나다.

③ A국과 B국은 측면 수비 능력에서 가장 큰 차이가 난다.

④ A국과 B국 사이에 가장 작은 차이를 보이는 영역은 중앙 수비이다.

⑤ 골키퍼의 역량이 더 뛰어난 국가는 A국이다.

확인 Check! ○ △ ×

풀이시간 45초

092 다음 그림은 출생연대별로 드러난 개인주의 가치성향을 조사한 결과이다. 그림에 대한 해석으로 적절한 것은?

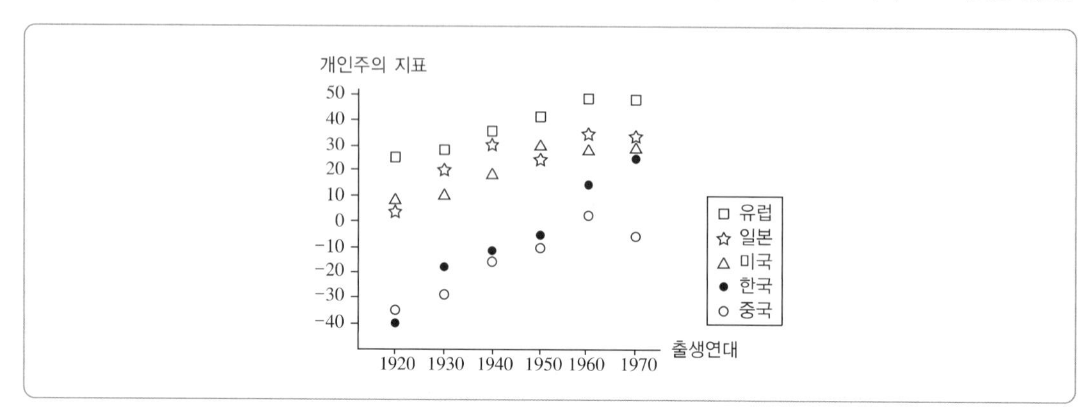

① 세대별로 가치관의 차이는 한국보다 유럽이 큰 편이다.

② 한국을 제외하고는 나이와 개인주의 가치관이 항상 반비례하고 있다.

③ 중국에서 1960년대생에 비해 1970년대생은 더욱 개인주의 성향을 보인다.

④ 전체 나라를 보면 대체로 유럽, 일본, 미국이 한국, 중국보다 개인주의 성향이 더 강하다.

⑤ 일본의 세대별 개인주의의 차이가 가장 크다.

확인 Check! ○ △ ×

풀이시간 45초

093 다음 자료를 해석한 것으로 올바르지 않은 것은?

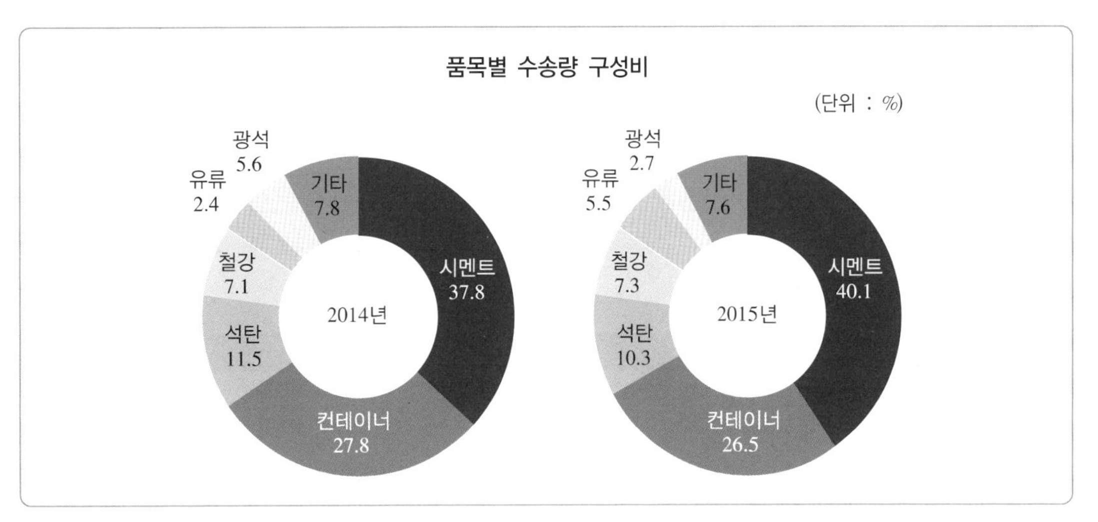

① 2014년 대비 2015년에 구성비가 증가한 품목은 3개이다.
② 컨테이너 수송량은 2014년에 비해 2015년에 감소하였다.
③ 구성비가 가장 크게 변화한 품목은 유류이다.
④ 2014년과 2015년에 가장 큰 비율을 차지하는 품목은 같다.
⑤ 2014년엔 유류가, 2015년엔 광석이 단일 품목 중 가장 작은 비율을 차지한다.

확인 Check! ○ △ ×

풀이시간 30초

094 다음 표를 참고하면, 2020년 담배를 피우는 사람의 비율은 2016년에 비해 어떻게 바뀌었는가?

2016년과 2020년의 흡연자 · 비흡연자 비율

구분	2016년	2020년
흡연자	35.1%	29.2%
비흡연자	64.9%	70.8%

① 5.9%p 감소
② 5.9%p 증가
③ 4.2%p 증가
④ 4.2%p 감소
⑤ 정답 없음

※ 다음은 주요 지역별 성인 여성의 미혼 및 기혼의 비율과, 자녀 수별 기혼 여성 수에 관련된 자료이다. 자료를 참고하여 이어지는 질문에 답하시오. [95~96]

〈주요 지역별 여성의 미혼 및 기혼의 비율〉

(단위 : %)

구분	서울	경기	인천	강원	대구	부산	제주
미혼	31.3	28.9	29.1	21.5	19.8	20.8	17.5
기혼	68.7	71.1	70.9	78.5	80.2	79.2	82.5

〈주요 지역의 자녀 수별 기혼 여성 수〉

(단위 : 천 명)

구분	서울	경기	인천	강원	대구	부산	제주
0명	982	1,010	765	128	656	597	121
1명	1,885	1,443	1,211	559	1,324	983	259
2명	562	552	986	243	334	194	331
3명	382	102	554	106	123	88	21
4명 이상	123	58	283	21	36	74	13

※ 다자녀는 3명 이상을 의미한다.

확인 Check! ○ △ ×

풀이시간 60초

95

자료에 대한 옳은 설명을 〈보기〉에서 모두 고르면?(단, 소수점 둘째 자리에서 반올림한다)

보 기

㉠ 미혼과 기혼인 여성의 비율의 격차가 가장 큰 지역은 제주이다.
㉡ 자녀 수 4명 이상을 4명이라 가정하면, 서울의 자녀 수는 제주의 자녀 수의 5배 이상이다.
㉢ 자녀 수 항목에서 각 지역별로 기혼 여성 수가 많은 상위 2개 항목은 모든 지역이 동일하다.
㉣ 지역별 다자녀가구인 여성 수는 자녀가 2인인 여성 수보다 적다.

① ㉠, ㉡
② ㉠, ㉢
③ ㉠, ㉣
④ ㉡, ㉢
⑤ ㉢, ㉣

확인 Check! ○ △ ×

풀이시간 60초

96 지역별 기혼 여성 수가 다음과 같을 때, 자료를 보고 지역과 그 지역의 미혼인 성인 여성의 수를 가장 바르게 연결한 것은?(단, 인원 수는 소수점 첫째 자리에서 반올림한다)

〈지역별 기혼 여성 수〉

지역	서울	경기	인천	강원	대구	부산	제주
기혼 여성 수(천 명)	3,934	3,165	3,799	1,057	2,473	1,936	745

① 서울 : 1,792명
② 경기 : 1,355명
③ 인천 : 1,686명
④ 강원 : 302명
⑤ 제주 : 132명

확인 Check! ○ △ ×

풀이시간 90초

97 다음은 A시 마을의 상호 간 태양광 생산 잉여전력 판매량에 관한 자료이다. 이에 대한 설명으로 옳지 않은 것은?(단, A시 마을은 제시된 4개 마을이 전부이며, 모든 마을의 전력 판매가는 같다고 가정한다)

(단위 : kW)

판매량 \ 구매량	갑 마을	을 마을	병 마을	정 마을
갑 마을	–	180	230	160
을 마을	250	–	200	190
병 마을	150	130	–	230
정 마을	210	220	140	–

※ (거래수지)=(판매량)−(구매량)

① 총 거래량이 같은 마을은 없다.
② 갑 마을이 을 마을에 40kW를 더 판매했다면, 을 마을의 구매량은 병 마을보다 많게 된다.
③ 태양광 전력 거래수지가 흑자인 마을은 을 마을뿐이다.
④ 전력을 가장 많이 판매한 마을과 가장 많이 구매한 마을은 각각 을 마을과 갑 마을이다.
⑤ 구매량이 거래량의 40% 이하인 마을은 없다.

확인 Check! ○ △ ×

풀이시간 60초

98 다음은 갑 ~ 병 통신사의 스마트폰 소매가격 및 평가점수 자료이다. 이에 대한 〈보기〉의 설명 중 옳은 것을 모두 고르면?

〈통신사별 스마트폰의 소매가격 및 평가점수〉

(단위 : 달러, 점)

통신사	스마트폰	소매가격	평가항목					종합품질점수
			화질	내비게이션	멀티미디어	배터리 수명	통화성능	
갑	A	150	3	3	3	3	1	13
	B	200	2	2	3	1	2	( )
	C	200	3	3	3	1	1	( )
을	D	180	3	3	3	2	1	( )
	E	100	2	3	3	2	1	11
	F	70	2	1	3	2	1	( )
병	G	200	3	3	3	2	2	( )
	H	50	3	2	3	2	1	( )
	I	150	3	2	2	3	2	12

※ 스마트폰의 종합품질점수는 해당 스마트폰의 평가항목별 평가점수의 합임

보 기

ㄱ. 소매가격이 200달러인 스마트폰 중 종합품질점수가 가장 높은 스마트폰은 C이다.
ㄴ. 소매가격이 가장 낮은 스마트폰은 종합품질점수도 가장 낮다.
ㄷ. 통신사 각각에 대해서 해당 통신사 스마트폰의 통화성능 평가점수의 평균을 계산하여 통신사별로 비교하면 병이 가장 높다.
ㄹ. 평가항목 각각에 대해서 스마트폰 A ~ I 평가점수의 합을 계산하여 평가항목별로 비교하면 멀티미디어가 가장 높다.

① ㄱ
② ㄷ
③ ㄱ, ㄴ
④ ㄴ, ㄹ
⑤ ㄷ, ㄹ

03 문제해결능력(NCS형)

■ 문제해결능력

문제해결능력이란 업무를 수행함에 있어 문제 상황이 발생하였을 경우, 창조적이고 논리적인 사고를 통하여 이를 올바르게 인식하고 적절히 해결하는 능력을 말한다. 다양한 문제 상황의 요점을 파악했는지, 그렇다면 문제 해결에 있어서 창의적·논리적·비판적으로 사고할 수 있는지, 이에 대한 대안을 제시하거나 결과를 평가해 피드백하는 능력이 있는지를 묻는다.

■ NCS형

하위능력	정의	세부요소
사고력	업무와 관련된 문제를 인식하고 해결함에 있어 창의적·논리적·비판적으로 생각하는 능력	• 창의적 사고 • 논리적 사고 • 비판적 사고
문제처리 능력	업무와 관련된 문제의 특성을 파악한 후 대안을 제시·적용하고 그 결과를 평가하여 피드백하는 능력	• 문제 인식 • 대안 선택 • 대안 적용 • 대안 평가

03 문제해결능력(NCS형)

01 사고력

(1) 창의적 사고

① 창의적 사고의 의미

창의적 사고란 이미 알고 있는 경험과 지식을 해체하고 새로운 정보로 결합함으로써 가치 있고 참신한 아이디어를 산출하는 사고를 말한다.

② 창의적 사고의 특징

㉠ 정보와 정보의 조합이다.

㉡ 사회나 개인에게 새로운 가치를 창출한다.

㉢ 창조적인 가능성이다.

③ 창의적 사고 개발 방법

㉠ 자유연상법 : 어떤 생각에서 다른 생각을 계속해서 떠올리는 작용을 통해, 어떤 주제에 대해 생각나는 것을 열거해 나가는 발산적 사고 방법 예 브레인스토밍

㉡ 강제연상법 : 각종 힌트를 강제적으로 연결 지어서 발상하는 방법 예 체크리스트

㉢ 비교발상법 : 주제와 본질적으로 닮은 것을 힌트로 하여 새로운 아이디어를 얻는 방법
예 NM법, Synectics(창조공학)

(2) 논리적 사고

① 논리적 사고의 의미

논리적 사고란 사고의 전개에 있어서 전후의 관계가 일치하고 있는지를 살피며, 아이디어를 평가하는 사고를 말한다.

② 논리적 사고를 하기 위해 필요한 요소

생각하는 습관, 상대 논리의 구조화, 구체적인 생각, 타인에 대한 이해・설득

③ 논리적 사고를 개발하는 방법

㉠ 피라미드 구조 방법 : 하위의 사실이나 현상으로부터 상위의 주장을 만들어 나가는 방법

㉡ SO WHAT 방법 : 눈앞에 있는 정보로부터 의미를 찾아내어 가치 있는 정보를 이끌어내는 방법

(3) 비판적 사고

① 비판적 사고의 의미

비판적 사고는 제기된 주장에 어떤 오류나 잘못이 있는지를 찾아내기 위하여 지엽적인 부분을 확대하여 문제로 삼는 것이 아니라, 지식·정보를 바탕으로 한 합당한 근거에 기초를 두고 현상을 분석하고 평가하는 사고를 말한다.

② 비판적 사고를 하기 위해 필요한 요소

지적 호기심, 객관성, 개방성, 융통성, 지적 회의성, 지적 정직성, 체계성, 지속성, 결단성, 다른 관점에 대한 존중

③ 비판적 사고를 개발하는 방법

비판적인 사고를 하기 위해서는 어떤 현상에 대해 문제의식을 가지고, 고정관념을 타파해야 한다.

02 문제처리능력

문제처리능력이란 목표와 현상을 분석하고, 이를 토대로 문제를 도출하여 알맞은 해결책을 찾아 실행·평가할 수 있는 능력을 말한다.

〈문제해결 절차〉

문제 인식 → 문제 도출 → 원인 분석 → 해결안 개발 → 실행 및 평가

(1) 문제 인식

해결해야 할 전체 문제를 파악하여 우선순위를 정하고 선정된 문제에 대한 목표를 명확히 하는 단계로, '환경 분석 → 주요 과제 도출 → 과제 선정'을 통해 수행된다.

(2) 문제 도출

선정된 문제를 분석하여 해결할 것이 무엇인지를 명확히 하는 단계로, '문제 구조 파악 → 핵심 문제 선정'을 통해 수행된다.

(3) 원인 분석

파악된 핵심문제에 대한 분석을 통해 근본 원인을 도출해내는 단계로, '이슈 분석 → 데이터 분석 → 원인 파악'을 통해 수행된다.

(4) 해결안 개발

문제로부터 도출된 근본 원인을 효율적으로 해결할 수 있는 최적의 해결방안을 수립하는 단계로, '해결안 도출 → 해결안 평가 및 최적안 선정'을 통해 수행된다.

(5) 실행 및 평가

해결안 개발을 통해 만들어진 실행계획을 실제 상황에 적용하는 활동으로, 당초 장애가 되는 문제의 원인들을 해결안을 사용하여 제거해 나가는 단계이다. '실행계획 수립 → 실행 → 사후 관리(Follow-up)'를 통해 수행된다.

대표유형 길라잡이!

○○회사는 창의적인 사고를 가장 중요하게 여기고 있다. 매년 사내 직원을 대상으로 창의공모대회를 개최하여 최고의 창의적 인재로 선발된 사람에게는 큰 상금을 수여한다. 이번 해에 귀하를 포함한 동료들은 창의공모대회에 참가하기로 하고, 함께 창의적인 사고에 대해 생각을 공유하는 시간을 가졌다. 다음의 대화 중 귀하가 받아들이기에 타당하지 않은 것은?

① "누구라도 자신의 일을 하는 데 있어 요구되는 지능 수준을 가지고 있다면, 그 분야에서 어느 누구 못지않게 창의적일 수 있어."

② "창의적인 사고를 하기 위해서는 고정관념을 버리고, 문제의식을 가져야 해."

③ "창의적으로 문제를 해결하기 위해서는 문제의 원인이 무엇인가를 분석하는 논리력이 매우 뛰어나야 해."

④ "창의적인 사고는 선천적으로 타고나야 하고, 후천적인 노력에는 한계가 있어."

정답 ④

이 문제는 문제해결능력에서 창의적인 사고에 관해 묻는 문제이다. 창의적인 사고는 이미 알고 있던 지식에서 새로운 정보를 결합해 가치 있고 참신한 아이디어를 산출하는 사고로, 이는 선천적이 것이 아니며, 후천적 노력으로 충분히 계발 가능하다.

확인 Check! ○ △ ×

풀이시간 60초

099 중학생 50명을 대상으로 한 해외여행에 대한 설문조사 결과가 다음과 같을 때, 항상 참인 것은?

- 미국을 여행한 사람이 가장 많다.
- 일본을 여행한 사람은 미국 또는 캐나다 여행을 했다.
- 중국과 캐나다를 모두 여행한 사람은 없다.
- 일본을 여행한 사람의 수가 캐나다를 여행한 사람의 수보다 많다.

① 일본을 여행한 사람보다 중국을 여행한 사람이 더 많다.

② 일본을 여행했지만 미국을 여행하지 않은 사람은 중국을 여행하지 않았다.

③ 미국을 여행한 사람의 수는 일본 또는 중국을 여행한 사람보다 많다.

④ 중국을 여행한 사람은 일본을 여행하지 않았다.

⑤ 미국과 캐나다를 모두 여행한 사람은 없다.

확인 Check! ○ △ ×

풀이시간 60초

100 A～C 세 명이 가지고 있는 동전에 대한 다음의 설명을 읽고, 반드시 참인 것을 고르면?

(가) 세 명의 동전은 모두 20개이다.
(나) A는 가장 많은 동전을 가지고 있다(가장 많은 동전을 가진 사람이 둘 이상 있을 수 있다).
(다) C의 동전을 모두 모으면 600원이다.
(라) 두 명은 같은 개수의 동전을 가지고 있다.
(마) 동전은 10원, 50원, 100원, 500원 중 하나이다.

① A에게 모든 종류의 동전이 있다면 A는 최소 690원을 가지고 있다.

② A는 최대 8,500원을 가지고 있다.

③ B와 C가 같은 개수의 동전을 가진다면 각각 4개 이상의 동전을 가진다.

④ B는 반드시 100원짜리를 가지고 있다.

⑤ A, B, C의 돈을 모두 모으면 최소 740원이다.

확인 Check! ○ △ × 풀이시간 30초

101 문제해결절차의 실행 및 평가 단계가 다음과 같은 절차로 진행될 때, 실행계획 수립 단계에서 고려해야 할 사항으로 적절하지 않은 것은?

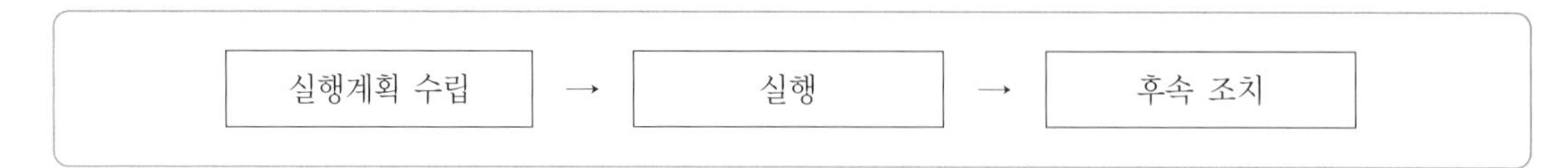

① 인적자원, 물적자원, 예산, 시간을 고려하여 계획을 세운다.

② 세부 실행내용의 난도를 고려하여 구체적으로 세운다.

③ 각 해결안별 구체적인 실행계획서를 작성한다.

④ 실행의 목적과 과정별 진행내용을 일목요연하게 파악할 수 있도록 작성한다.

⑤ 실행상의 문제점 및 장애요인을 신속하게 해결하기 위해 모니터링 체제를 구축한다.

확인 Check! ○ △ × 풀이시간 45초

102 다음 사례를 통해 유 과장이 최 대리에게 해줄 수 있는 조언으로 적절하지 않은 것은?

> 최 대리는 오늘도 기분이 별로다. 팀장에게 오전부터 싫은 소리를 들었기 때문이다. 늘 하던 일을 하던 방식으로 처리한 것이 빌미였다. 관행에 매몰되지 말고 창의적이고 발전적인 모습을 보여 달라는 게 팀장의 주문이었다. '창의적인 일처리'라는 말을 들을 때마다 주눅이 드는 자신을 발견할 때면 더욱 의기소침해지고 자신감이 없어진다. 어떻게 해야 창의적인 인재가 될 수 있을까 고민도 해보지만 뾰족한 수가 보이지 않는다. 자기만 뒤처지는 것 같아 불안하기도 하고 남들은 어떤지 궁금하기도 하다.

① 창의적인 사람은 새로운 경험을 찾아 나서는 사람을 말하는 것 같아.

② 그래, 그들의 독특하고 기발한 재능은 선천적으로 타고나는 것이라 할 수 있어.

③ 창의적인 사고는 후천적 노력에 의해서도 개발이 가능하다고 생각해.

④ 창의력은 본인 스스로 자신의 틀에서 벗어나도록 노력해야 한다고 생각해.

⑤ 창의적 사고는 전문지식이 필요하지 않으니 자신의 경험을 바탕으로 생각해 봐.

확인 Check! ○ △ ×

풀이시간 45초

103 다음 SWOT 분석의 설명을 읽고 추론한 내용으로 적절한 것은?

SWOT 분석에서 강점은 경쟁기업과 비교하여 소비자로부터 강점으로 인식되는 것이 무엇인지, 약점은 경쟁기업과 비교하여 소비자로부터 약점으로 인식되는 것이 무엇인지, 기회는 외부 환경에서 유리한 기회 요인은 무엇인지, 위협은 외부 환경에서 불리한 위협 요인은 무엇인지를 찾아내는 것이다. SWOT 분석의 가장 큰 장점은 기업의 내부 및 외부 환경의 변화를 동시에 파악할 수 있다는 것이다.

① 제품의 우수한 품질은 SWOT 분석의 기회 요인으로 볼 수 있다.
② 초고령화 사회는 실버 산업에 있어 기회 요인으로 볼 수 있다.
③ 기업의 비효율적인 업무 프로세스는 SWOT 분석의 위협 요인으로 볼 수 있다.
④ 살균제 달걀 논란은 빵집에게 있어 약점 요인으로 볼 수 있다.
⑤ 근육운동 열풍은 헬스장에게 있어 강점 요인으로 볼 수 있다.

확인 Check! ○ △ ×

풀이시간 45초

104 다음은 A, B사원의 직업기초능력을 평가한 결과이다. 이에 대한 설명으로 가장 적절한 것은?

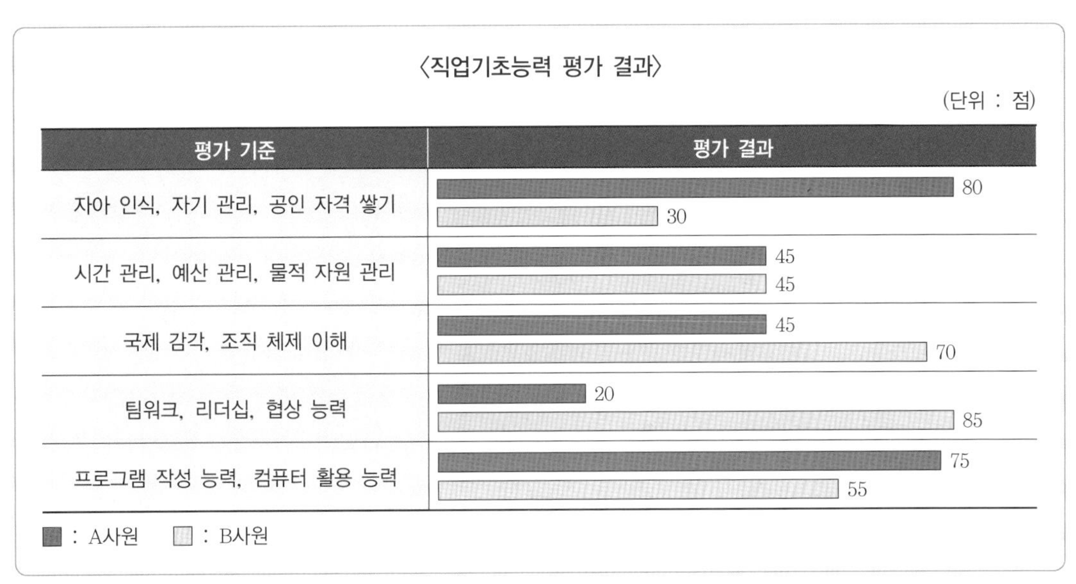

① A사원은 B사원보다 스스로를 관리하고 개발하는 능력이 우수하다.
② A사원은 B사원보다 조직의 체제와 경영을 이해하는 능력이 우수하다.
③ B사원은 A사원보다 정보를 검색하고 정보기기를 활용하는 능력이 우수하다.
④ B사원은 A사원보다 업무 수행에 필요한 시간, 자본 등의 자원을 예측 계획하여 할당하는 능력이 우수하다.
⑤ A사원은 B사원보다 업무 수행 시 만나는 사람들과 원만하게 지내는 능력이 우수하다.

풀이시간 45초

105 H화장품 회사의 기획팀에 근무 중인 A ~ E직원은 신제품 개발 프로젝트와 관련하여 회의를 진행하였으나, 별다른 해결방안을 얻지 못했다. 다음 회의 내용을 바탕으로 할 때, A ~ E직원의 문제해결을 방해하는 장애요소가 잘못 연결된 것은?

A직원 : 요즘 10대들이 선호하는 스타일을 조사해보았습니다. 스트릿 패션이나 편한 캐주얼 룩을 좋아하면서도 유행에 민감한 모습을 보이는 것으로 나타났습니다. 물론 화장품에 대한 관심은 계속해서 높아지고 있음을 알 수 있었습니다.

B직원 : 10대들의 패션보다는 화장품에 대한 관심이 이번 회의에 중요하지 않을까요? 이번에 고등학교에 올라가는 제 조카는 귀여운 디자인의 화장품을 좋아하던데요. 아무래도 귀여운 디자인으로 승부를 보는 게 좋을 것 같아요.

C직원 : 아! 제가 지금 좋은 생각이 떠올랐어요! 10대들의 지나친 화장품 사용을 걱정하는 학부모들을 위해 자사의 친환경적인 브랜드 이미지를 강조하는 것은 어떨까요?

D직원 : 제 생각에는 구매력이 낮은 10대보다는 만족을 중시하는 '욜로' 소비성향을 보이는 20 ~ 30대를 위한 마케팅이 필요할 것 같아요.

E직원 : 이번 신제품은 10대를 위한 제품이라고 하지 않았나요? 저는 신제품 광고 모델로 톱스타 F씨를 추천합니다! 어린 학생들이 좋아하는 호감형 이미지의 F씨를 모델로 쓴다면 매출은 보장되지 않을까요?

① A직원 – 너무 많은 자료를 수집하려고 노력하는 경우
② B직원 – 고정관념에 얽매이는 경우
③ C직원 – 쉽게 떠오르는 단순한 정보에 의지하는 경우
④ D직원 – 너무 많은 자료를 수집하려고 노력하는 경우
⑤ E직원 – 고정관념에 얽매이는 경우

풀이시간 60초

106 다음 글을 근거로 판단할 때, 〈보기〉에서 옳은 설명을 모두 고르면?

▣ 사업개요

1. 사업목적

취약계층 아동에게 맞춤형 통합서비스를 제공하여 아동의 건강한 성장과 발달을 도모하고, 공평한 출발 기회를 보장함으로써 건강하고 행복한 사회구성원으로 성장할 수 있도록 지원함

2. 사업대상

만 12세까지의 취약계층 아동

※ 0세는 출생 이전의 태아와 임산부를 포함

※ 초등학교 재학생이라면 만 13세 이상도 포함

▣ 운영계획

1. 지역별 인력구성

- 전담공무원 : 3명
- 아동통합서비스 전문요원 : 4명 이상

※ 아동통합서비스 전문요원은 대상 아동 수에 따라 최대 7명까지 배치 가능

2. 사업예산

시・군・구별 최대 3억 원(국비 100%) 한도에서 사업 환경을 반영하여 차등지원

※ 단, 사업예산의 최대 금액은 기존사업지역 3억 원, 신규사업지역 1억 5천만 원으로 제한

보 기

ㄱ. 임신 6개월째인 취약계층 임산부는 사업대상에 해당되지 않는다.

ㄴ. 내년 초등학교 졸업을 앞둔 만 14세 취약계층 학생은 사업대상에 해당한다.

ㄷ. 대상 아동 수가 많은 지역이더라도 해당 사업의 전담공무원과 아동통합서비스 전문요원을 합한 인원은 10명을 넘을 수 없다.

ㄹ. 해당 사업을 신규로 추진하고자 하는 △△시는 사업예산을 최대 3억 원까지 국비로 지원받을 수 있다.

① ㄱ, ㄴ
② ㄱ, ㄹ
③ ㄴ, ㄷ
④ ㄴ, ㄹ
⑤ ㄷ, ㄹ

풀이시간 60초

107

다음은 육류의 원산지 표시방법을 나타낸 자료이다. 아래의 자료를 근거로 할 때, 〈보기〉에서 옳은 설명을 모두 고르면?

〈원산지 표시방법〉

구분	표시방법
(가) 돼지고기, 닭고기, 오리고기	육류의 원산지 등은 국내산과 수입산으로 구분하고, 다음 항목의 구분에 따라 표시한다. 1) 국내산의 경우 괄호 안에 '국내산'으로 표시한다. 다만 수입한 돼지를 국내에서 2개월 이상 사육한 후 국내산으로 유통하거나, 수입한 닭 또는 오리를 국내에서 1개월 이상 사육한 후 국내산으로 유통하는 경우에는 '국내산'으로 표시하되, 괄호 안에 축산물명 및 수입국가명을 함께 표시한다. 예 삼겹살(국내산), 삼계탕 국내산(닭, 프랑스산), 훈제오리 국내산(오리, 일본산) 2) 수입산의 경우 수입국가명을 표시한다. 예 삼겹살(독일산) 3) 원산지가 다른 돼지고기 또는 닭고기를 섞은 경우 그 사실을 표시한다. 예 닭갈비(국내산과 중국산을 섞음)
(나) 배달을 통하여 판매 · 제공되는 닭고기	1) 조리한 닭고기를 배달을 통하여 판매 · 제공하는 경우, 그 조리한 음식에 사용된 닭고기의 원산지를 포장재에 표시한다. 2) 1)에 따른 원산지 표시는 위 (가)의 기준에 따른다. 예 찜닭(국내산), 양념치킨(브라질산)

※ 수입국가명은 우리나라에 축산물을 수출한 국가명을 말한다.

보 기

ㄱ. 국내산 돼지고기와 프랑스산 돼지고기를 섞은 돼지갈비를 유통할 때, '돼지갈비(국내산과 프랑스산을 섞음)'로 표시한다.

ㄴ. 덴마크산 돼지를 수입하여 1개월간 사육한 후 그 삼겹살을 유통할 때, '삼겹살 국내산(돼지, 덴마크산)'으로 표시한다.

ㄷ. 중국산 훈제오리를 수입하여 2개월 후 유통할 때, '훈제오리 국내산(오리, 중국산)'으로 표시한다.

ㄹ. 국내산 닭을 이용하여 양념치킨으로 조리한 후 배달 판매할 때, '양념치킨(국내산)'으로 표시한다.

① ㄱ, ㄴ
② ㄱ, ㄹ
③ ㄴ, ㄷ
④ ㄱ, ㄷ, ㄹ
⑤ ㄴ, ㄷ, ㄹ

108 세미는 1박 2일로 경주 여행을 떠나, 불국사, 석굴암, 안압지, 첨성대 유적지를 방문했다. 다음 중 세미의 유적지 방문 순서가 될 수 없는 것은?

- 첫 번째로 방문한 곳은 석굴암, 안압지 중 한 곳이었다.
- 여행 계획대로라면 첫 번째로 석굴암을 방문했을 때, 두 번째로는 첨성대에 방문하기로 되어 있었다.
- 두 번째로 방문한 곳은 안압지가 아니었고, 불국사도 아니었다.
- 세 번째로 방문한 곳은 석굴암이 아니었다.
- 세 번째로 방문한 곳이 첨성대라면, 첫 번째로 방문한 곳은 불국사였다.
- 마지막으로 방문한 곳이 불국사라면, 세 번째로 방문한 곳은 안압지였다.

① 안압지 – 첨성대 – 불국사 – 석굴암

② 안압지 – 석굴암 – 첨성대 – 불국사

③ 안압지 – 석굴암 – 불국사 – 첨성대

④ 석굴암 – 첨성대 – 안압지 – 불국사

⑤ 석굴암 – 첨성대 – 불국사 – 안압지

확인 Check! ○ △ ×

풀이시간 45초

109 직원 A~E는 카페에서 음료를 주문하였다. 〈조건〉이 다음과 같을 때, 카페라테 한 잔의 가격은 얼마인가?

조 건

- 5명이 주문한 음료의 총액은 21,300원이다.
- A를 포함한 3명의 직원은 아메리카노를 시켰다.
- B는 혼자 카페라테를 주문하였다.
- 나머지 한 사람은 5,300원인 생과일주스를 주문하였다.
- A와 B의 음료 금액은 8,400원이다.

① 3,800원
② 4,000원
③ 4,200원
④ 4,400원
⑤ 4,600원

확인 Check! ○ △ ×

풀이시간 45초

110 다음은 ○○제품의 생산계획을 나타낸 것이다. 첫 번째 완제품이 생산되기 위해서는 몇 시간이 소요되는가?

공정	선행 공정	소요시간(hour)
A	없음	3
B	A	1
C	B, E	3
D	없음	2
E	D	1
F	C	2

조 건

- 공정별로 1명의 작업 담당자가 공정을 수행한다.
- 공정 A와 D의 작업 시작 시점은 같다.
- 공정 간 제품의 이동시간은 없다.

① 6시간
② 7시간
③ 8시간
④ 9시간
⑤ 10시간

확인 Check! ○ △ ×

풀이시간 45초

111

A사의 화물차량 운행 상황은 아래와 같다. 화물의 양은 같을 때 화물차 한 대에 싣는 적재 제한을 기존의 1,000상자에서 1,200상자로 바꾼다면 A사가 얻을 수 있는 월 수송비 절감액은 얼마인가?(화물차에는 적재 제한까지 싣는다)

- 차량 운행대수 : 4대
- 1대당 1일 운행횟수 : 3회
- 1대당 1회 수송비용 : 100,000원
- 월 운행일수 : 20일

① 3,500,000원
② 4,000,000원
③ 4,500,000원
④ 5,000,000원
⑤ 5,500,000원

확인 Check! ○ △ ×

풀이시간 45초

112

○○공사에서 진행하는 행사에 임원, 직원, 주주, 협력업체 사람들을 초대하였다. 〈조건〉을 참고할 때, 행사에 참석한 협력업체 사람들은 모두 몇 명인가?

조 건

- 행사에 모인 사람들의 수는 270명이다.
- 전체 인원 중 50%는 직원들이다.
- 직원들을 제외한 인원의 20%는 임원진이다.
- 직원과 임원을 제외한 나머지 인원은 주주와 협력업체 사람들이 1:1 비율로 있다.

① 51명
② 52명
③ 53명
④ 54명
⑤ 55명

확인 Check! ○ △ ×

풀이시간 90초

113 세 상품 A, B, C에 대한 선호도 조사를 실시했다. 조사에 응한 사람은 가장 좋아하는 상품부터 1~3순위를 부여하는 방식으로 응답했다. 조사의 결과가 다음과 같을 때 C에 3순위를 부여한 사람의 수는?(단, 두 상품에 같은 순위를 표시할 수는 없다)

- 조사에 응한 사람은 20명이다.
- A를 B보다 선호한 사람은 11명이다.
- B를 C보다 선호한 사람은 14명이다.
- C를 A보다 선호한 사람은 6명이다.
- C에 1순위를 부여한 사람은 없다.

① 4명
② 5명
③ 6명
④ 7명
⑤ 8명

확인 Check! ○ △ ×

풀이시간 90초

114 어느 버스회사에서 다음과 같은 〈조건〉으로 (가)시에서 (나)시를 연결하는 버스 노선을 개통하려 한다. 최소 몇 대의 버스를 주문해야 하고 몇 명의 운전사를 고용해야 하는가?

조 건

1) 새 노선의 왕복시간 평균은 2시간이다(승하차시간을 포함).
2) 배차시간은 15분 간격이다.
3) 운전사의 휴식시간은 매 왕복 후 30분씩이다.
4) 첫차의 발차는 05시 정각에, 막차는 23시에 (가)시를 출발한다.
5) 모든 차는 (가)시에 도착하자마자 (나)시로 곧바로 출발하는 것을 원칙으로 한다. 즉, (가)시에 도착하는 시간이 바로 (나)시로 출발하는 시간이다.
6) 모든 차는 (가)시에서 출발해서 (가)시로 복귀한다.

① 버스 – 6대, 운전사 – 8명
② 버스 – 8대, 운전사 – 10명
③ 버스 – 10대, 운전사 – 12명
④ 버스 – 12대, 운전사 – 14명
⑤ 버스 – 14대, 운전사 – 16명

확인 Check! ○ △ ×

풀이시간 60초

115

출발지 O부터 목적지 D 사이에 그림과 같은 운송망이 주어졌을 때, 최단경로와 관련된 설명으로 옳지 않은 것은?(단, 구간별 숫자는 거리를 나타낸다)

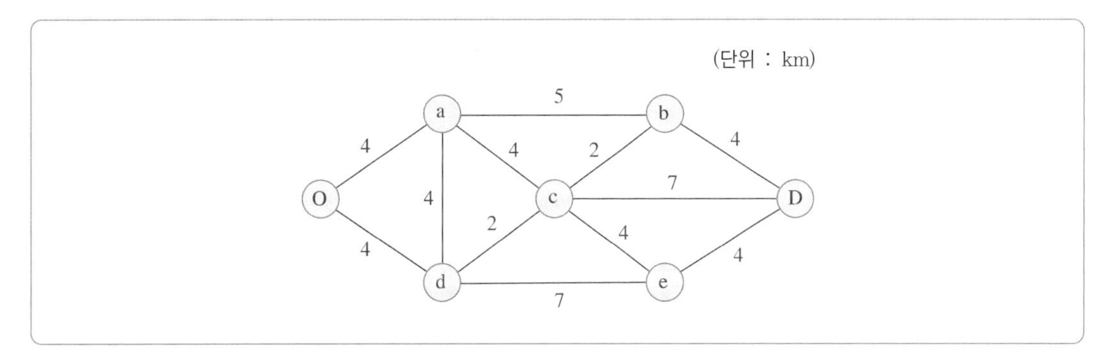

① b를 경유하는 O에서 D까지의 최단거리는 12km이다.

② O에서 c까지 최단거리는 6km이다.

③ a를 경유하는 O에서 D까지의 최단거리는 13km이다.

④ e를 경유하는 O에서 D까지의 최단거리는 15km이다.

⑤ O에서 D까지 최단거리는 12km이다.

확인 Check! ○ △ ×

풀이시간 30초

116

다음 네트워크 모형에서 출발지 A에서 도착지 G까지 최단경로의 산출거리는 얼마인가?(단, 구간별 숫자는 거리를 나타낸다)

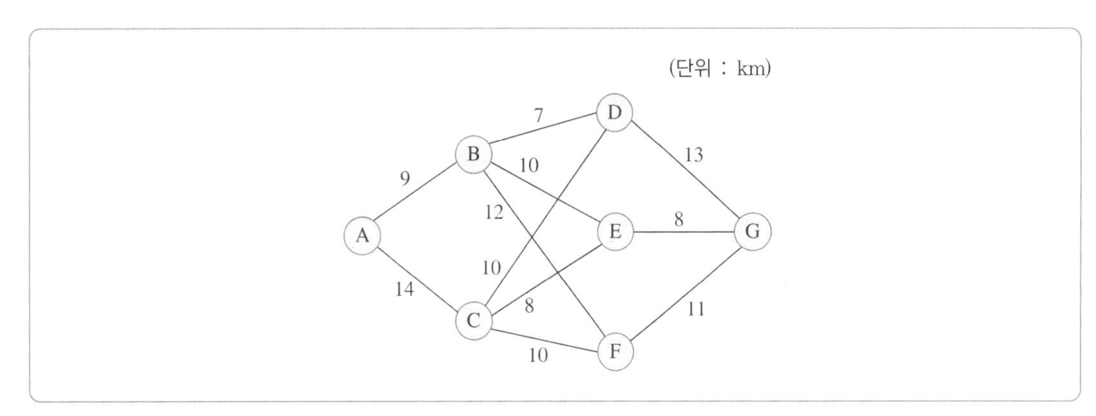

① 27km

② 29km

③ 32km

④ 33km

⑤ 34km

확인 Check! ○ △ × 풀이시간 60초

117 다음과 같은 거리도와 이동수단별 요금표가 있을 때, 이동계획에 따라 한 가지 이동수단만으로 모두 이동할 경우 각 이동수단별 요금이 올바른 것은 무엇인가?

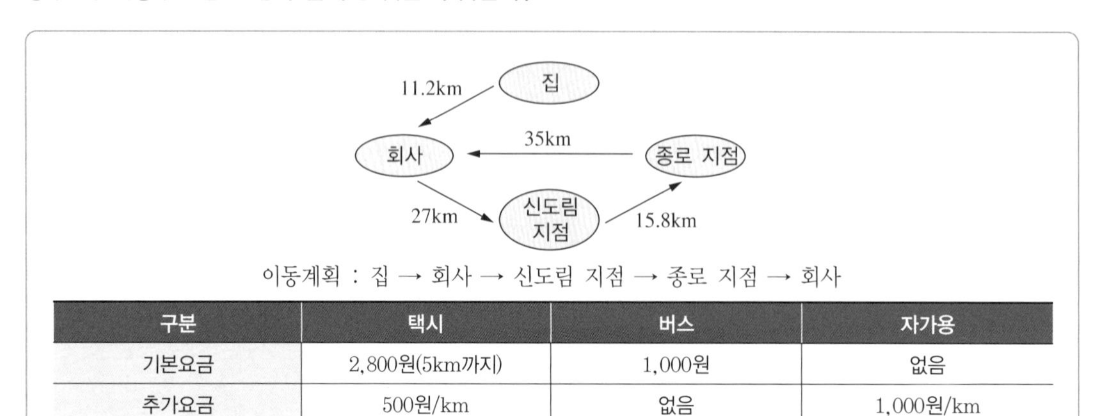

이동계획 : 집 → 회사 → 신도림 지점 → 종로 지점 → 회사

구분	택시	버스	자가용
기본요금	2,800원(5km까지)	1,000원	없음
추가요금	500원/km	없음	1,000원/km

① 택시 46,750원
② 택시 45,700원
③ 자가용 88,000원
④ 자가용 90,000원
⑤ 버스 5,000원

확인 Check! ○ △ × 풀이시간 45초

118 M사 전산팀의 팀원들은 회의를 위해 회의실에 모였다. 회의실의 테이블은 다음과 같은 원형모형이고, 〈조건〉에 근거하여 자리배치를 하려고 할 때, 테이블에 앉을 사람들을 김 팀장부터 시계 방향 순서대로 나열한 것은?

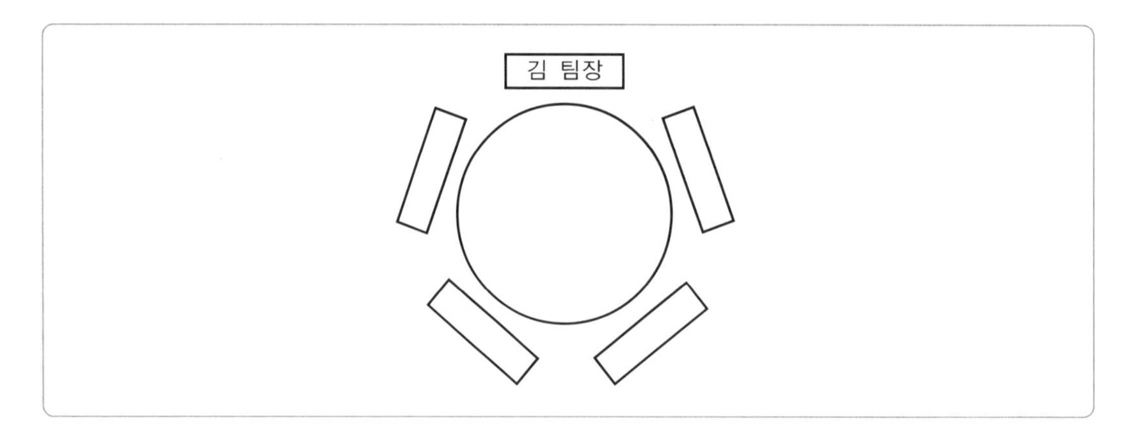

조 건

- 정 차장과 오 과장은 서로 사이가 좋지 않아서 나란히 앉지 않는다.
- 김 팀장은 정 차장이 바로 오른쪽에 앉기를 바란다.
- 한 대리는 오른쪽 귀가 좋지 않아서 양 사원이 왼쪽에 앉기를 바란다.

① 정 차장 – 양 사원 – 한 대리 – 오 과장
② 한 대리 – 오 과장 – 정 차장 – 양 사원
③ 양 사원 – 정 차장 – 오 과장 – 한 대리
④ 오 과장 – 양 사원 – 한 대리 – 정 차장
⑤ 오 과장 – 한 대리 – 양 사원 – 정 차장

확인 Check! ○ △ ×

풀이시간 60초

119 다음 글의 상황에서 〈보기〉의 사실을 토대로 신입사원이 김 과장을 찾기 위해 추측한 내용 중 반드시 참인 것은?

김 과장은 오늘 아침 조기 축구 시합에 나갔다. 그런데 김 과장을 한 번도 본 적이 없는 같은 회사의 어떤 신입사원이 김 과장에게 급히 전할 서류가 있어 직접 축구 시합장을 찾았다. 시합은 이미 시작되었고, 김 과장이 현재 양 팀의 수비수나 공격수 중 한 사람으로 뛰고 있다는 것은 분명하다.

보 기

㉠ A팀은 검정색 상의를, B팀은 흰색 상의를 입고 있다.
㉡ 양 팀에서 축구화를 신고 있는 사람은 모두 안경을 쓰고 있다.
㉢ 양 팀에서 안경을 쓴 사람은 모두 수비수이다.

① 만약 김 과장이 공격수라면 안경을 쓰고 있다.
② 만약 김 과장이 A팀의 공격수라면 흰색 상의를 입고 있거나 축구화를 신고 있다.
③ 만약 김 과장이 B팀의 공격수라면 축구화를 신고 있지 않다.
④ 만약 김 과장이 검정색 상의를 입고 있다면 안경을 쓰고 있다.
⑤ 만약 김 과장이 A팀의 수비수라면 검정색 상의를 입고 있으며 안경을 쓰고 있지 않다.

120 A회사는 사무실 리모델링을 하면서 국내영업 1~3팀과 해외영업 1~2팀, 홍보팀, 보안팀, 행정팀의 사무실 위치를 변경하였다. 〈조건〉을 적용했을 때, 변경된 사무실 위치에 대한 설명으로 올바른 것은?

A회사 사무실 배치(배치도)

1실	2실	3실	4실
복도			
5실	6실	7실	8실

조 건

- 국내영업 1팀과 해외영업 2팀은 홀수실이며 복도를 사이에 두고 마주보고 있다.
- 홍보팀은 5실이다.
- 해외영업 2팀과 행정팀은 나란히 있다.
- 보안팀은 홀수실이며 맞은편 대각선으로 가장 먼 곳에는 행정팀이 있다.
- 국내영업 3팀과 2팀은 한 실을 건너 나란히 있고 2팀이 3팀보다 실 번호가 높다.

① 행정팀은 6실에 위치한다.
② 해외영업 2팀과 국내영업 3팀은 같은 라인에 위치한다.
③ 국내영업 1팀은 국내영업 3팀과 2팀 사이에 위치한다.
④ 해외영업 1팀은 7실에 위치한다.
⑤ 홍보팀이 있는 라인에서 가장 높은 번호의 사무실에 위치한 팀은 보안팀이다.

확인 Check! ○ △ ×

풀이시간 45초

121 주문서에 따라 다음과 같이 배송되었다고 할 때, 주문서와 다르게 배송된 품목은 총 몇 종인가?

배송된 물건 사진

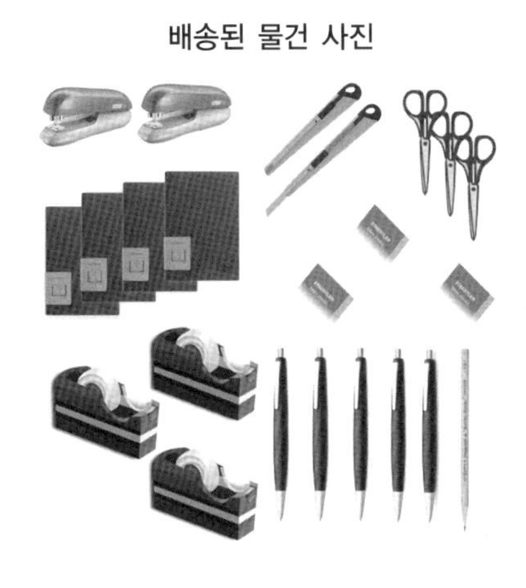

주문서

항목	수량(개)	단가(원)	금액(원)
가위	2	2,000	4,000
스테이플러	2	2,500	5,000
노트	5	1,500	7,500
지우개	3	500	1,500
볼펜	6	350	2,100
수정테이프	3	1,000	3,000
사무용 칼	2	700	1,400
샤프심	3	400	1,200
연필	1	500	500
합계			26,200

① 4종
② 5종
③ 6종
④ 7종
⑤ 8종

확인 Check! ○ △ ×

풀이시간 45초

122 바둑판에 흰 돌과 검은 돌을 다음과 같은 규칙으로 놓았을 때, 11번째 바둑판에 놓인 모든 바둑돌의 개수는?

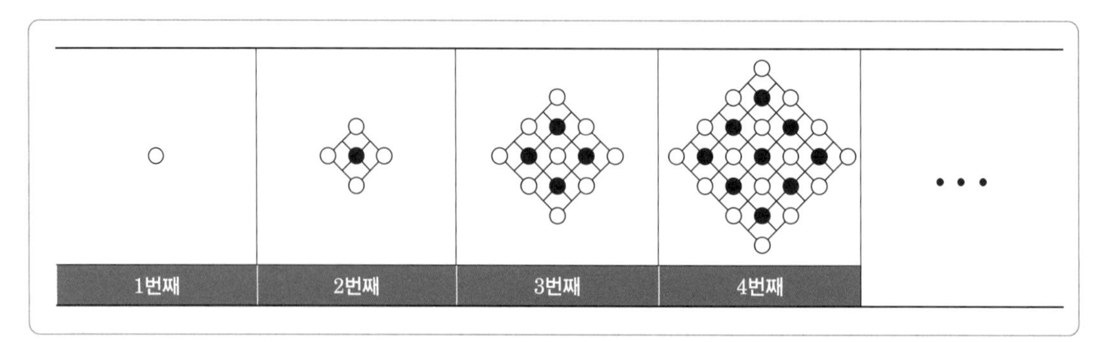

① 181개
② 221개
③ 265개
④ 313개
⑤ 365개

확인 Check! ○ △ ×

풀이시간 30초

123 A회사는 새롭게 개발한 립스틱을 대대적으로 홍보하고 있다. 다음 제시문을 볼 때 적절한 대안으로 올바른 것은?

A회사 립스틱의 특징은 지속력과 선명한 색상, 그리고 20대 여성을 타깃으로 한 아기자기한 디자인이다. 하지만 립스틱의 매출이 좋지 않고 홍보가 잘 안 되고 있다. 조사결과 저가 화장품이라는 브랜드 이미지 때문으로 드러났다.

① 블라인드 테스트를 통해 제품의 질을 인정받는다.
② 홍보비를 두 배로 늘려 더 많이 광고한다.
③ 브랜드 이름을 최대한 감추고 홍보한다.
④ 무료 증정 이벤트를 연다.
⑤ 타깃을 30대 여성으로 바꾼다.

확인 Check! ○ △ ×

풀이시간 45초

124 각각 다른 심폐기능 등급을 받은 A, B, C, D, E 중 등급이 가장 낮은 2명의 환자에게 건강관리 안내문을 발송하려 한다. 결과가 다음과 같을 때 발송 대상자는?

- E보다 심폐기능이 좋은 환자는 2명 이상이다.
- E는 C보다 한 등급 높다.
- B는 D보다 한 등급 높다.
- A보다 심폐기능이 나쁜 환자는 2명이다.

① B, C
② C, E
③ B, E
④ C, D
⑤ D, E

확인 Check! ○ △ ×

풀이시간 45초

125 8명이 앉을 수 있는 원탁에 각 지역본부 대표가 참여하여 회의하고 있다. 〈조건〉을 통해 경인 지역본부 대표의 맞은편에 앉은 사람을 올바르게 추론한 것은?

조 건

- 서울, 부산, 대구, 광주, 대전, 경인, 춘천, 속초 대표가 참여하였다.
- 서울 대표는 12시 방향에 앉아 있다.
- 서울 대표의 오른쪽 두 번째 자리에는 대전 대표가 앉아 있다.
- 부산 대표는 경인 대표의 왼쪽에 앉는다.
- 대전 대표와 부산 대표 사이에는 광주 대표가 있다.
- 광주 대표와 대구 대표는 마주 보고 있다.
- 서울 대표와 대전 대표 사이에는 속초 대표가 있다.

① 대전 대표
② 부산 대표
③ 대구 대표
④ 속초 대표
⑤ 서울 대표

확인 Check! ○ △ ×

풀이시간 30초

126 K은행에서는 직원들에게 다양한 혜택이 있는 복지카드를 제공한다. 복지카드의 혜택 사항과 B사원의 일과가 다음과 같을 때 ⓐ~ⓔ 중에서 복지카드로 혜택을 볼 수 없는 행동은?

복지카드 혜택 사항

구분	세부내용
교통	대중교통(지하철, 버스) 3~7% 할인
의료	병원 5% 할인(동물병원 포함, 약국 제외)
쇼핑	의류, 가구, 도서 구입 시 5% 할인
영화	영화관 최대 6천 원 할인

〈B사원의 일과〉

B는 오늘 친구와 백화점에서 만나 쇼핑을 하기로 약속을 했다. 집에서 ⓐ 지하철을 타고 약 20분이 걸려 백화점에 도착한 B는 어머니 생신 선물로 ⓑ 화장품을 산 후, 동생의 이사 선물로 줄 ⓒ 침구류도 구매하였다. 쇼핑이 끝난 후 B는 ⓓ 버스를 타고 집에 돌아와 자신이 키우는 애완견의 예방접종을 위해 ⓔ 병원에 가서 진료를 받았다.

① ⓐ, ⓑ, ⓓ
② ⓑ, ⓒ
③ ⓐ, ⓑ, ⓒ
④ ⓒ, ⓔ
⑤ ⓒ, ⓓ, ⓔ

확인 Check! ○ △ ×

풀이시간 30초

127 A유통은 전 문서의 보관, 검색, 이관, 보존 및 폐기에 대한 파일링 시스템 규칙을 다음과 같이 적용하고 있다. 이에 따르면 2014년도에 작성된 문서의 보존연한이 3년일 경우 폐기 시기로 가장 적절한 것은?

A유통 파일링 시스템 규칙

- 보존연한이 경과한 문서는 세단 또는 소각방법 등으로 폐기한다.
- 보존연한은 문서처리 완결일인 익년 1월 1일부터 가산한다.

① 2016년 초
② 2017년 초
③ 2018년 초
④ 2019년 초
⑤ 2020년 초

확인 Check! ○ △ ×

풀이시간 60초

128

다음은 철도운임의 공공할인 제도에 대한 자료이다. 심하지 않은 장애를 가진 A씨가 보호자 1명과 함께 열차를 이용하여 주말여행을 다녀왔다. 두 사람은 왕복 운임의 몇 %를 할인받았는가?(단, 열차의 종류와 노선 길이가 동일한 경우 요일에 따른 요금 차이는 없다고 가정한다)

• A씨와 보호자의 여행 일정
 – 2023년 3월 11일(토) 서울 → 부산 : KTX
 – 2023년 3월 13일(월) 부산 → 서울 : KTX

• 장애인 공공할인 제도(장애의 정도가 심한 장애인은 보호자 포함)

구분	KTX	새마을호	무궁화호 이하
장애의 정도가 심한 장애인	50%	50%	50%
장애의 정도가 심하지 않은 장애인	30% (토·일·공휴일 제외)	30% (토·일·공휴일 제외)	

① 7.5%
② 12.5%
③ 15%
④ 25%
⑤ 30%

확인 Check! ○ △ ×

풀이시간 45초

129

어떤 고고학 탐사대가 발굴한 네 개의 유물 A, B, C, D에 대하여 다음과 같은 사실을 알게 되었다. 발굴된 유물을 시대 순으로 오래된 것부터 나열한 것은?

• B보다 시대가 앞선 유물은 두 개다.
• C는 D보다 시대가 앞선 유물이다.
• A는 C에 비해 최근의 유물이다.
• D는 B가 만들어진 시대 이후에 제작된 유물이다.

① C – D – B – A
② C – B – D – A
③ C – D – A – B
④ C – A – B – D
⑤ C – A – D – B

확인 Check! ○ △ ×

풀이시간 60초

130 부산에 사는 어느 고객이 버스터미널에서 근무하는 A씨에게 버스 정보에 대해 문의를 해왔다. 〈보기〉의 대화에서 A씨가 고객에게 바르게 안내한 것을 모두 고르면?

〈부산 터미널〉

도착지	서울 종합 버스터미널
출발시간	매일 15분 간격(06:00 ~ 23:00)
소요시간	4시간 30분 소요
운행요금	우등 29,000원 / 일반 18,000원

〈부산 동부 터미널〉

도착지	서울 종합 버스터미널
출발시간	06:30, 08:15, 13:30, 17:15, 19:30
소요시간	4시간 30분 소요
운행요금	우등 30,000원 / 일반 18,000원

※ 도로교통 상황에 따라 소요시간에 차이가 있을 수 있습니다.

보 기

고객 : 안녕하세요. 제가 서울에 볼일이 있어 버스를 타고 가려고 하는데요. 어떻게 하면 되나요?

(가) : 네, 고객님 부산에서 서울로 출발하는 버스 터미널은 부산 터미널과 부산 동부 터미널이 있는데요. 고객님 댁이랑 어느 터미널이 더 가깝나요?

고객 : 부산 동부 터미널이 더 가까운 것 같아요.

(나) : 부산 동부보다 부산 터미널에 더 많은 버스들이 배차되고 있거든요. 새벽 6시부터 밤 11시까지 15분 간격으로 운행되고 있으니 부산 터미널을 이용하시는 것이 좋을 것 같습니다.

고객 : 그럼 서울에 1시까지는 도착해야 하는데 몇 시 버스를 이용하는 것이 좋을까요?

(다) : 부산에서 서울까지 4시간 30분 정도 소요되므로 1시 이전에 여유 있게 도착하시려면 오전 8시 또는 8시 15분 출발 버스를 이용하시면 될 것 같습니다.

고객 : 4시간 30분보다 더 소요되는 경우도 있나요?

(라) : 네, 도로교통 상황에 따라 소요시간에 차이가 있을 수 있습니다.

고객 : 그럼 운행요금은 어떻게 되나요?

(마) : 부산 터미널 출발 서울 종합 버스터미널 도착 운행요금은 29,000원입니다.

① (가), (나)
② (가), (다)
③ (가), (다), (라)
④ (다), (라), (마)
⑤ (나), (다), (라), (마)

04 추리능력(적성형)

■ 추리능력

추리능력이란 아는 내용을 바탕으로 알지 못하는 것을 추론하고, 참이 아닌 정보에 대해서도 근거를 제시하여 참임을 이끌어내도록 논증하는 능력이다. 추리능력 검사는 각 요소별 일련의 변화를 살펴보면서 반복되는 패턴을 찾아내는 것으로, 숫자, 문자, 도형 등 다양한 유형의 문제가 출제된다.

■ 적성형

수 · 문자추리

등차 · 등비 · 계차수열 등의 기본적인 수열과 건너뛰기 수열 · 피보나치 수열 · 군수열과 같은 응용형태의 문제가 출제된다. 이러한 유형은 반복되는 숫자가 어떤 규칙에 따라 변하는지를 빠르게 파악하는 것이 관건이다.

언어추리

명제의 역 · 이 · 대우와 삼단논법을 이용하여 푸는 문제와 주어진 조건을 이용하여 추론하는 문제가 출제된다.

도형추리

도형추리 영역에서는 임의 방향으로 회전 · 대칭하거나 모양이 변하는 도형의 규칙을 찾는 유형이 출제되므로 빠른 시간 내에 규칙을 찾는 것이 중요하다. 주로 도형 문제들이 출제되지만, 계산능력을 요구하는 문제도 간간이 출제되므로 다양한 문제 유형을 반복적으로 풀어보는 연습이 필요하다.

04 추리능력(적성형)

01 수추리

(1) **등차 수열** : 앞의 항에 일정한 수를 더한 형태로 이루어진 수열

예 1 3 5 7 9 11 13

+2 +2 +2 +2 +2 +2

(2) **등비 수열** : 앞의 항에 일정한 수를 곱한 형태로 이루어진 수열

예 1 2 4 8 16 32 64

×2 ×2 ×2 ×2 ×2 ×2

(3) **계차 수열** : 앞의 항과의 차가 일정하게 증가하는 수열

예 1 8 27 64 125 216 343

+7 +19 +37 +61 +91 +127

+12 +18 +24 +30 +36

+6 +6 +6 +6

(4) **피보나치 수열** : 앞의 두 항의 합이 그 다음 항의 수가 되는 수열

예 1 1 2 3 5 8 13 21

1+1 1+2 2+3 3+5 5+8 8+13

(5) **건너뛰기 수열** : 두 개 이상의 수열이 일정한 간격을 두고 번갈아가며 나타나는 수열

예 1 1 3 5 5 9 7 13

홀수 항 : 1 3 5 7

+2 +2 +2

짝수 항 : 1 5 9 13

+4 +4 +4

(6) **군수열** : 일정한 규칙성으로 몇 항씩 묶어 나눈 수열

① 주어진 수열을 묶어 군수열을 만든다.

② 각 군의 초항을 모아서 새로운 수열 하나를 만든다.

③ 각 군의 초항으로 이루어진 수열의 일반항을 구한다.

④ 일반항을 활용하여 문제에서 요구하는 답을 구한다.

예 1 1 2 1 2 3 1 2 3 4 1 2 3 4 5

→ (1) (1 2) (1 2 3) (1 2 3 4) (1 2 3 4 5)

(7) 여러 가지 수열

① 먼저 수열이 증가하는지 감소하는지 파악한다. 증가하고 있다면 +, ×를, 감소하고 있다면 −, ÷를 생각해 보자.

② 제곱형 수열

예 $\frac{1}{1^2}$ $\frac{4}{2^2}$ $\frac{9}{3^2}$ $\frac{16}{4^2}$ $\frac{25}{5^2}$ $\frac{36}{6^2}$ $\frac{49}{7^2}$

③ 묶음형 수열 : 수열을 몇 개씩 묶어서 제시하는 유형으로 묶음에 대한 동일한 규칙을 빠르게 찾아내야 한다.

예 $\underset{2+3=5}{\underline{2\ \ 3\ \ 5}}$ $\underset{5+7=12}{\underline{5\ \ 7\ \ 12}}$ $\underset{9+8=17}{\underline{9\ \ 8\ \ 17}}$

④ 표・도형 수열 : 나열식 수열 추리와 크게 다르지 않은 유형으로, 수가 들어갈 위치에 따라 시계 방향이나 행・열의 관계를 유추해야 한다.

예

2	14	9
3	?	10
5	17	12

➡

A
B
C

풀이) 가로, 세로, 대각선 방향으로 일정한 규칙을 찾아본다.

A + 1 = B, B + 2 = C

대표유형 길라잡이!

일정한 규칙으로 수를 나열할 때, 괄호 안에 들어갈 알맞은 수는?

2 3 7 −6 12 12 17 ( )

① −15

② −17

③ −21

④ −24

정답 ④

홀수 항은 +5, 짝수 항은 ×(−2)의 규칙을 가지고 있다.

02 문자추리

주로 영문 알파벳 대소문자, 한글 자음과 모음, 숫자 등이 서로 대응하는 문제가 출제되며 시간적 여유가 있다면 각각의 숫자들을 대응시켜 풀거나 아래 표에 대응되는 문자를 암기하면 보다 빠르게 풀 수 있다.

1	2	3	4	5	6	7	8	9	10	11	12	13	14	15	16	17	18	19	20
A	B	C	D	E	F	G	H	I	J	K	L	M	N	O	P	Q	R	S	T
a	b	c	d	e	f	g	h	i	j	k	l	m	n	o	p	q	r	s	t
ㄱ	ㄴ	ㄷ	ㄹ	ㅁ	ㅂ	ㅅ	ㅇ	ㅈ	ㅊ	ㅋ	ㅌ	ㅍ	ㅎ						
ㅏ	ㅑ	ㅓ	ㅕ	ㅗ	ㅛ	ㅜ	ㅠ	ㅡ	ㅣ										

21	22	23	24	25	26
U	V	W	X	Y	Z
u	v	w	x	y	z

대표유형 길라잡이!

일정한 규칙으로 수를 나열할 때, 괄호 안에 들어갈 알맞은 수는?

D G M V ( )

① B
② H
③ W
④ X

정답 ②

D → G → M → V → ?
(+3칸, +6칸, +9칸, +12칸)

이와 같이 A~Z까지 반복되는 규칙이다. 따라서 빈칸에 해당하는 문자는 H이다.

※ 일정한 규칙으로 도형을 나열할 때, ?에 들어갈 알맞은 도형을 고르시오. [131~133]

확인 Check! ○ △ ×

풀이시간 60초

131

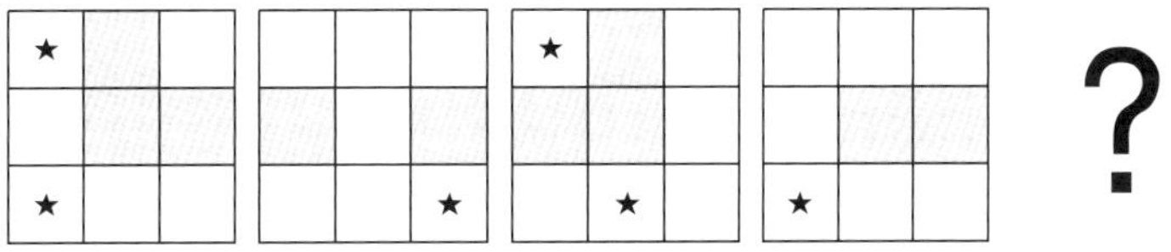

?

①

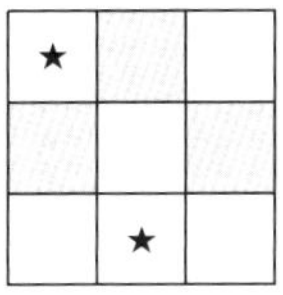

②

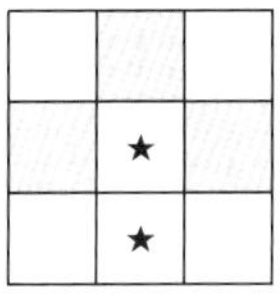

③

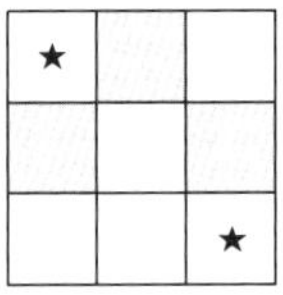

④

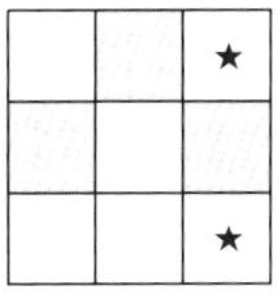

⑤

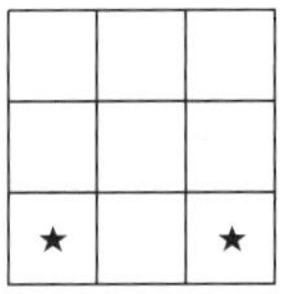

확인 Check! ○ △ ×

풀이시간 60초

132

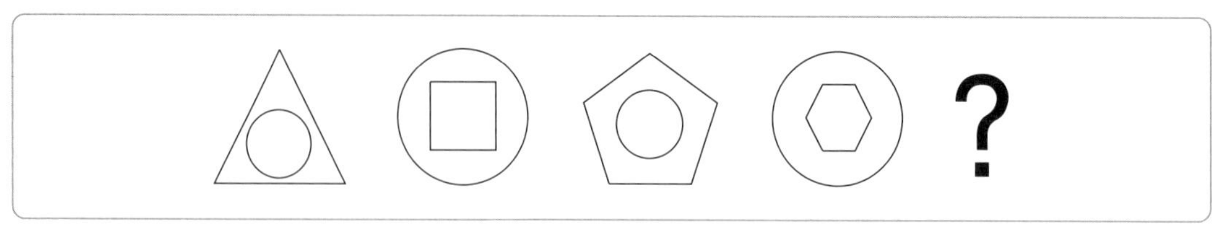

① 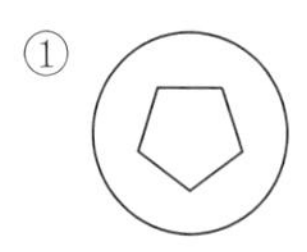

② 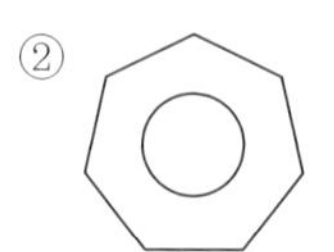

③ 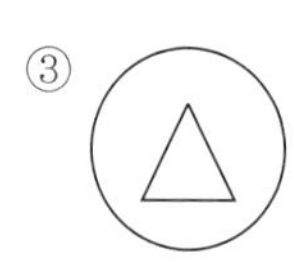

④ 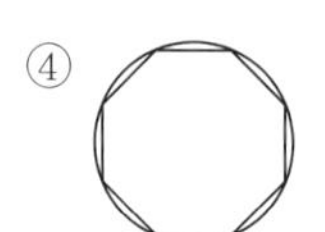

⑤ 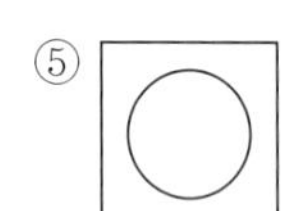

풀이시간 60초

133

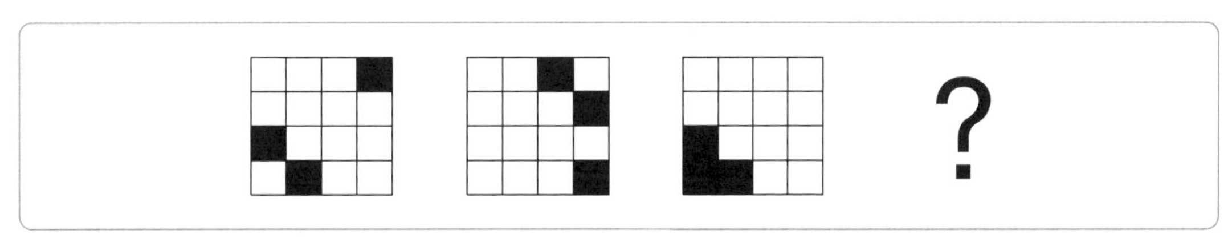

① 

② 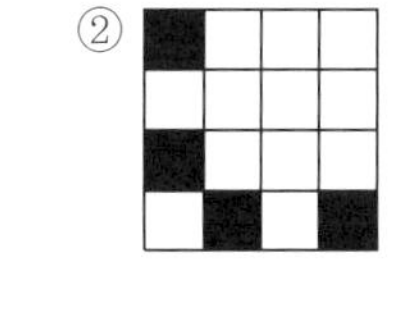

③ 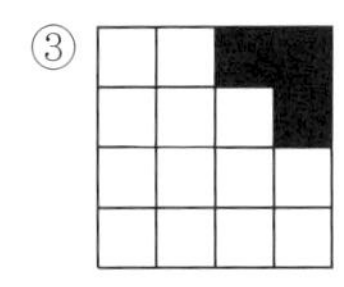

④ 

⑤ 

※ 다음 도형이 일정한 규칙을 따른다고 할 때, ?에 들어갈 알맞은 도형을 고르시오. **[134~136]**

확인 Check! ○ △ ×

풀이시간 60초

134

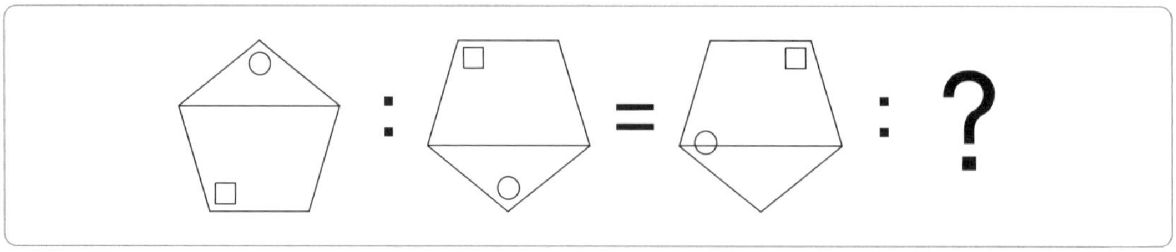

: = : ?

①

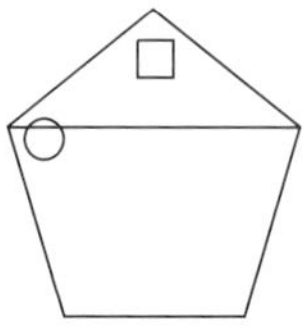

②

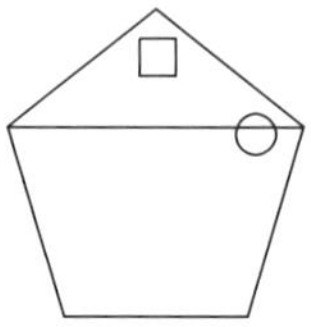

③

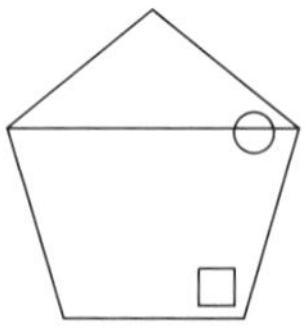

④

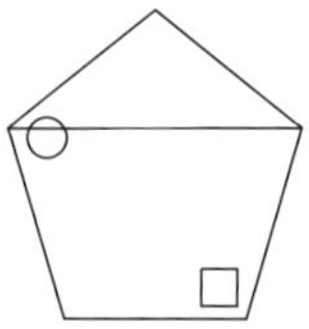

⑤

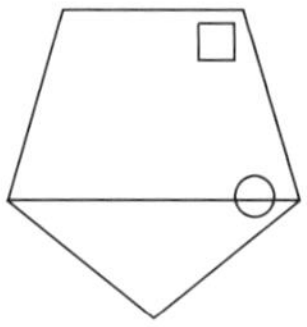

135

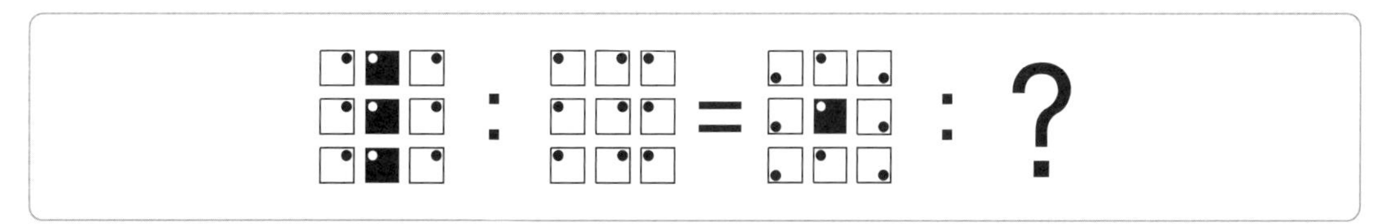

①

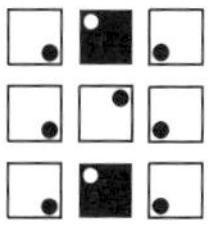

②

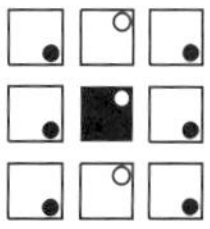

③

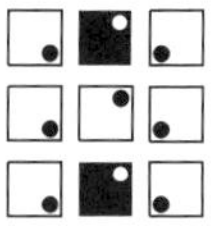

④

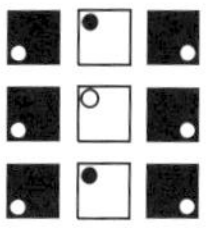

⑤

풀이시간 60초

136

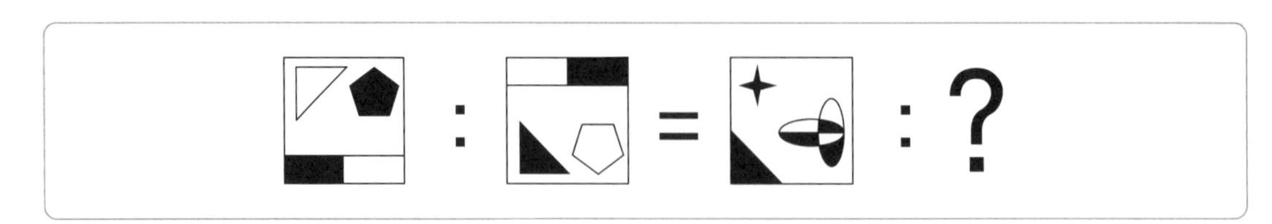

① 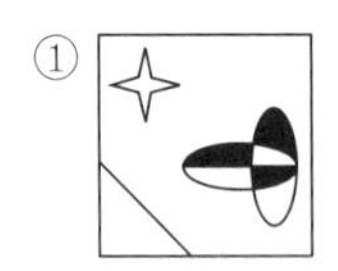

② 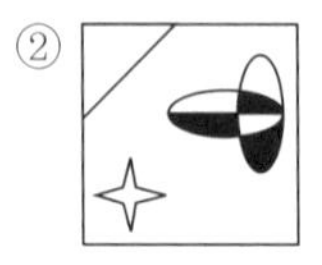

③ 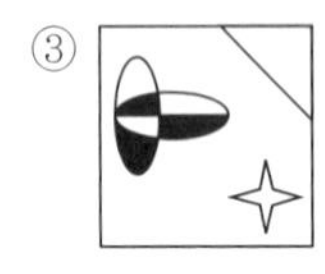

④ 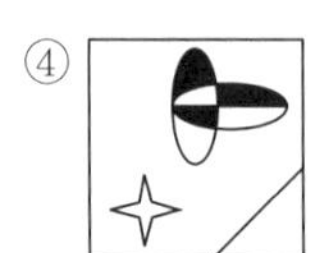

⑤ 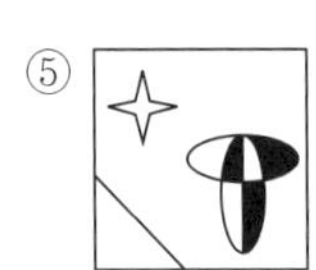

※ 다음 제시된 도형의 규칙을 보고 ?에 들어갈 알맞은 것을 고르시오. [137~140]

확인 Check! ○ △ ×

풀이시간 90초

137

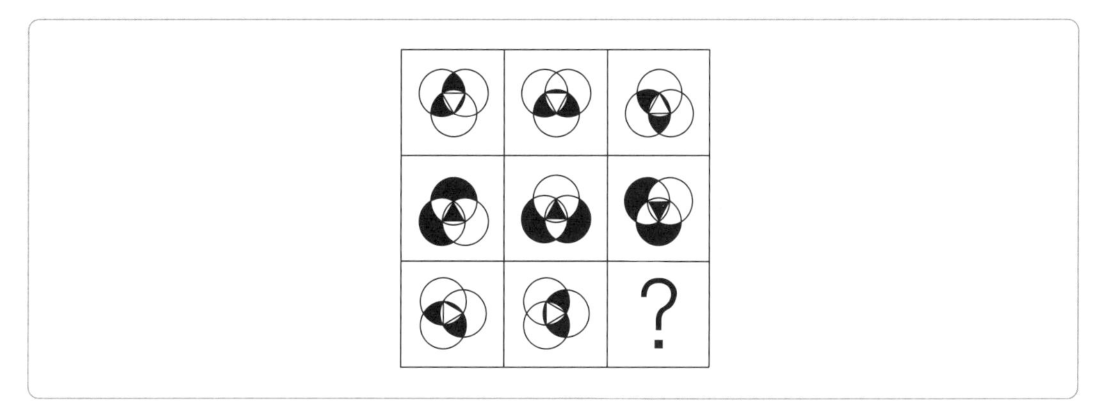

①
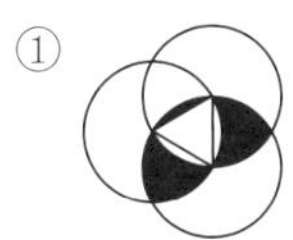

②
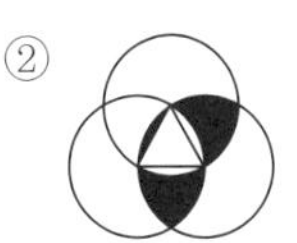

③
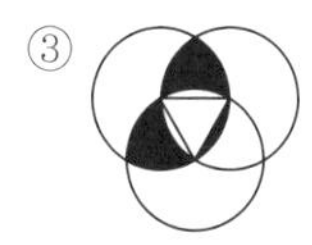

④
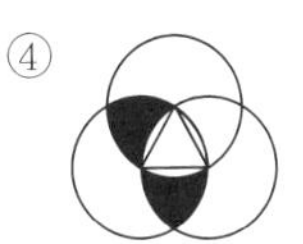

⑤
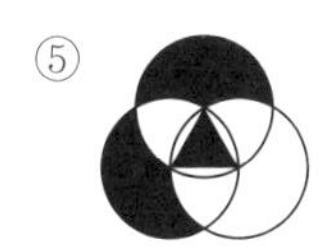

138

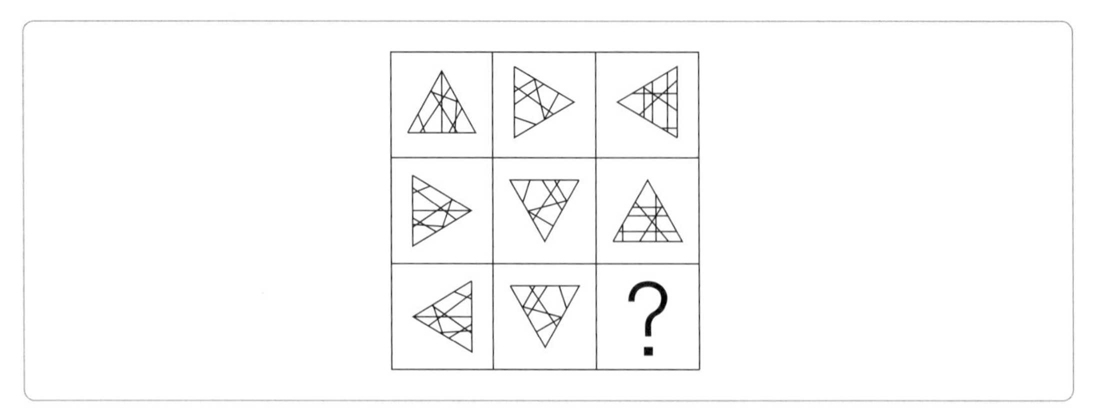

① 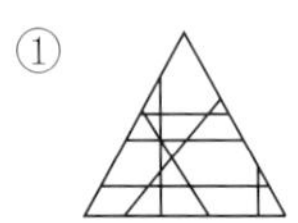

② 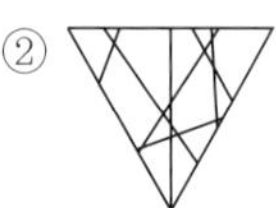

③ 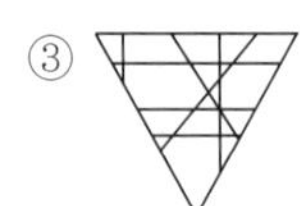

④ 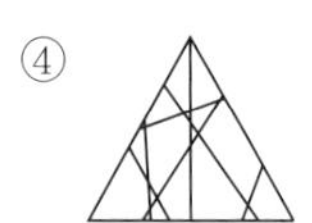

⑤ 

확인 Check! ○ △ ×

풀이시간 90초

139

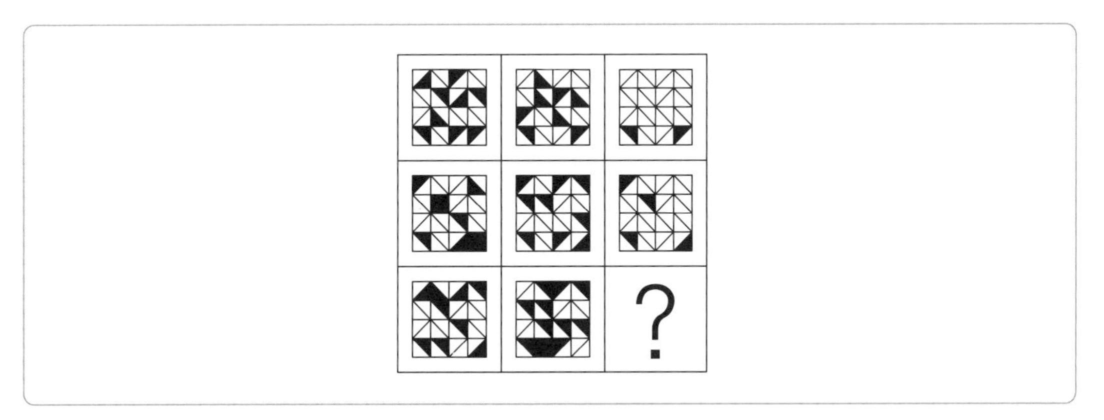

① 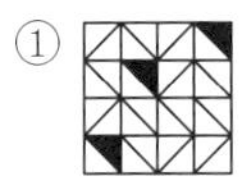

② 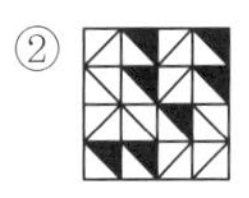

③ 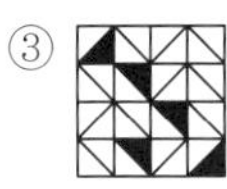

④ 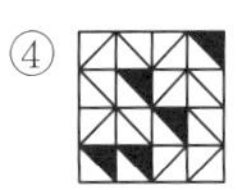

⑤ 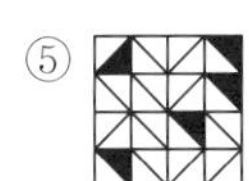

확인 Check! ○ △ ×

풀이시간 90초

140

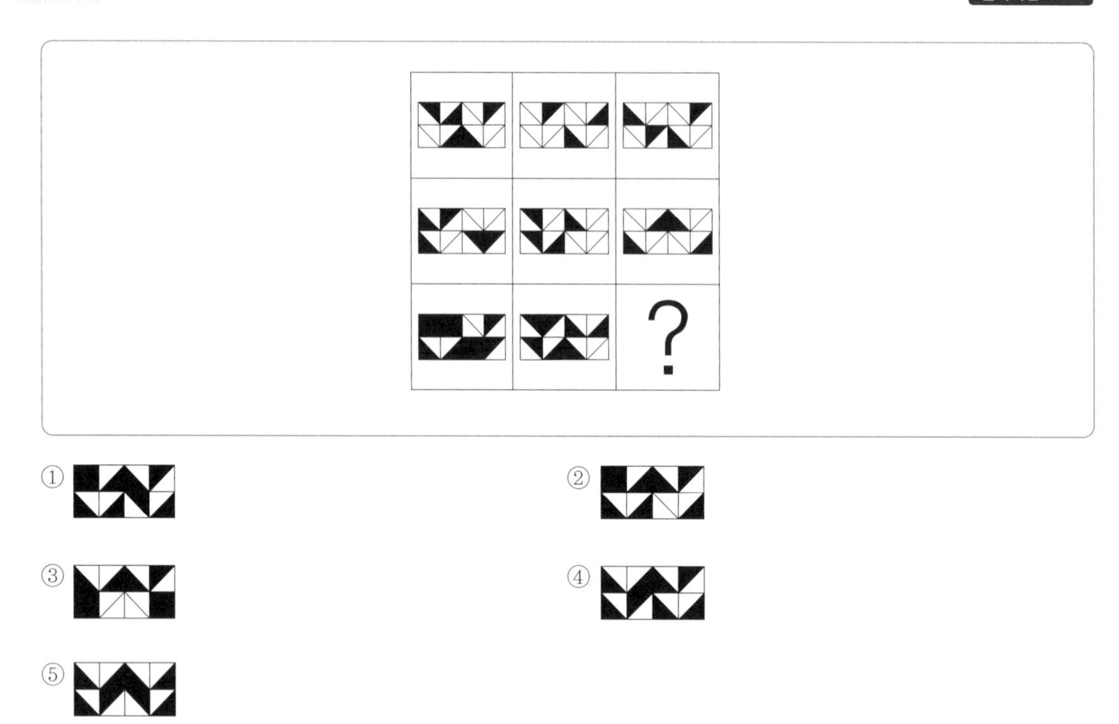

※ 다음 도식에서 기호들은 일정한 규칙에 따라 문자를 변화시킨다. 이어지는 물음에 답하시오. **[141~143]**

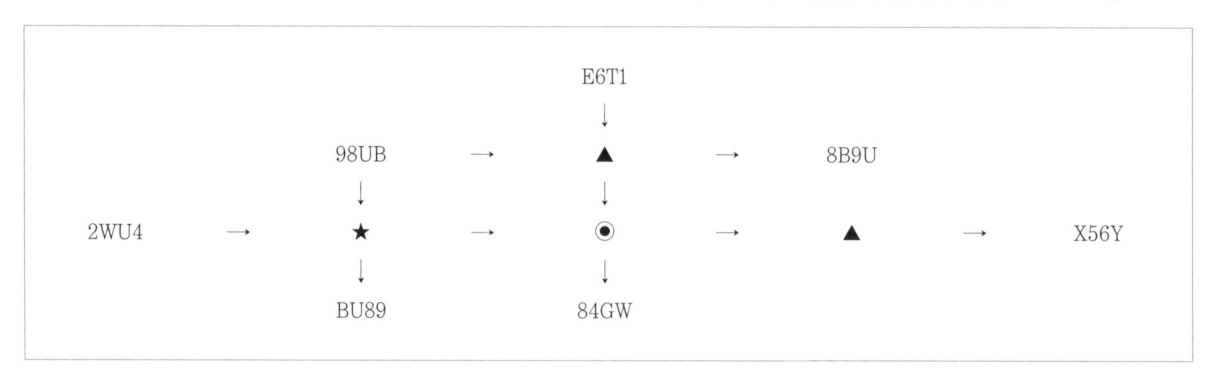

확인 Check! ○ △ ×

풀이시간 60초

141

문자가 아래와 같은 변환 과정을 거칠 때 물음표에 들어갈 문자는 무엇인가?

4HQ1 → ◉ → ▲ → ?

① M54O
② K46S
③ M35P
④ K35P
⑤ M46S

확인 Check! ○ △ ×

풀이시간 60초

142

문자가 아래와 같은 변환 과정을 거칠 때 물음표에 들어갈 문자는 무엇인가?

6D3R → ★ → ◉ → ?

① E4P9
② B3F7
③ R6H8
④ T6F9
⑤ T6F7

확인 Check! ○ △ ×

풀이시간 60초

143

문자가 아래와 같은 변환 과정을 거칠 때 물음표에 들어갈 문자는 무엇인가?

7ET9 → ▲ → ★ → ?

① 7T9E
② E97T
③ T79E
④ T97E
⑤ E79T

※ 다음 도식에서 기호들은 일정한 규칙에 따라 문자를 변화시킨다. 이어지는 물음에 답하시오. **[144~145]**

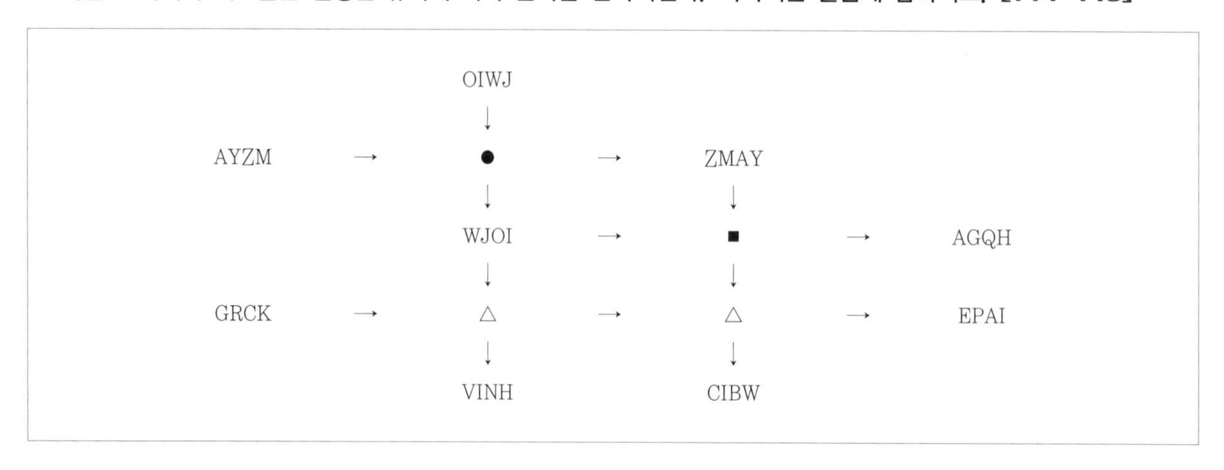

확인 Check! ○ △ ×

풀이시간 60초

144 문자가 아래와 같은 변환 과정을 거칠 때 물음표에 들어갈 문자는 무엇인가?

BSCM → ■ → △ → ?

① LPEF
② COJD
③ DKEO
④ EODK
⑤ AOSK

확인 Check! ○ △ ×

풀이시간 60초

145 문자가 아래와 같은 변환 과정을 거칠 때 물음표에 들어갈 문자는 무엇인가?

IQTD → △ → ● → ?

① SCHP
② DQTI
③ TDIQ
④ MNVC
⑤ SDDT

확인 Check! ○ △ ×

풀이시간 30초

146 다음과 동일한 오류를 범하고 있는 것은?

> 철수가 우등상을 받지 못한 걸 보니 꼴찌를 한 것이 분명하다.

① 아파트 내에서 세차를 하면 구청에 고발하겠습니다.
② 철수, 넌 내 의견에 찬성할 거지? 넌 나의 죽마고우잖아.
③ 영희는 자장면을 좋아하지 않으니까 틀림없이 자장면을 싫어할 거야.
④ 어머니는 용꿈을 꾸었기 때문에 나를 낳았다고 말씀하셨다.
⑤ 아버지는 어릴 적 잠자리에서 지도를 많이 그렸다고 한다. 그래서 나도 잠자리에 지도를 자주 그린다.

확인 Check! ○ △ ×

풀이시간 30초

147 다음 선거구호 중 논리적으로 가장 정당한 것은?

① 우리 고장 출신 김국진을 국회로 보내자!
② 세 번이나 떨어져 불쌍한 김팔봉, 이번에는 찍어줍시다.
③ 북한의 인권문제를 파헤치겠습니다. 저에게 귀중한 한 표를 주십시오.
④ 기호 1번, 능력도 1번, 백두산을 일등으로 당선시킵시다.
⑤ 훌륭한 정치인 중에는 김 씨가 많습니다. 저도 김 씨입니다.

확인 Check! ○ △ ×

풀이시간 45초

148 다음 문장이 범하고 있는 오류와 같은 종류의 오류를 범하고 있는 것은?

> 얘야, 일찍 자거라. 그래야 착한 어린이야.

① A정당을 지지하지 않는다고? 그럼 너는 B정당을 지지하겠구나?
② 정부의 통일 정책을 반대한다면 조국의 통일을 가로막는 사람이라고 할 수 있다.
③ 내가 게으르다고? 너는 더 심각하던걸?
④ 이렇게 추운데 옷을 얇게 입은 걸 보니 감기에 걸리고 싶은가 보구나?
⑤ 네가 범인이 아니라는 것을 증명하지 못한다면 넌 범인이 틀림없어!

확인 Check! ○ △ ×

풀이시간 30초

149 민국이는 A박스를 발견하고 뚜껑을 열어보았다. 그 속에는 사탕이 한가득 들어있었다. 철수는 그 옆에 있는 B박스를 보고 똑같이 사탕이 들어 있을 거라 생각하였다. 철수가 저지른 오류는 무엇인가?

① 흑백사고의 오류
② 논점 일탈의 오류
③ 성급한 일반화의 오류
④ 전건 부정의 오류
⑤ 정황에 호소하는 오류

확인 Check! ○ △ ×

풀이시간 45초

150 다음 제시된 문장과 같은 오류를 범하고 있는 것은?

> 상한 고기를 먹으면 안 되기 때문에 육식을 해서는 안 된다.

① 민수는 어제 시계를 샀다. 민수는 사치가 심한 게 틀림없다.
② 거짓말을 하면 안 되므로 모르는 사람이 연락처를 물어오면 정직하게 말해야 한다.
③ 명문대를 나온 사람이기 때문에 그의 말이 맞을 것이다.
④ 많은 사람이 신고 있는 것을 보니 이 신발은 좋은 게 분명하다.
⑤ 그는 거짓말을 자주 하므로 이번 말도 거짓말일 것이다.

확인 Check! ○ △ ×

풀이시간 30초

151 다음 제시된 명제가 참일 때 옳은 것은?

> 현진이는 남자형제는 있지만 여자형제는 없고, 막내이다.

① 현진이는 여동생이 있다.
② 현진이는 남동생이 없다.
③ 현진이는 누나가 있다.
④ 현진이는 형이 있다.
⑤ 현진이는 쌍둥이가 있다.

확인 Check! ○ △ ×

풀이시간 30초

152

'학생은 착하다'라는 명제가 참일 때 다음 중 옳은 것은?

㉠ 착하면 학생이다.
㉡ 학생이 아니면, 착하지 않다.
㉢ 착하지 않으면 학생이 아니다.

① ㉠
② ㉡
③ ㉢
④ ㉠, ㉢
⑤ ㉡, ㉢

확인 Check! ○ △ ×

풀이시간 45초

153

다음 문장으로부터 바르게 추론한 것은?

A신문을 구독하는 사람은 B신문을 구독하지 않고, B신문을 구독하는 사람 중 일부는 C신문도 구독한다.

① A신문과 C신문을 동시에 구독하는 사람도 있다.
② A신문을 구독하는 사람은 C신문을 구독하지 않는다.
③ C신문을 구독하는 사람은 B신문을 구독하지 않는다.
④ B신문을 구독하는 사람은 A신문을 구독하지 않는다.
⑤ 사람들은 모두 A, B, C 신문을 구독한다.

확인 Check! ○ △ ×

풀이시간 45초

154 다음 문장으로부터 바르게 추론한 것은?

8월의 비정규직 근로자 수는 지난해에 비해 30만 9천 명(5.7%) 증가했다. 기존 비정규직 근로자 또한 임금이 평균 7.3% 감소한 것으로 나타났다.

① 비정규직 근로자가 해마다 계속 증가하였다.
② 비정규직 근로자의 임금은 해마다 계속 감소하였다.
③ 어떤 비정규직 근로자의 임금은 증가하였다.
④ 어떤 비정규직 근로자의 임금은 감소하였다.
⑤ 비정규직 근로자의 임금은 모두 동일하다.

확인 Check! ○ △ ×

풀이시간 45초

155 〈조건〉의 명제대로 A, B에 대한 참/거짓 여부를 판단한 것으로 옳은 것은?

조건

- 거리의 가게들은 일렬로 있다.
- 스낵 코너는 가장 오른쪽에 있다.
- 분식 코너는 양식 코너보다 왼쪽에 있다.
- 일식 코너는 분식 코너보다 왼쪽에 있다.

A : 일식 코너는 양식 코너보다 왼쪽에 있다.
B : 스낵 코너는 분식 코너보다 오른쪽에 있다.

① A만 옳다.
② B만 옳다.
③ A, B 모두 옳다.
④ A, B 모두 틀리다.
⑤ A, B 모두 옳은지 틀린지 판단할 수 없다.

확인 Check! ○ △ ×

풀이시간 30초

156 제시된 명제가 모두 참일 때, 빈칸에 들어갈 명제로 가장 적절한 것은?

- 모든 전화기는 휴대폰이다.
- 어떤 플라스틱은 전화기이다.
- 그러므로 (   )

① 모든 플라스틱은 전화기이다.
② 모든 휴대폰은 플라스틱이다.
③ 모든 플라스틱은 휴대폰이다.
④ 어떤 플라스틱은 휴대폰이다.
⑤ 모든 휴대폰은 전화기이다.

확인 Check! ○ △ ×

풀이시간 30초

157 제시된 명제가 모두 참일 때, 빈칸에 들어갈 명제로 가장 적절한 것은?

- 철학은 학문이다.
- 모든 학문은 인간의 삶을 의미 있게 해준다.
- 그러므로 (   )

① 철학과 학문은 같다.
② 학문을 하려면 철학을 해야 한다.
③ 철학은 인간의 삶을 의미 있게 해준다.
④ 철학을 하지 않으면 삶은 의미가 없다.
⑤ 철학을 제외한 학문은 인간의 삶을 의미 없게 만든다.

확인 Check! ○ △ ×

풀이시간 30초

158 마지막 명제가 참일 때, 다음 빈칸에 들어갈 명제로 올바른 것은?

> • 승리했다면 팀플레이가 된다는 것이다.
> • (   )
> • 승리했다면 패스했다는 것이다.

① 팀플레이가 된다면 패스했다는 것이다.
② 팀플레이가 된다면 패배한다.
③ 승리했다면 패배했다는 것이다.
④ 팀플레이가 된다면 승리한다.
⑤ 패배했다면 패스하지 않은 것이다.

확인 Check! ○ △ ×

풀이시간 30초

159 마지막 명제가 참일 때, 다음 빈칸에 들어갈 명제로 가장 적절한 것은?

> • 공부를 하지 않으면 시험을 못 본다.
> • (   )
> • 공부를 하지 않으면 성적이 나쁘게 나온다.

① 공부를 한다면 시험을 잘 본다.
② 시험을 잘 본다면 공부를 한 것이다.
③ 성적이 좋다면 공부를 한 것이다.
④ 시험을 잘 본다면 성적이 좋은 것이다.
⑤ 성적이 좋다면 시험을 잘 본 것이다.

확인 Check! ○ △ ×

풀이시간 60초

160 다음 글의 빈칸에 들어갈 명제로 적절한 것은?

- A팀장은 B과장보다 야근을 한 시간 더 했다.
- C대리는 B과장보다 야근을 30분 덜 했다.
- D차장은 C대리보다 10분 야근을 더 했다.
- 그러므로 (   )

① C대리는 B과장보다 야근을 더 했다.
② B과장은 C대리보다 야근을 덜 했다.
③ 네 사람 중 A팀장이 야근을 가장 오래 했다.
④ D차장이 네 사람 중 가장 먼저 퇴근했다.
⑤ D차장이 네 사람 중 가장 늦게 퇴근했다.

확인 Check! ○ △ ×

풀이시간 60초

161 영철의 강아지 색은 흰색이나 검정색, 노란색 중 하나이다. 다음 정보 중 하나만 틀린 정보라고 할 때, 영철의 강아지 색은?

- (정보1) 강아지는 검정색이 아니다.
- (정보2) 강아지는 흰색이거나 노란색이다.
- (정보3) 강아지는 흰색이다.

① 흰색
② 검정색
③ 노란색
④ 흰색 혹은 검정색
⑤ 알 수 없음

확인 Check! ○ △ ×

풀이시간 45초

162 5명의 입시준비생 갑, 을, 병, 정, 무가 S학교에 지원하여 그중 1명이 합격하였다. 입시준비생들은 다음과 같이 이야기하였고, 그중 1명이 거짓말을 하였다. 합격한 학생은 누구인가?

- 갑 : 을은 합격하지 않았다.
- 을 : 합격한 사람은 정이다.
- 병 : 내가 합격하였다.
- 정 : 을의 말은 거짓말이다.
- 무 : 나는 합격하지 않았다.

① 갑
② 을
③ 병
④ 정
⑤ 무

확인 Check! ○ △ ×

풀이시간 45초

163 다음 진술은 참이다. 만일 서희가 서울 사람이 아니라면, 참/거짓 여부를 판단할 수 <u>없는</u> 명제는 무엇인가?

- 철수 말이 참이라면 영희와 서희는 서울 사람이다.
- 철수 말이 거짓이라면 창수와 기수는 서울 사람이다.

① 철수 말은 거짓이다.
② 창수는 서울 사람이다.
③ 기수는 서울 사람이 아니다.
④ 영희는 서울 사람이 아니다.
⑤ 서희는 서울 사람이 아니다.

확인 Check! ○ △ ×

풀이시간 45초

164 다음 중 거짓말을 하고 있을 확률이 가장 높은 사람은?

재석 : 나는 어제 저녁에 형돈이와 영화를 봤어.
준하 : 나는 어제 명수와 커피를 마셨지만 형돈이는 못 봤어.
형돈 : 나는 어제 재석이 형과 영화를 보고, 명수 형이랑 커피를 마셨어.
명수 : 나는 어제 형돈이랑 커피를 마셨지만, 재석이는 보지 못했어.

① 재석
② 명수
③ 형돈
④ 준하
⑤ 모든 확률 동일

확인 Check! ○ △ ×

풀이시간 45초

165 테니스공, 축구공, 농구공, 배구공, 야구공, 럭비공을 각각 A, B, C상자에 넣으려고 한다. 〈조건〉이 아래와 같다고 할 때 무조건 거짓인 것을 고르면?

조 건

- 한 상자에 공을 두 개까지 넣을 수 있다.
- 테니스공과 축구공은 같은 상자에 넣는다.
- 럭비공은 B상자에 넣는다.
- 야구공은 C상자에 넣는다.

① 농구공을 C상자에 넣으면 배구공은 B상자에 들어가게 된다.
② 테니스공과 축구공은 반드시 A상자에 들어간다.
③ 배구공과 농구공은 B나 C상자에 들어간다.
④ B상자에 배구공을 넣으면 농구공은 야구공과 같은 상자에 들어가게 된다.
⑤ 배구공과 농구공은 같은 상자에 들어갈 수 있다.

※ 일정한 규칙으로 수를 나열할 때, 빈칸에 들어갈 알맞은 수를 고르시오. [166~170]

확인 Check! ○ △ ×

풀이시간 45초

166

0　3　5　10　17　29　48　(　)

① 55
② 60
③ 71
④ 79
⑤ 82

확인 Check! ○ △ ×

풀이시간 45초

167

3　4　5　6　16　30　12　(　)　180　24　256　1,080

① 45
② 64
③ 75
④ 80
⑤ 102

확인 Check! ○ △ ×

풀이시간 45초

168

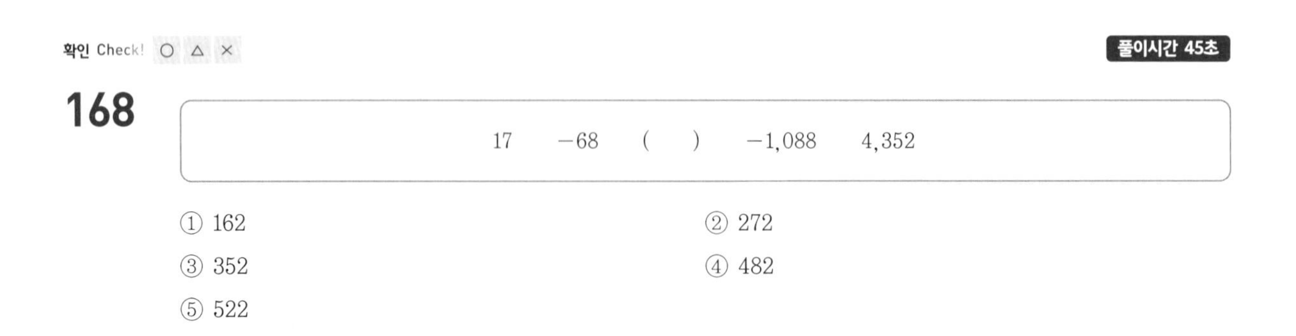

17　−68　(　)　−1,088　4,352

① 162
② 272
③ 352
④ 482
⑤ 522

확인 Check! ○ △ ×

풀이시간 45초

169

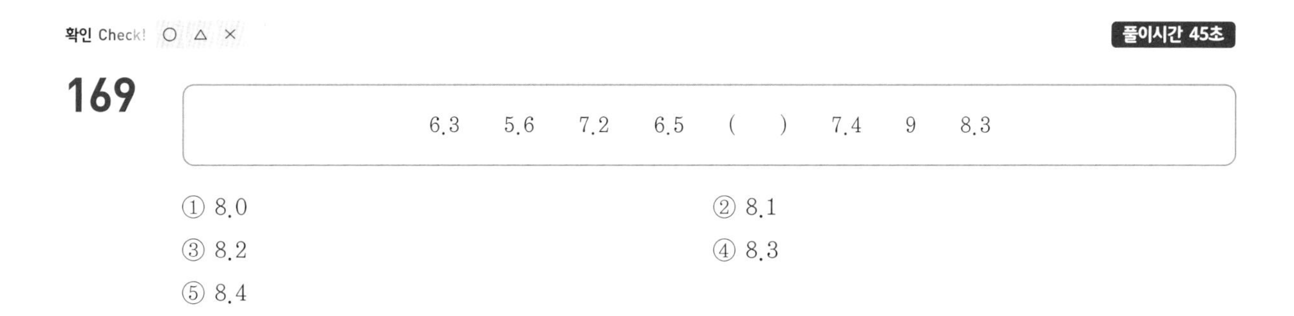

6.3　5.6　7.2　6.5　(　)　7.4　9　8.3

① 8.0　② 8.1
③ 8.2　④ 8.3
⑤ 8.4

확인 Check! ○ △ ×

풀이시간 45초

170

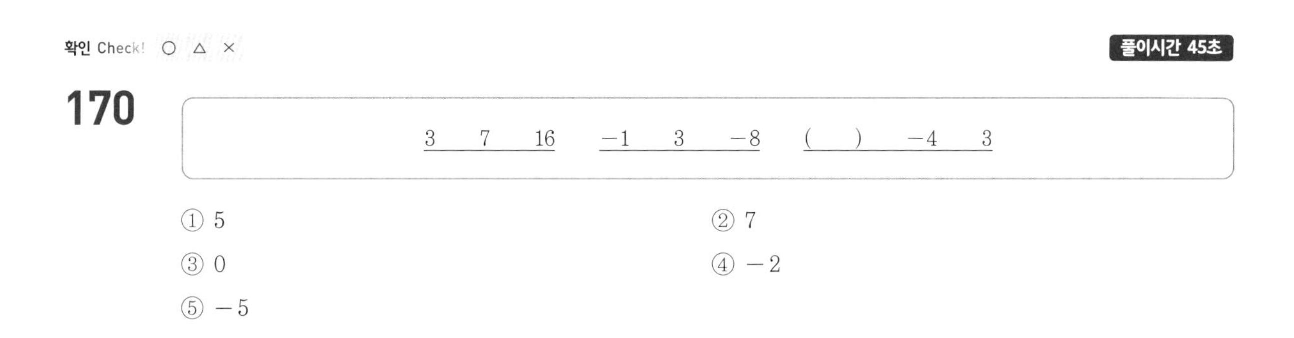

3　7　16　　−1　3　−8　　(　)　−4　3

① 5　② 7
③ 0　④ −2
⑤ −5

※ 일정한 규칙으로 문자를 나열할 때, 빈칸에 들어갈 알맞은 문자를 고르시오. [171~175]

확인 Check! ○ △ ×

풀이시간 45초

171

ㄴ　ㄷ　ㅁ　ㅇ　ㅌ　ㄷ　(　)

① ㅂ　② ㅅ
③ ㅇ　④ ㅈ
⑤ ㅊ

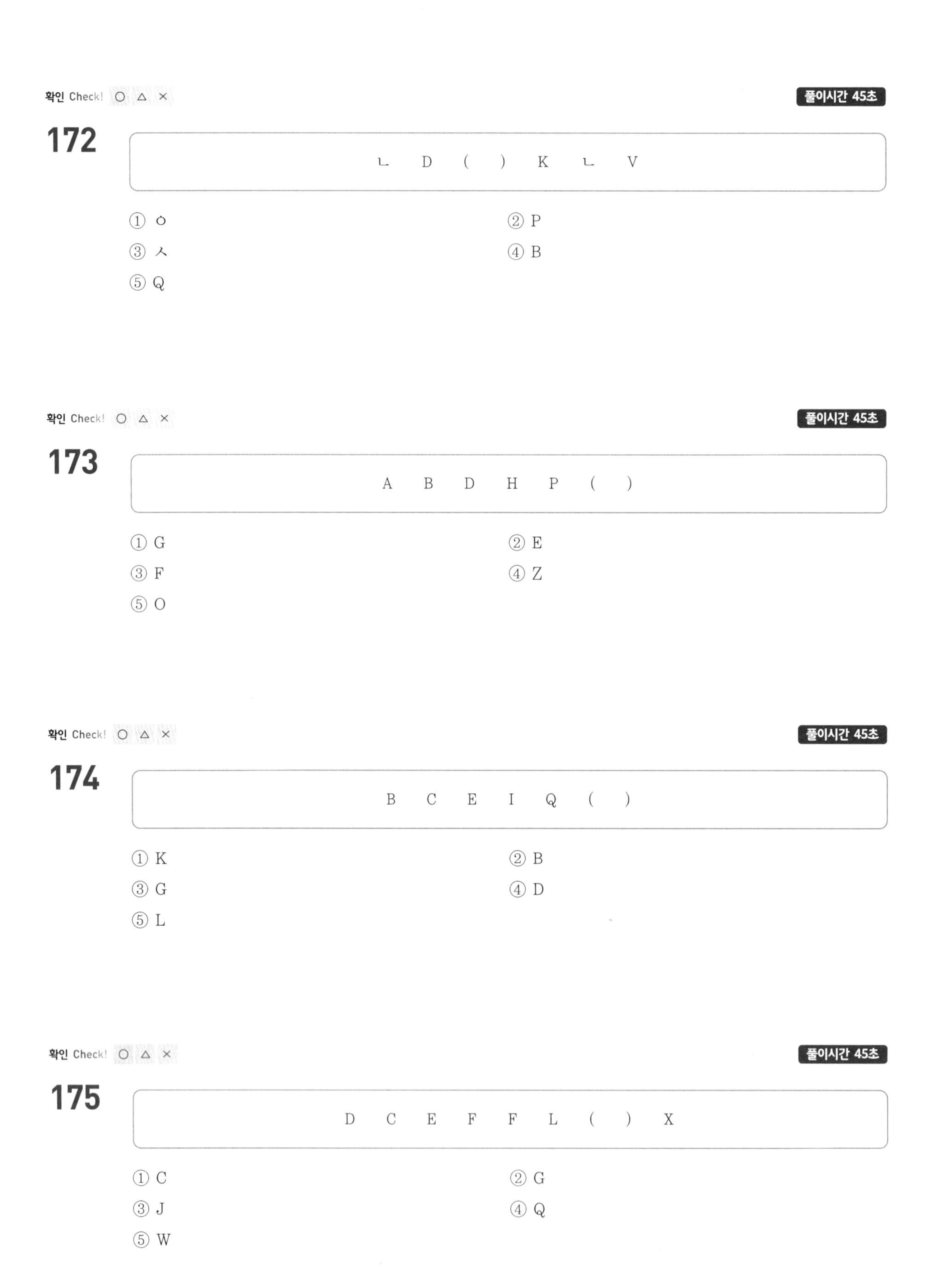

확인 Check! ○ △ ×

풀이시간 45초

172

ㄴ D ( ) K ㄴ V

① ㅇ
② P
③ ㅅ
④ B
⑤ Q

확인 Check! ○ △ ×

풀이시간 45초

173

A B D H P ( )

① G
② E
③ F
④ Z
⑤ O

확인 Check! ○ △ ×

풀이시간 45초

174

B C E I Q ( )

① K
② B
③ G
④ D
⑤ L

확인 Check! ○ △ ×

풀이시간 45초

175

D C E F F L ( ) X

① C
② G
③ J
④ Q
⑤ W

확인 Check! ○ △ ×

풀이시간 60초

176 다음 순서도에서 인쇄될 S의 값은 무엇인가?('←' 수식은 문자 좌변의 숫자가 우변의 숫자로 변환됨을 의미한다)

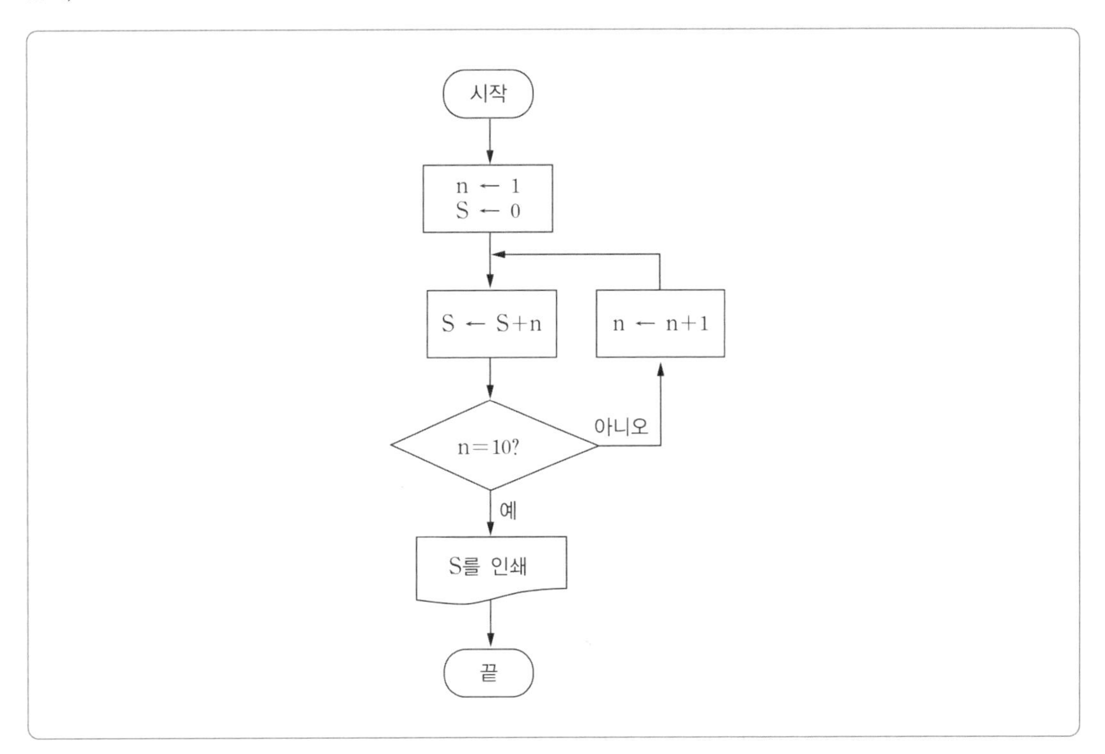

① 45
② 55
③ 66
④ 78
⑤ 89

풀이시간 60초

177

다음 순서도에서 Stop에 도달했을 때의 a의 값은 무엇인가?('=' 수식은 문자 좌변의 숫자가 우변의 숫자로 변환됨을 의미한다)

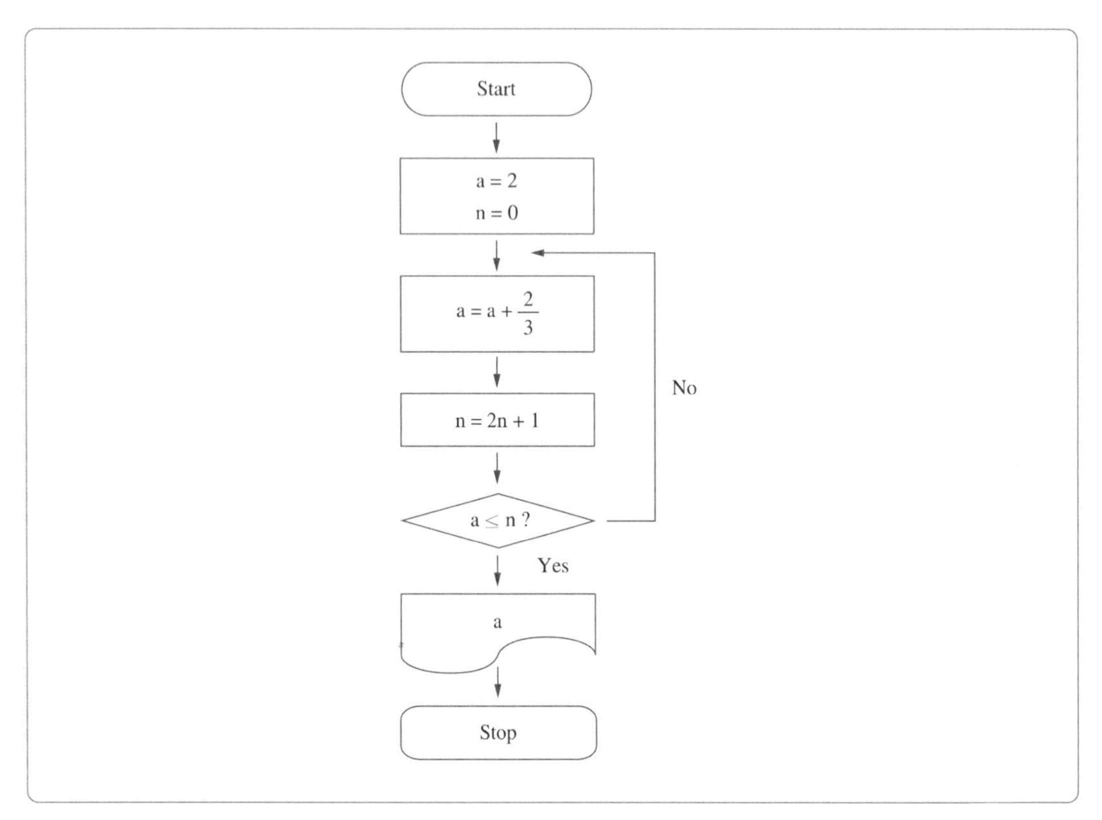

① 6

② $\frac{16}{3}$

③ $\frac{14}{3}$

④ 4

⑤ $\frac{10}{3}$

풀이시간 60초

178 다음 순서도에서 Stop에 도달했을 때의 a의 값은 무엇인가?('=' 수식은 문자 좌변의 숫자가 우변의 숫자로 변환됨을 의미한다)

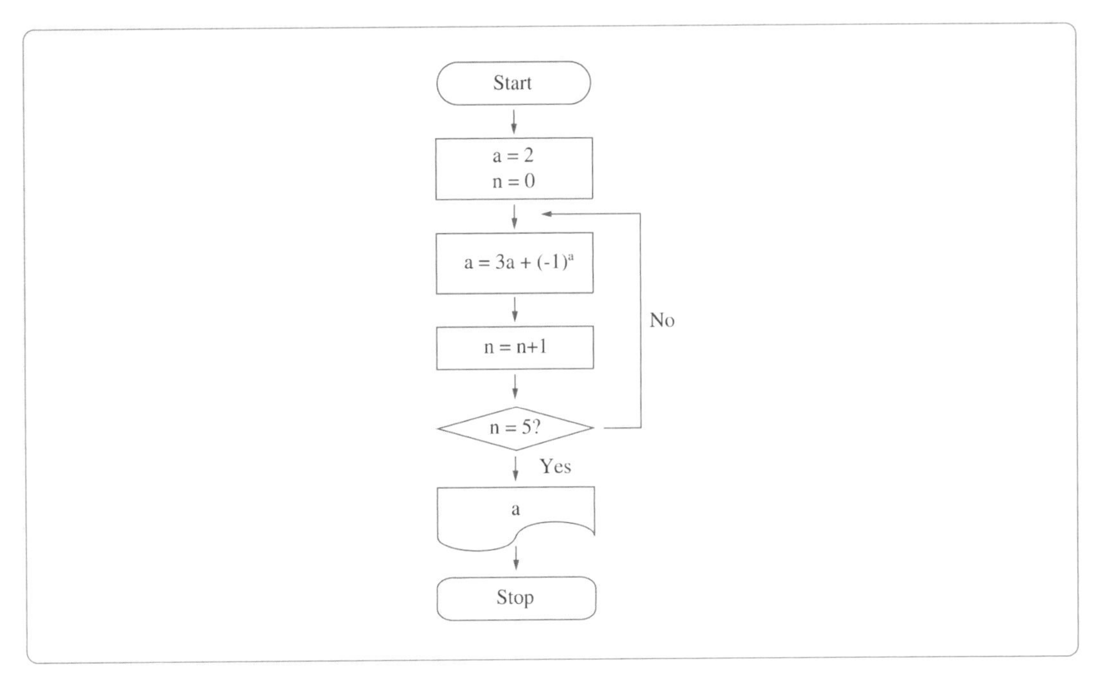

① 547
② 545
③ 543
④ 541
⑤ 539

확인 Check! ○ △ ×

풀이시간 60초

179 다음 순서도에서 Stop에 도달했을 때의 n의 값은 무엇인가?('=' 수식은 문자 좌변의 숫자가 우변의 숫자로 변환됨을 의미한다)

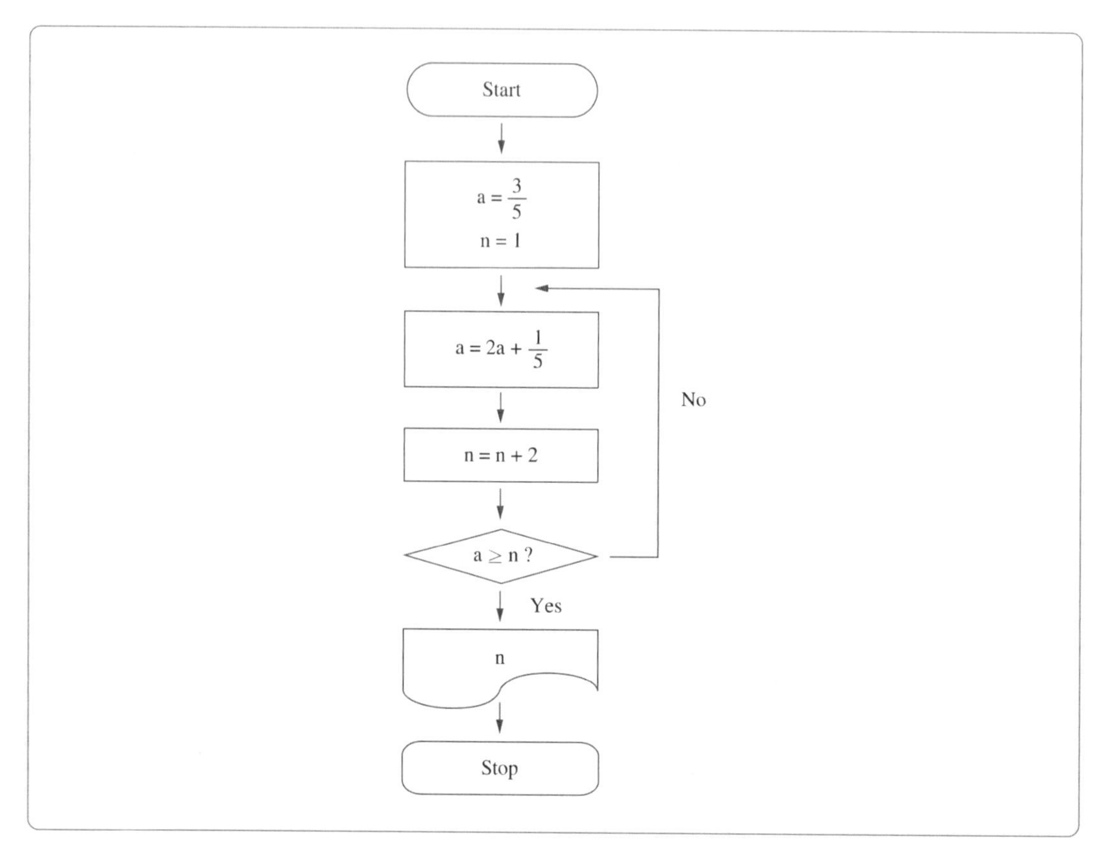

① 5
② 7
③ 9
④ 11
⑤ 13

확인 Check! ○ △ ×

풀이시간 45초

180 제시된 9개의 단어 중 3개의 단어로 공통 연상되는 단어를 고르면?

놀이터	아파트	교과목
기억	연산	창문
숫자	교복	종이

① 학생
② 미끄럼틀
③ 빌딩
④ 재료
⑤ 수학

확인 Check! ○ △ ×

풀이시간 45초

181 제시된 9개의 단어 중 3개의 단어로 공통 연상되는 단어를 고르면?

목사	자동차	성경
책	절	스님
수업	기름	성가대

① 불교
② 교통수단
③ 천주교
④ 학교
⑤ 교회

확인 Check! ○ △ ×

풀이시간 45초

182 제시된 9개의 단어 중 3개의 단어로 공통 연상되는 단어를 고르면?

밥	솔방울	안개
잣나무	고구마	다발
대나무	장미	전나무

① 군
② 침엽수
③ 과일
④ 숲
⑤ 등산

확인 Check! ○ △ ×

풀이시간 45초

183 제시된 9개의 단어 중 3개의 단어로 공통 연상되는 단어를 고르면?

길	짐	노름
대장	총	구두
떼	땜	손

① 일
② 꾼
③ 잡이
④ 쟁이
⑤ 장이

확인 Check! ○ △ ×

풀이시간 30초

184 제시된 낱말에서 공통적으로 연상할 수 있는 단어는?

늑대, 극장, 홍익

① 소년
② 영화
③ 단군
④ 인간
⑤ 예매

확인 Check! ○ △ ×

풀이시간 30초

185 제시된 낱말에서 공통적으로 연상할 수 있는 단어는?

내밀다, 지갑, 주고받다

① 명함
② 손
③ 도둑
④ 소매치기
⑤ 대화

확인 Check! ○ △ ×

풀이시간 30초

186 다음 제시된 낱말의 대응관계로 볼 때 빈칸에 들어가기에 알맞은 것은?

부채 : 선풍기=인두 : (　)

① 분무기
② 다리미
③ 세탁소
④ 세탁기
⑤ 난로

확인 Check! ○ △ ×

풀이시간 45초

187 다음 제시된 낱말의 대응관계로 볼 때 빈칸에 들어가기에 알맞은 것은?

가랑비 : 옷=(　) : 댓돌

① 정화수
② 심층수
③ 낙숫물
④ 도랑물
⑤ 아리수

확인 Check! ○ △ ×

풀이시간 30초

188 다음 제시된 낱말의 대응관계로 볼 때 빈칸에 들어가기에 알맞은 것은?

> 의사 : 병원=교사 : (   )

① 교직원
② 교수
③ 학교
④ 교육청
⑤ 교육감

확인 Check! ○ △ ×

풀이시간 30초

189 다음 제시된 낱말의 대응관계로 볼 때 빈칸에 들어가기에 알맞은 것은?

> 지도 : 내비게이션=마차 : (   )

① 유모차
② 손수레
③ 리어카
④ 나룻배
⑤ 자동차

확인 Check! ○ △ ×

풀이시간 30초

190 다음 제시된 낱말의 대응관계로 볼 때 빈칸에 들어가기에 알맞은 것은?

> 냄비 : 조리=연필 : (   )

① 필기
② 용지
③ 문방구
④ 지우개
⑤ 공책

05 공간지각능력(적성형)

■ 공간지각능력

공간지각능력은 시각적으로 들어오는 정보를 빠르게 파악하여 이를 응용할 수 있는 능력이다. 따라서 시각 이미지 자체나 이미지가 정해진 조건에 따라 변화되는 과정을 추론하여 패턴을 파악해 정답을 찾아야 하는 문제들이 출제된다.

■ 적성형

회전 · 반전도형

회전도형은 주로 45°, 90°, 180°, 270°로 회전하기 때문에 회전마다 바뀌는 모양을 잘 이해해야 한다. 시험장에 따라 평면도형을 직접 그리지 못하게 하거나 시험지를 돌리지 못하게 하는 곳도 있으므로 머릿속으로 바뀌는 모양을 파악하는 훈련이 필요하다.

블록 · 단면도

블록은 쌓아서 만든 입체도형을 파악하거나 입체도형에 들어간 블록의 수를 세는 문제가 대부분이다. 단면도 유형에서는 주로 비슷한 평면도형이 선택지로 주어지기 때문에 세심한 관찰력과 많은 연습이 필요하다.

전개도 · 주사위

전개도는 도형을 펼치고 접어서 만들 수 있는 입체도형을 찾거나, 입체도형을 제시하고 그에 맞는 전개도를 찾는 유형으로 출제된다. 주사위는 서로 마주 보는 면의 합을 구하는 유형과 주사위를 굴려 보이지 않는 반대편 면과 측면의 수를 묻는 문제가 주로 출제된다.

회전체 · 종이접기

입체도형 유형은 입체도형의 특징적인 부분이나 면의 모양을 파악하면 쉽게 해결할 수 있다. 종이접기 유형은 종이를 접은 순서의 반대로 펼치면서 구멍의 위치나 잘린 부분을 파악하며 연습하도록 한다.

05 공간지각능력(적성형)

01 회전 · 반전도형

(1) 180° 회전한 도형은 좌우와 상하가 모두 대칭이 된 모양이 된다.

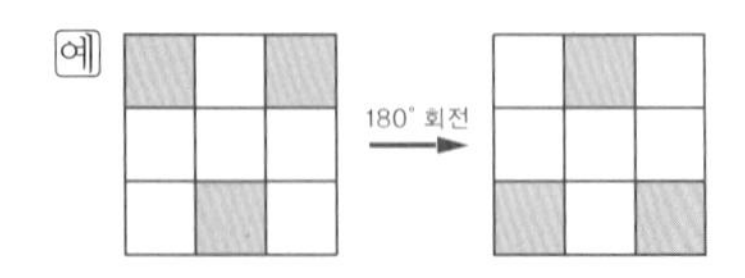

(2) 시계 방향으로 90° 회전한 도형은 시계 반대 방향 270° 회전한 도형과 같다.

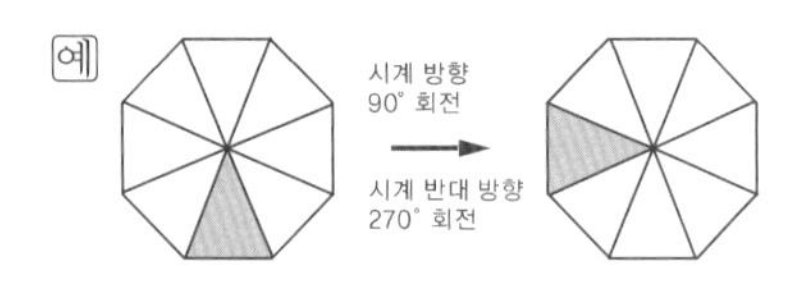

(3) 좌우 반전 → 좌우 반전, 상하 반전 → 상하 반전은 같은 도형이 된다.

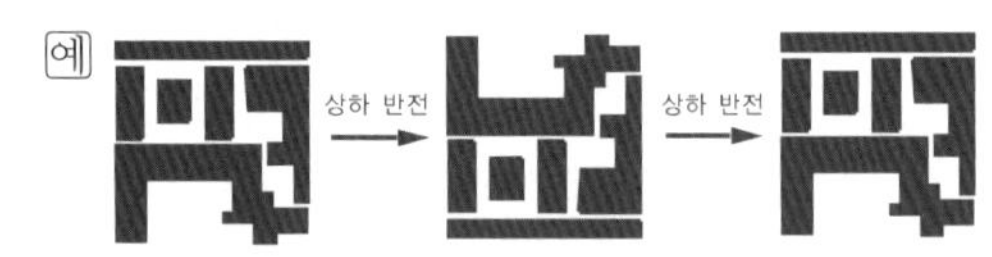

(4) 도형을 거울에 비친 모습은 방향에 따라 좌우 또는 상하로 대칭된 모습이 나타난다.

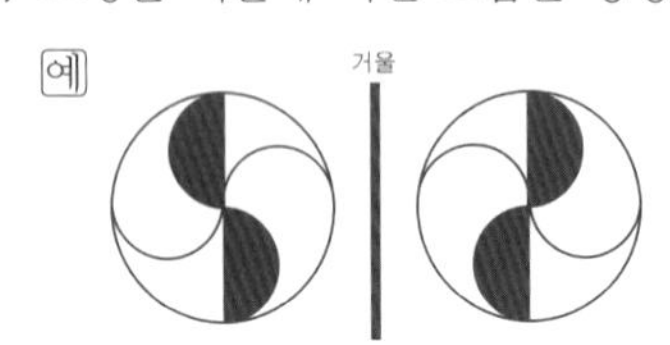

대표유형 길라잡이!

다음 그림을 상하로 뒤집은 후, 시계 방향으로 90° 회전시킨 것은?

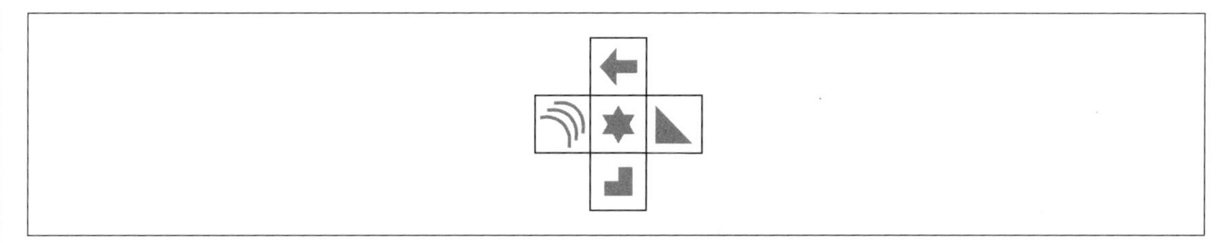

①

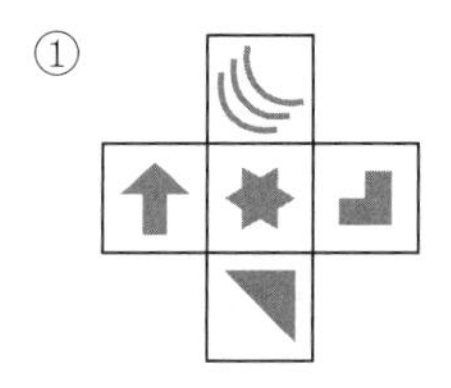

②

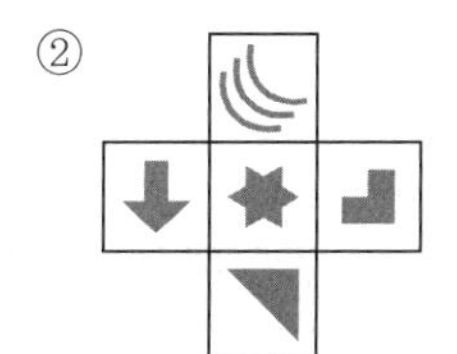

③

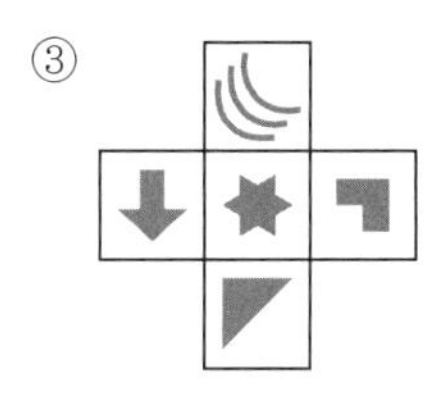

④

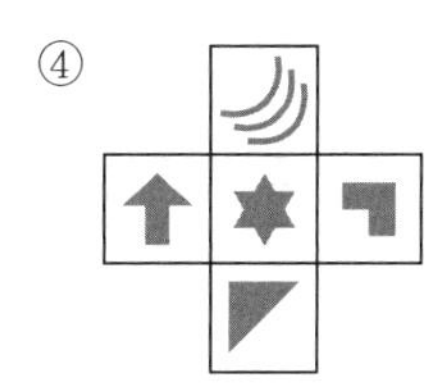

정답 ①

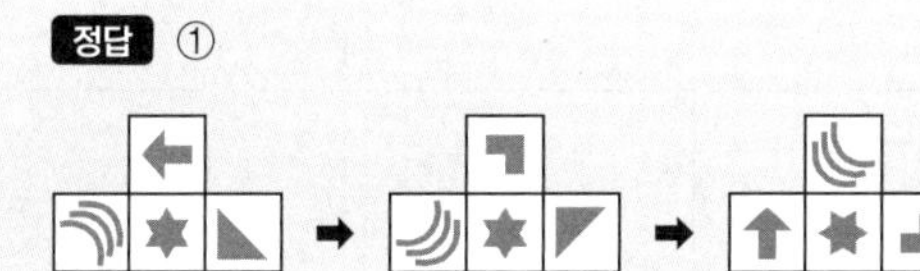

02 전개도 · 주사위

(1) 전개도 문제 해결 방법

① 면의 개수를 비교한다.

② 도형의 특징(옆면, 밑면)을 비교한다.

③ 기준면을 정하여 면에 맞닿는 면과 마주보는 면을 서로 비교한다.

④ 전개도에서 맞닿는 면에 서로 번호를 붙여 생각한다.

⑤ 그림에 들어간 전개도에서 그림 간의 관계를 비교한다.

(2) 정다면체의 종류

구분	도형모양	전개도	꼭짓점의 수	모서리의 수	면의 수
정사면체			4	6	4
정육면체			8	12	6
정팔면체			6	12	8
정십이면체			20	30	12
정이십면체			12	30	20

※ 오일러의 공식(v : 꼭짓점의 수, e : 모서리의 수, f : 면의 수)

$v-e+f=2$

예 정이십면체의 모서리는 30개이다. 꼭짓점의 개수는?

$v-30+20=2 \rightarrow v=12$개

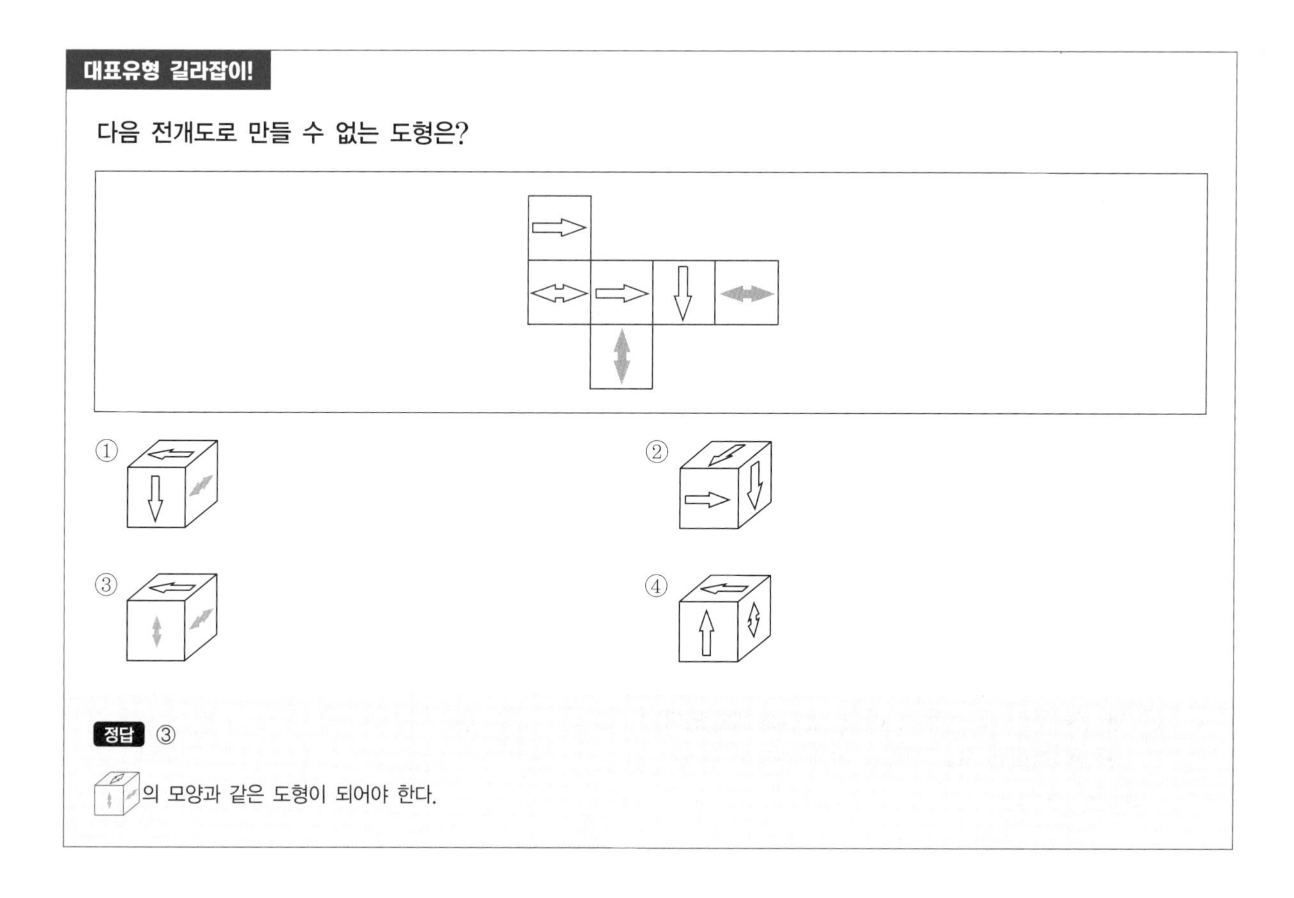

대표유형 길라잡이!

다음 전개도로 만들 수 없는 도형은?

① ②

③ ④

정답 ③

의 모양과 같은 도형이 되어야 한다.

03 블록 · 단면도

(1) 블 록

① 블록의 개수

㉠ 밑에서 위쪽으로 차근차근 세어간다.

㉡ 층별로 나누어 세면 수월하다.

㉢ 숨겨져 있는 부분을 정확히 찾아내는 연습이 필요하다.

㉣ 빈 곳에 블록을 채워서 세면 쉽게 해결된다.

예

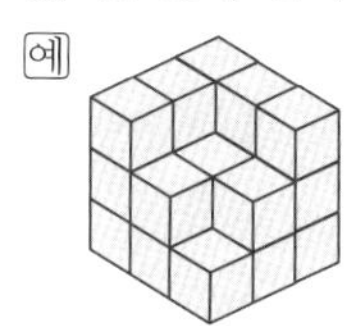

1층 : 9개, 2층 : 8개, 3층 : 5개

블록의 총 개수는 9 + 8 + 5 = 22개

② 블록의 최대·최소 개수

㉠ 최대 개수 : 앞면과 우측면의 층별 블록의 개수의 곱의 합

예

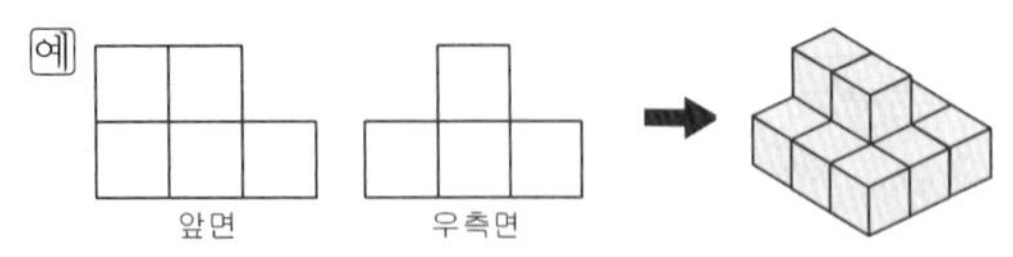

블록의 최대 개수는 $3 \times 3 + 2 \times 1 = 11$개

㉡ 최소 개수 : 앞면의 블록의 개수+우측면의 블록의 개수−중복되는 블록의 개수

예

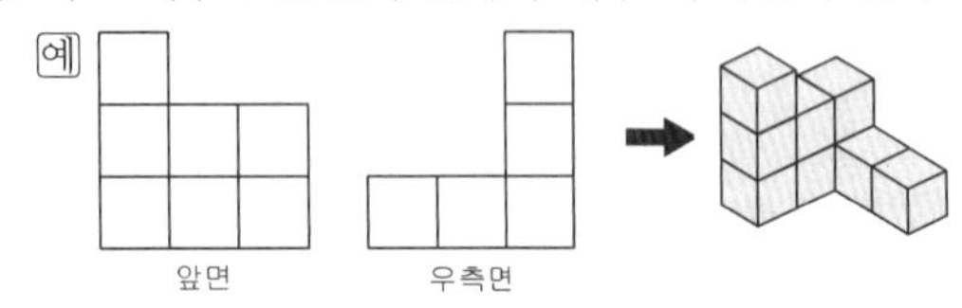

앞면의 블록 3개와 우측면의 블록 3개가 겹친다.

따라서 블록의 최소 개수는 $7 + 5 - 3 = 9$개

③ 블록의 면적

㉠ 사각형 한 단면의 면적은 '가로 × 세로'의 값이다.

㉡ 면적을 구할 때는 상하, 좌우, 앞뒤로 계산한다.

㉢ 각각의 면의 면적을 합치면 전체 블록의 면적이 된다.

예

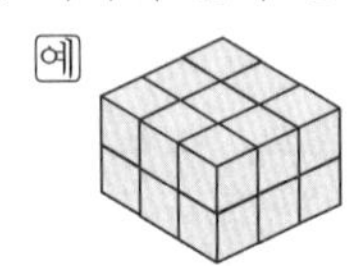

바닥면의 면적은 제외하고 블록 하나의 면적을 1이라 하면

윗면 : 9

옆면 : $6 \times 4 = 24$

쌓여 있는 블록의 면적은 $24 + 9 = 33$

대표유형 길라잡이!

크기가 같은 정육면체 블록을 이용하여 다음 그림과 같이 쌓으려면 최소 몇 개의 블록이 필요한가?

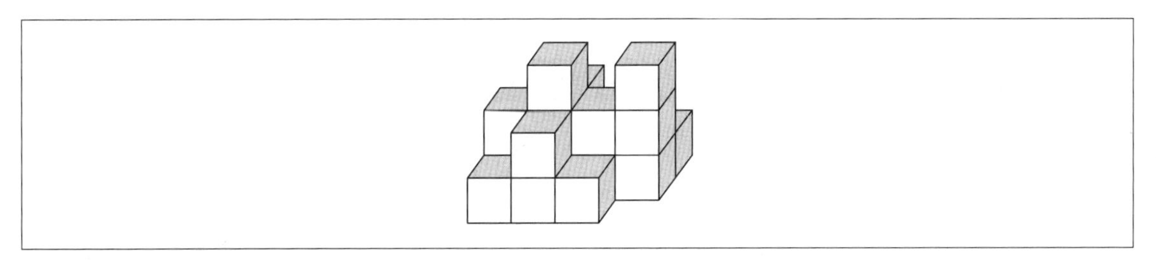

① 14개　　② 15개

③ 16개　　④ 17개

정답 ④

1층 : 9개, 2층 : 6개, 3층 : 2개

∴ 9 + 6 + 2 = 17개

(2) 단면도(절단도형)

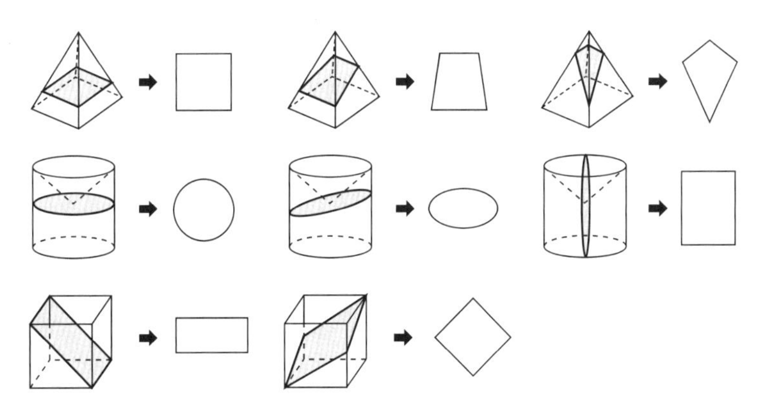

04 회전체 · 종이접기

(1) 회전체

구분	원기둥	원뿔	원뿔대	구
도형 모양				
전개도				–
회전시킬 때의 평면도형				
회전축에 수직인 평면으로 잘랐을 때의 단면	원	원	원	원
회전축을 포함하는 평면으로 잘랐을 때의 단면	직사각형	이등변 삼각형	사다리꼴	원

(2) 종이접기의 예

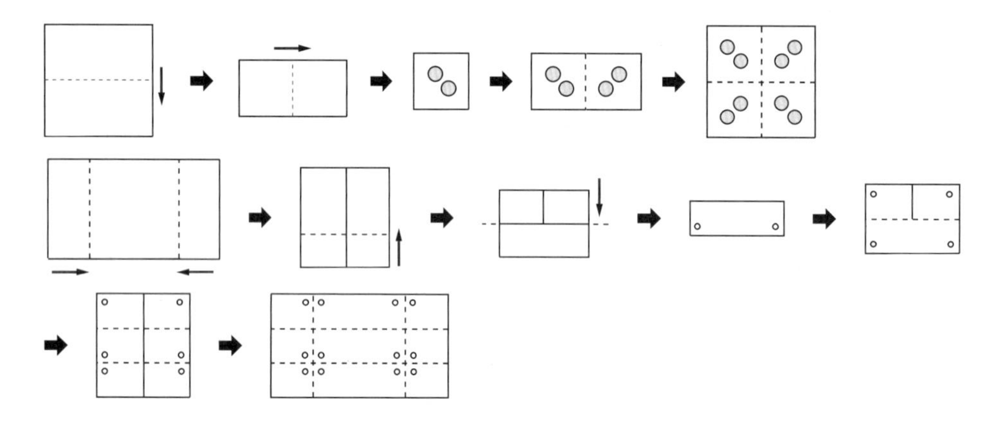

대표유형 길라잡이!

다음 그림에서 세로축을 중심으로 돌렸을 때 나타나는 회전체는?

① 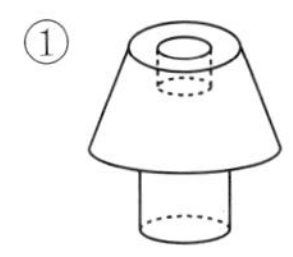

② 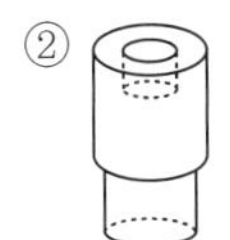

③ 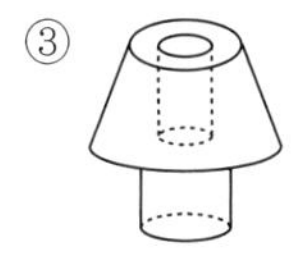

④ 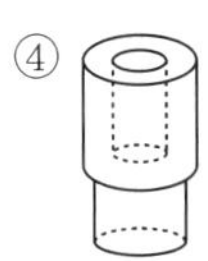

정답 ①

축을 기준으로 도형을 대칭시키면 다음과 같은 도형의 단면도를 얻을 수 있다.
위 단면도에 해당하는 입체도형은 ①·③ 중, 가운데 공간이 작은 ①이 정답이다.

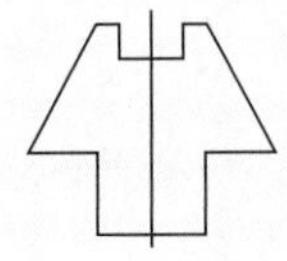

※ 다음 중 제시된 도형과 같은 것을 고르시오. [191~193]

확인 Check! ○ △ ×

풀이시간 30초

191

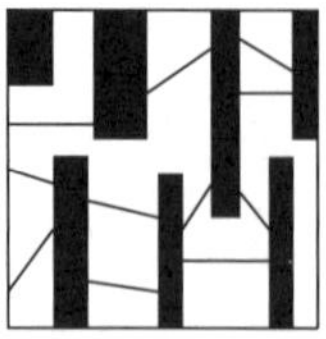

①

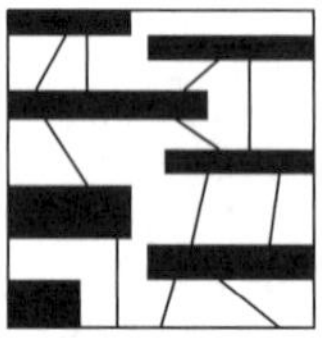

②

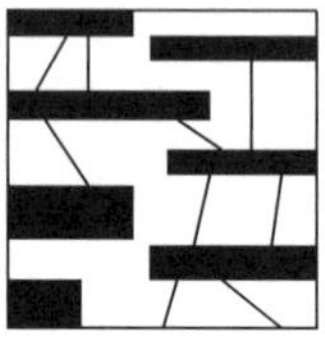

③

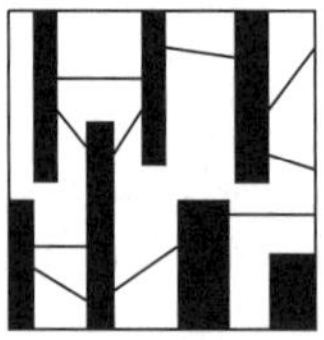

④

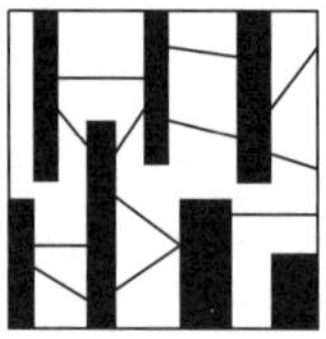

⑤

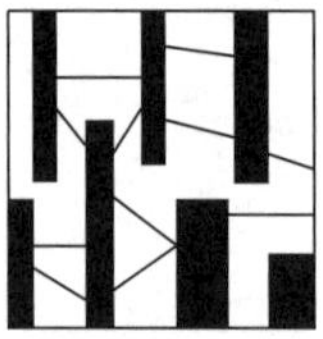

확인 Check! ○ △ ×

풀이시간 30초

192

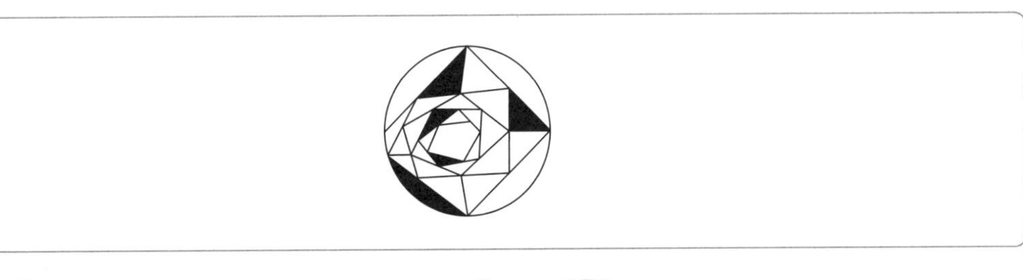

①

②

③
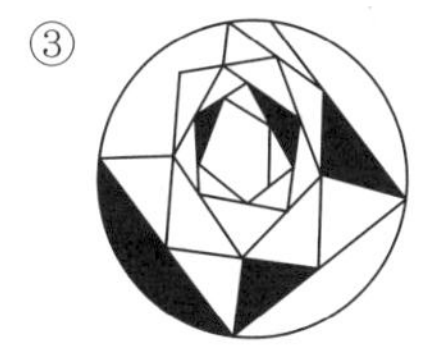

④

⑤
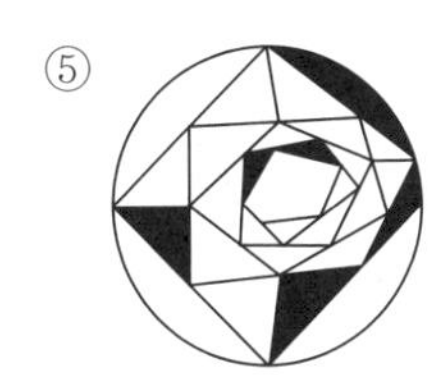

확인 Check! ○ △ ×

풀이시간 30초

193

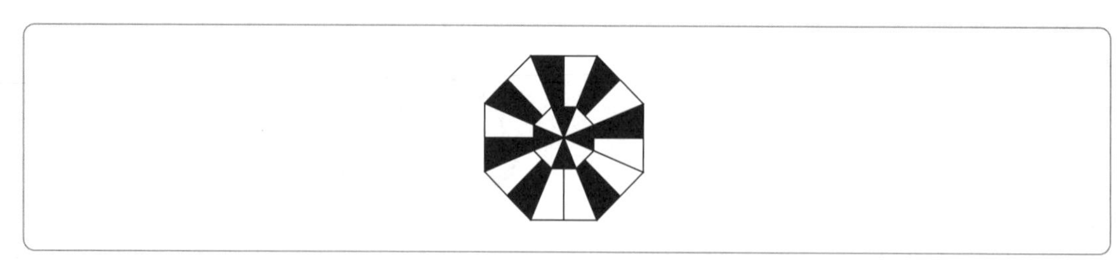

①

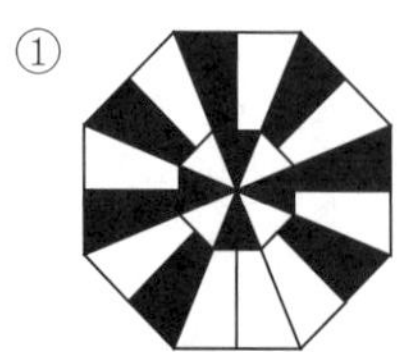

②

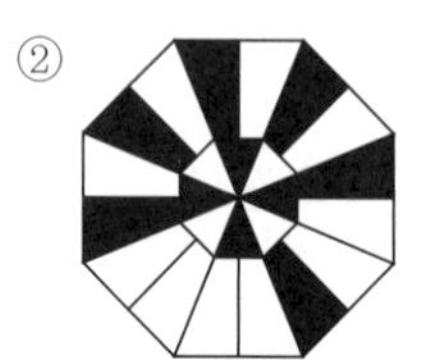

③

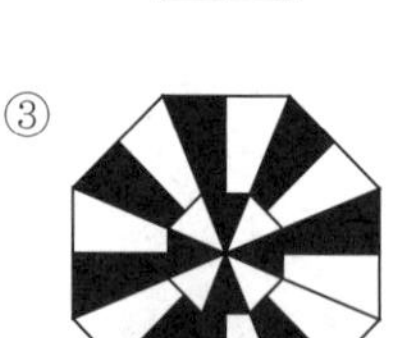

④

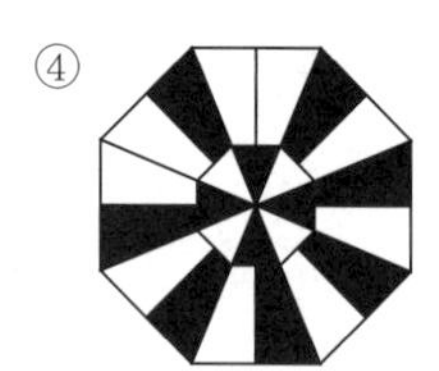

⑤

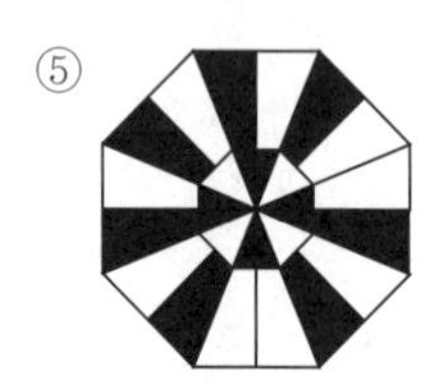

※ 다음 중 나머지 도형과 다른 것을 고르시오. [194~196]

확인 Check! ○ △ ×

풀이시간 45초

194

① 

② 

③ 

④ 

⑤ 

확인 Check! ○ △ ×

풀이시간 45초

195

① 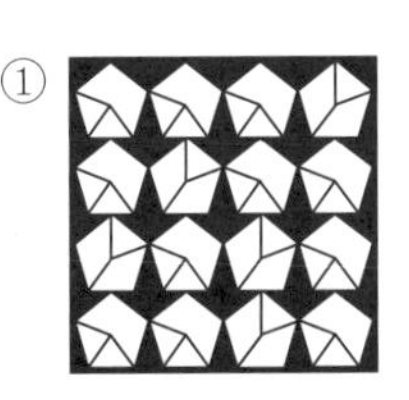

② 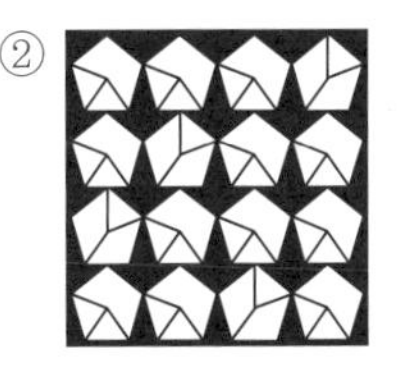

③ 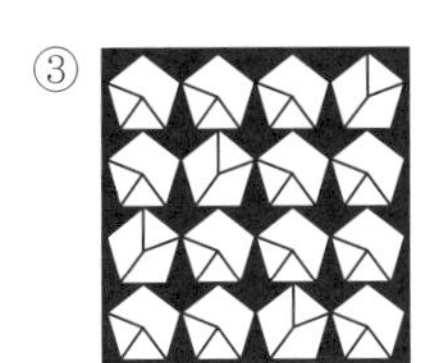

④ 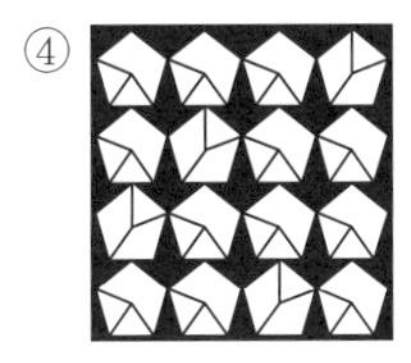

⑤ 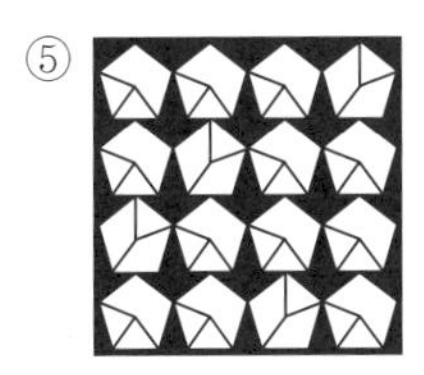

확인 Check! ○ △ ×

풀이시간 45초

196

①

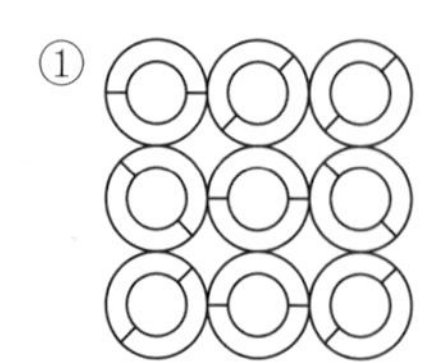

②

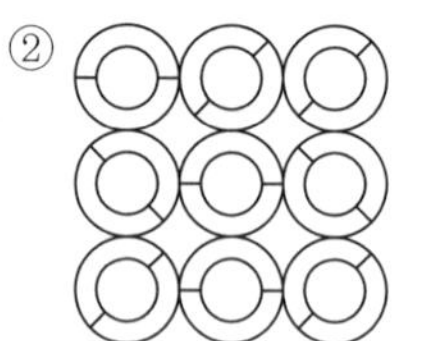

③

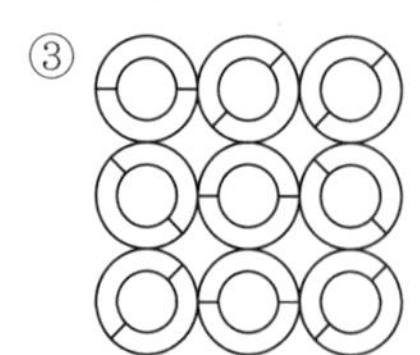

④

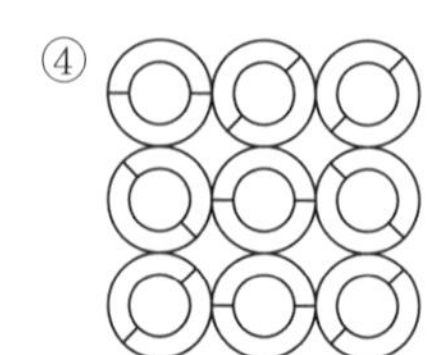

⑤

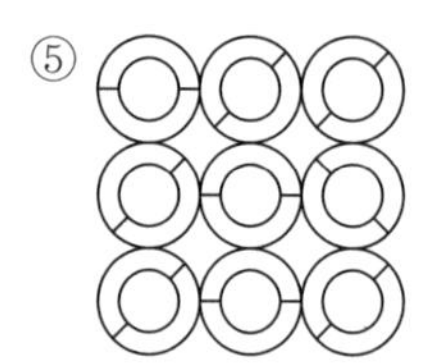

풀이시간 30초

197 다음 도형을 시계 반대 방향으로 90° 회전한 후, 상하 반전한 모양은?

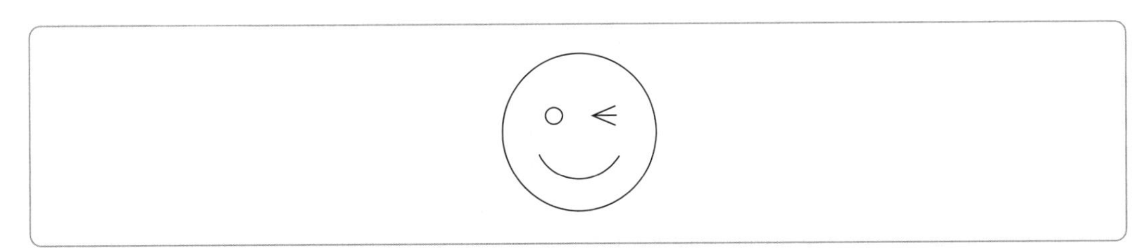

①

②

③

④

⑤

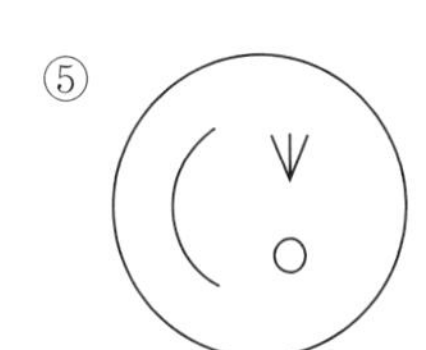

확인 Check! ○ △ ×

풀이시간 30초

198 다음 도형을 좌우 반전한 후, 180° 회전한 모양은?

① 

② 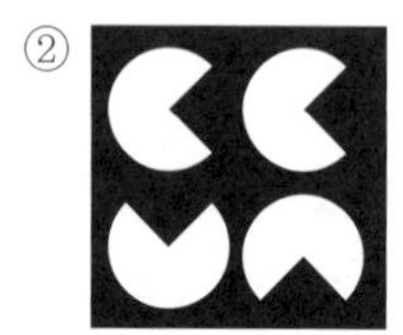

③ 

④ 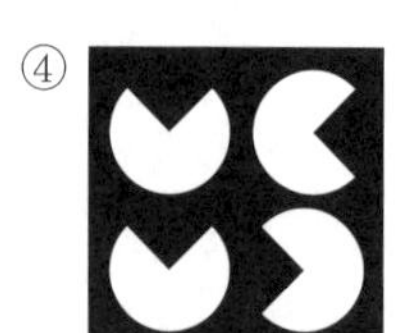

⑤ 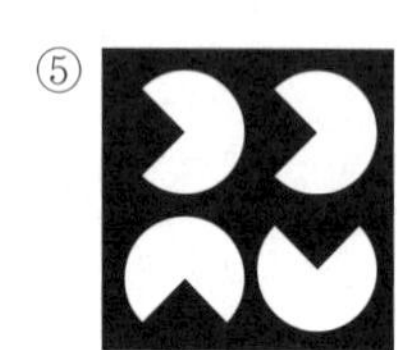

확인 Check! ○ △ ×

풀이시간 30초

199 다음 도형을 시계 방향으로 90° 회전한 후, 거울에 비춘 모양은?

① 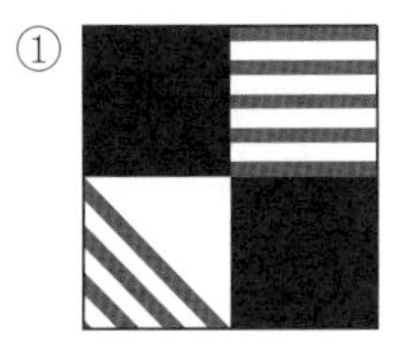

② 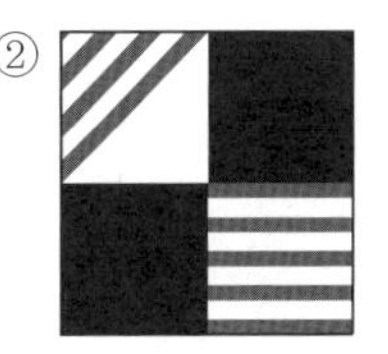

③ 

④ 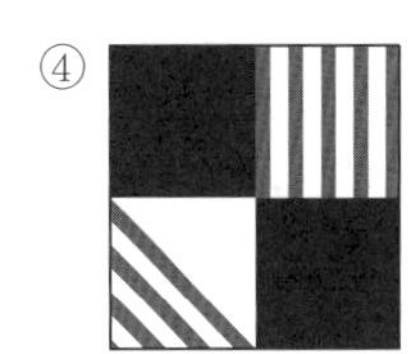

⑤ 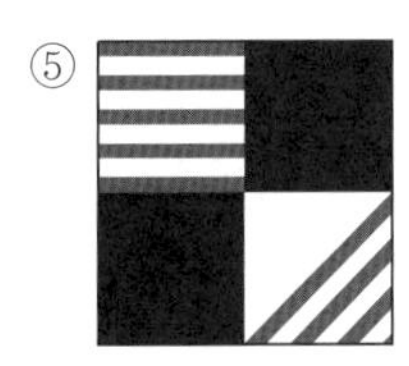

풀이시간 30초

200 다음 도형을 좌우 반전한 후, 시계 방향으로 90° 회전한 모양은?

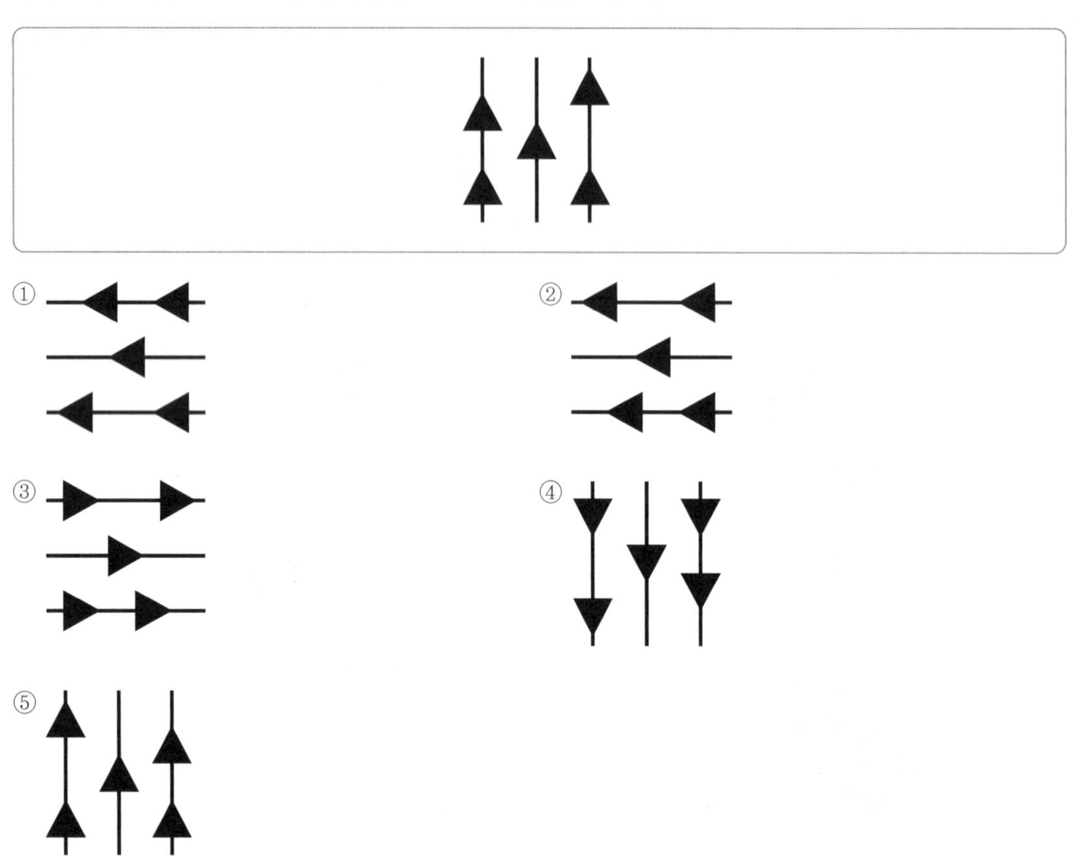

확인 Check! ○ △ ×

풀이시간 30초

201 일정한 규칙으로 도형을 나열할 때, ?에 들어갈 알맞은 도형은?

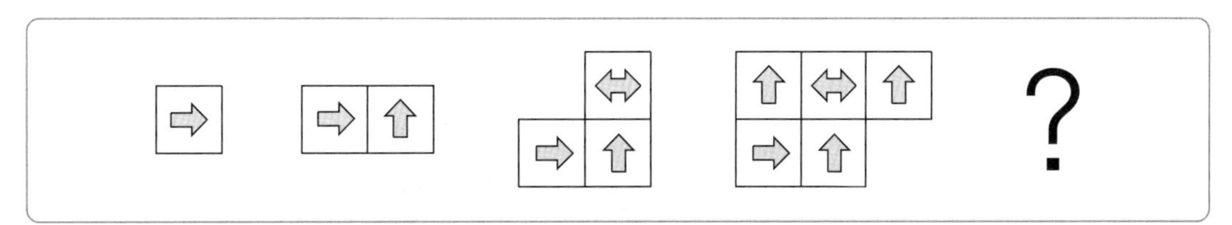

①
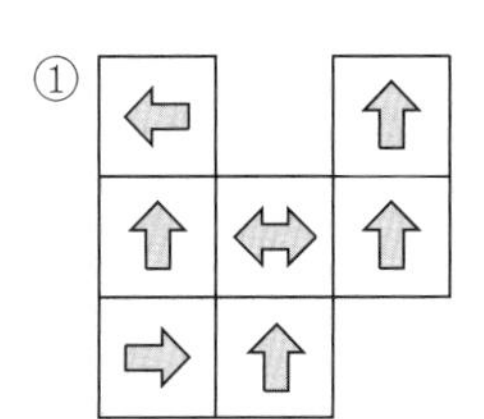

②
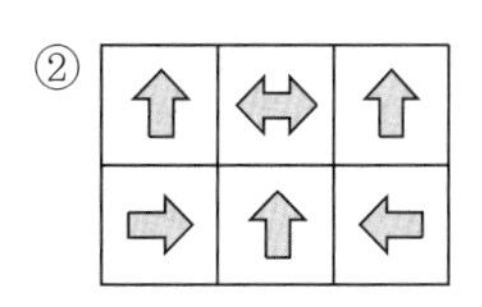

③
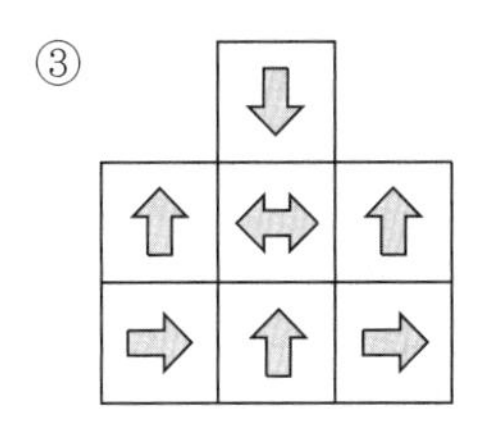

④
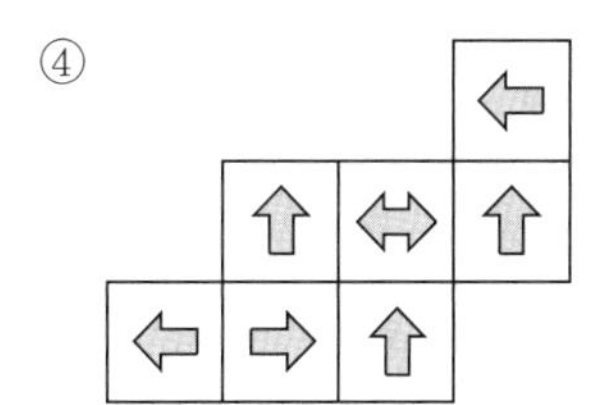

⑤
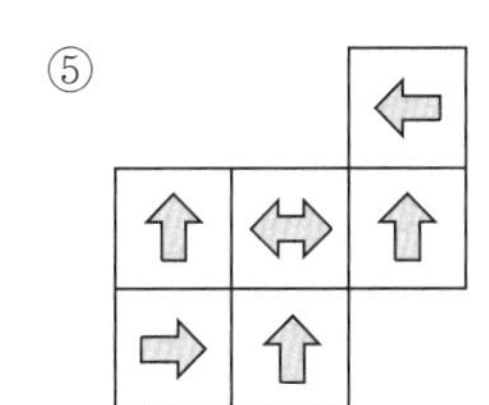

풀이시간 45초

202 제시된 전개도를 접었을 때 나타나는 입체도형으로 알맞은 것은?

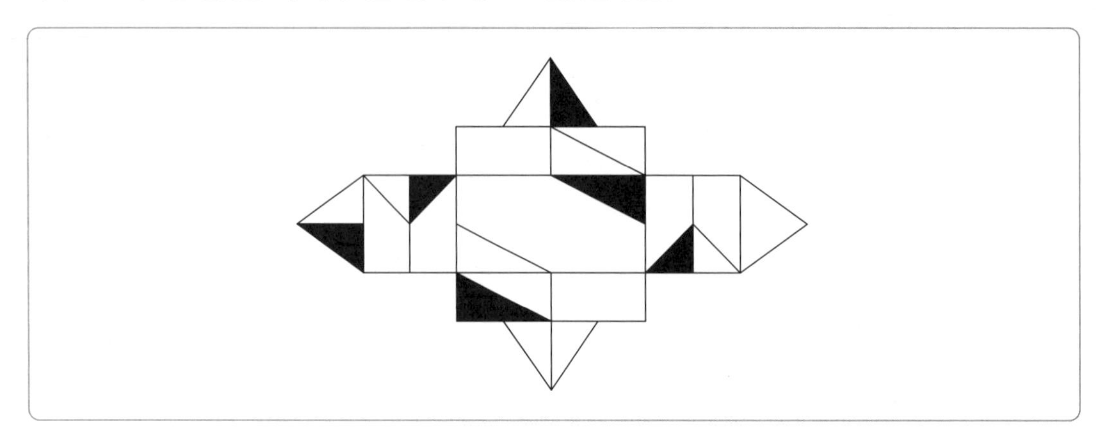

①
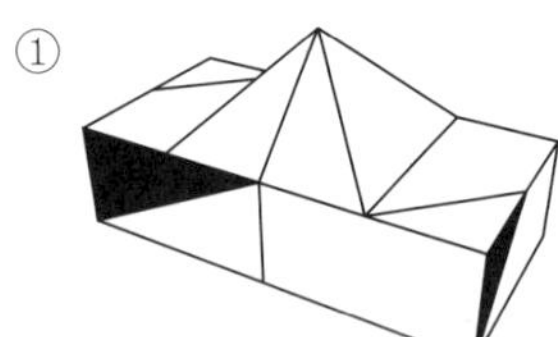

②
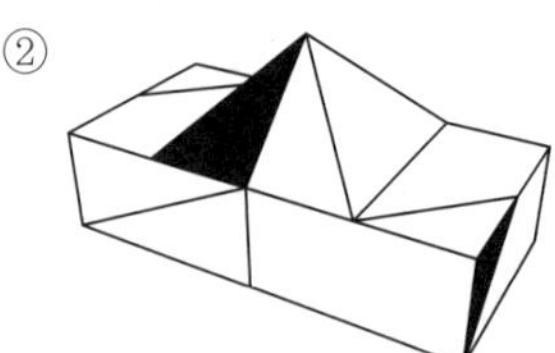

③
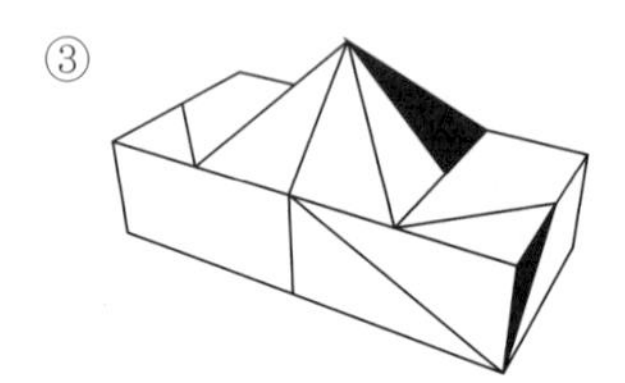

④
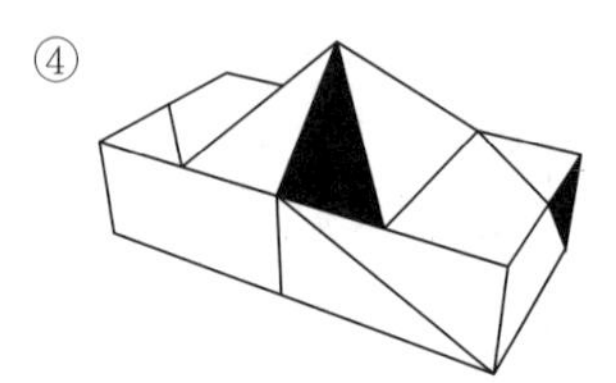

⑤
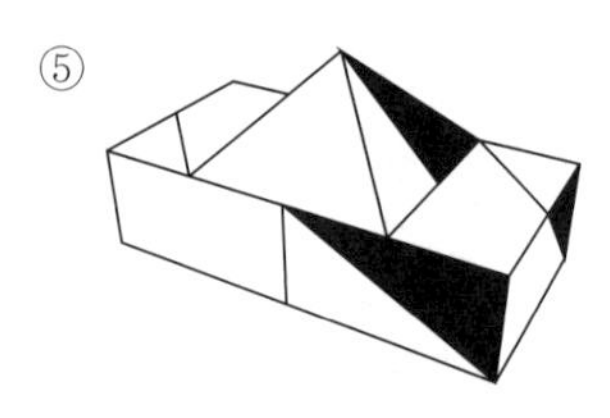

※ 다음 블록의 개수는 몇 개인지 고르시오(단, 보이지 않는 곳의 블록은 있다고 가정한다). [203~207]

확인 Check! ○ △ ×

풀이시간 30초

203

① 8개
② 9개
③ 10개
④ 11개
⑤ 12개

확인 Check! ○ △ ×

풀이시간 30초

204

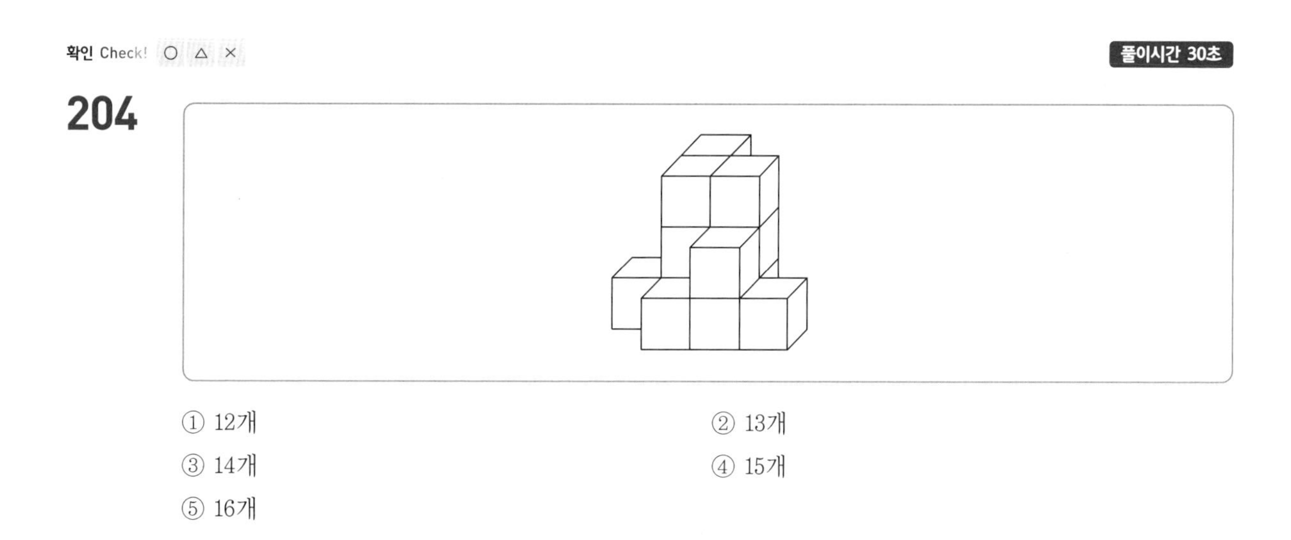

① 12개
② 13개
③ 14개
④ 15개
⑤ 16개

확인 Check! ○ △ ×

풀이시간 30초

205

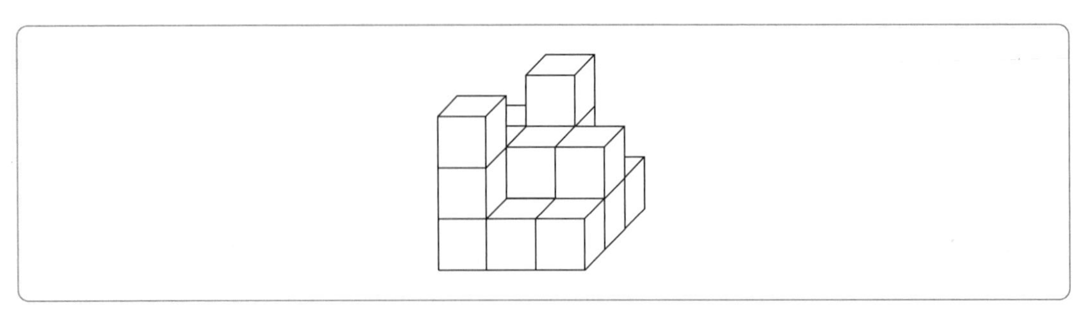

① 15개
② 16개
③ 17개
④ 18개
⑤ 19개

확인 Check! ○ △ ×

풀이시간 30초

206

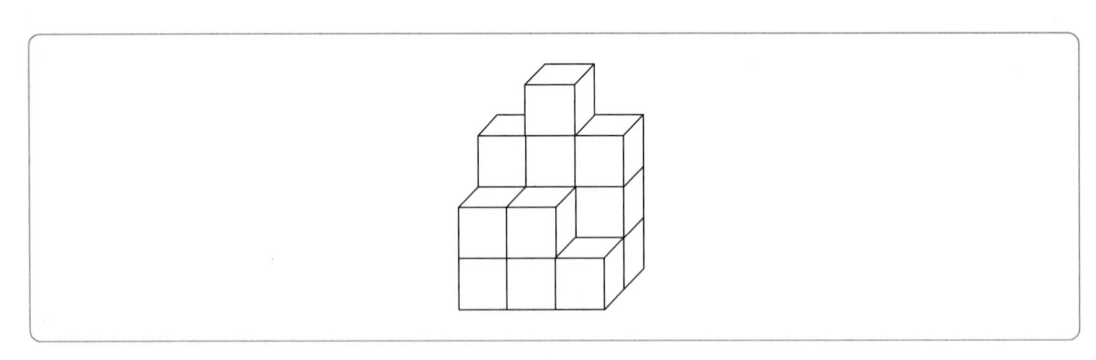

① 15개
② 16개
③ 17개
④ 18개
⑤ 19개

확인 Check! ○ △ ×

풀이시간 30초

207

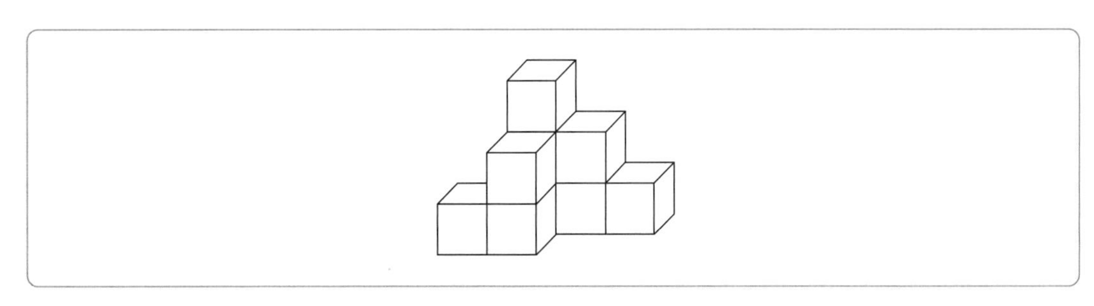

① 8개　② 9개
③ 10개　④ 11개
⑤ 12개

※ 다음 그림과 같이 쌓인 블록의 평면도 혹은 입면도로 옳지 않은 것을 고르시오. [208~209]

확인 Check! ○ △ ×

풀이시간 30초

208

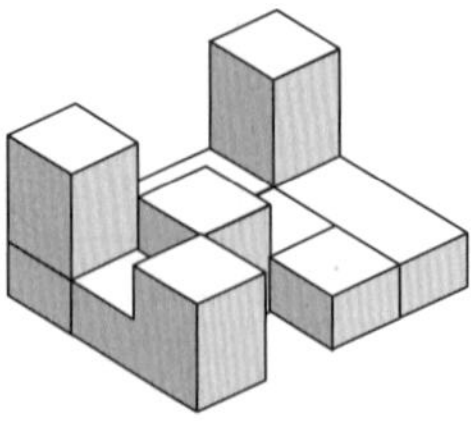

①

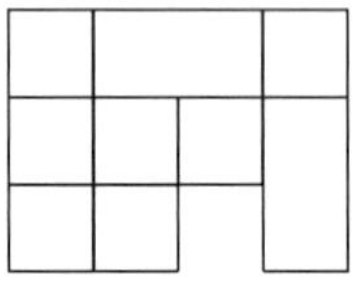

②

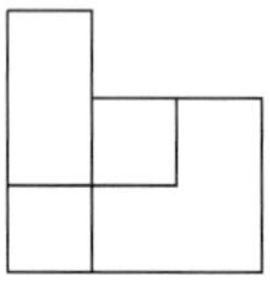

③

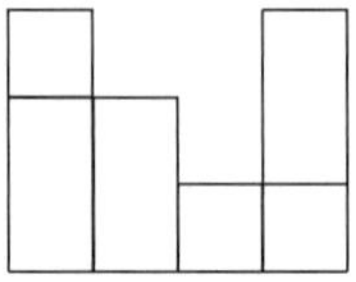

④

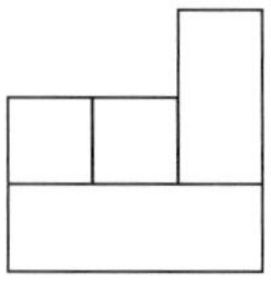

⑤

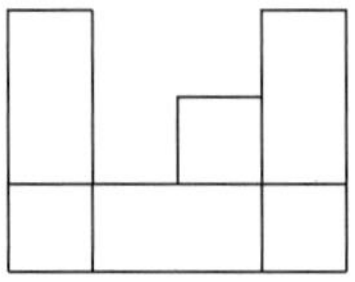

확인 Check! ○ △ ×

풀이시간 30초

209

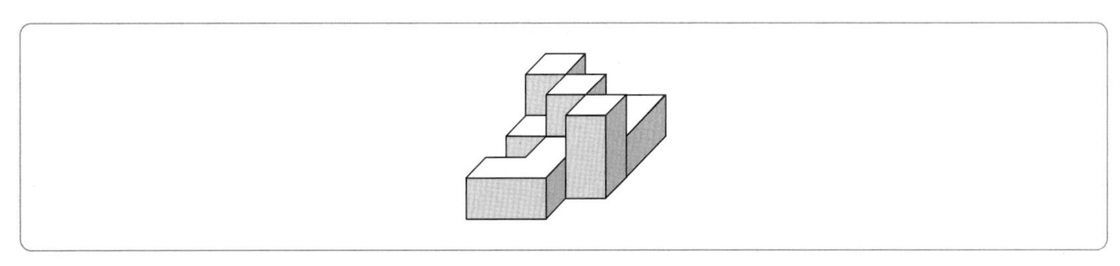

① 〈위〉

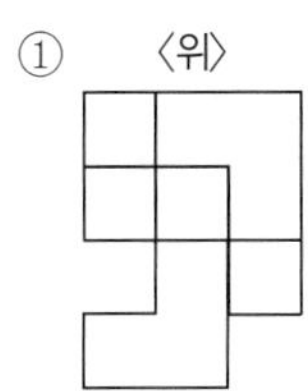

② 〈오른쪽〉

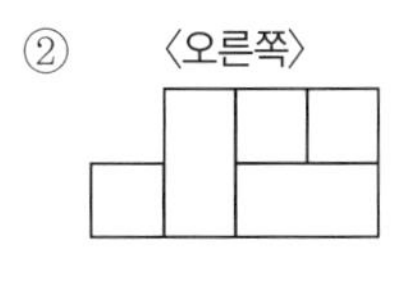

③ 〈앞〉

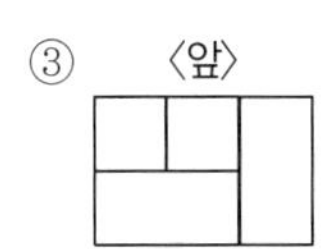

④ 〈왼쪽〉

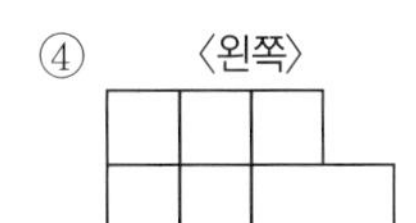

⑤ 〈뒤〉

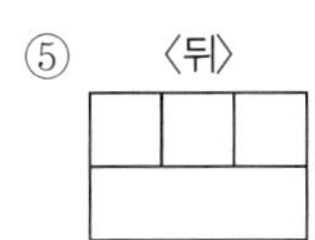

확인 Check! ○ △ ×

풀이시간 30초

210 다음 도형을 축을 중심으로 회전시켰을 때 만들어지는 입체도형으로 알맞은 것은?

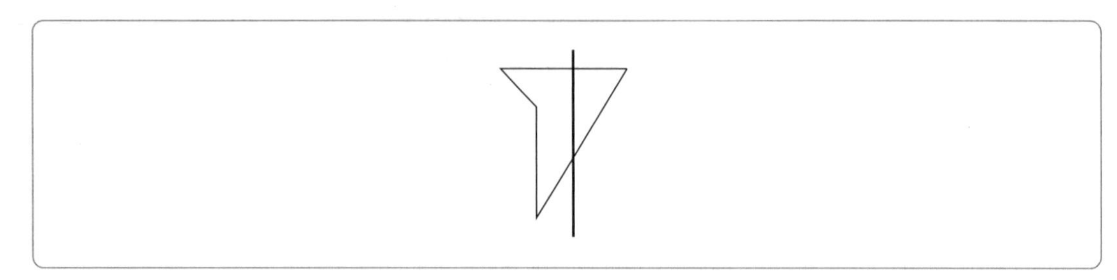

①

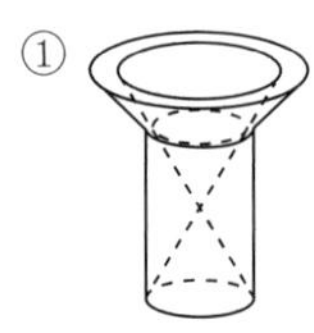

②

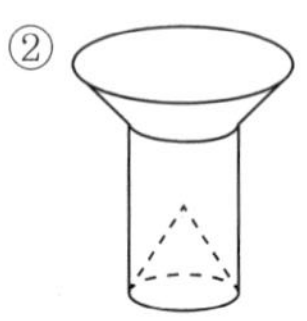

③

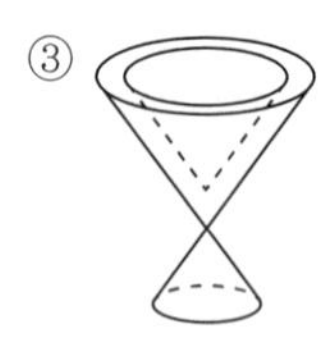

④

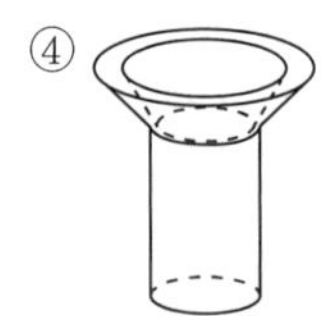

⑤

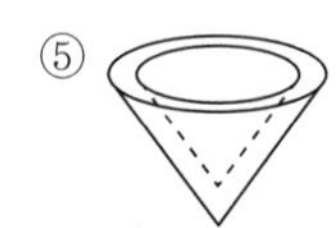

확인 Check! ○ △ ×

풀이시간 60초

211 다음 제시된 전개도 중 정육각형으로 접었을 때 모양이 일치하지 않는 것은?

①

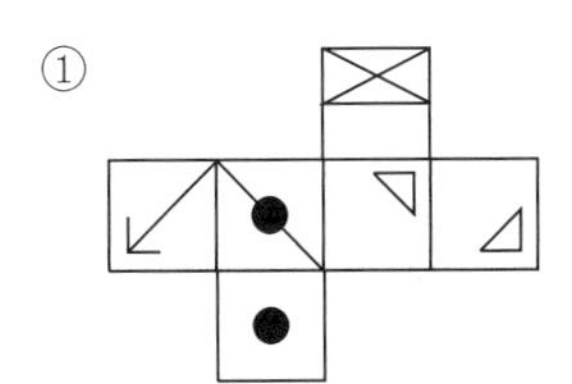

②

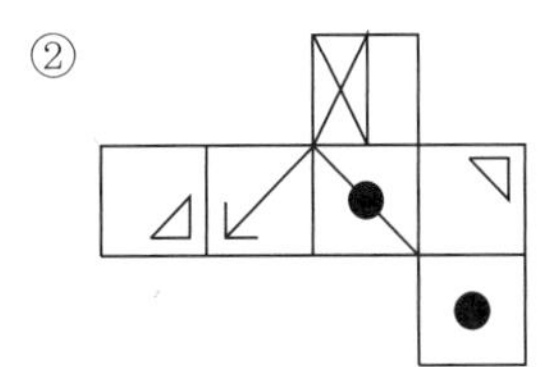

③

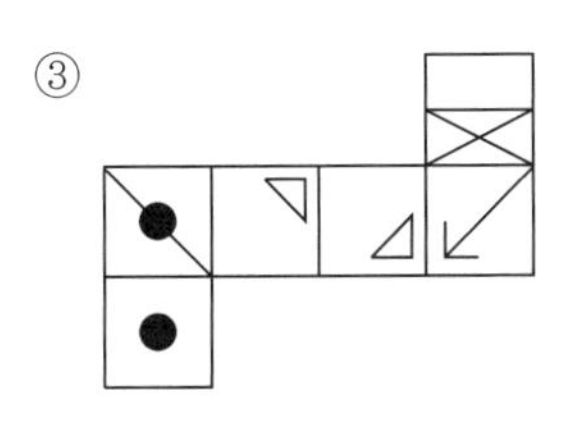

④

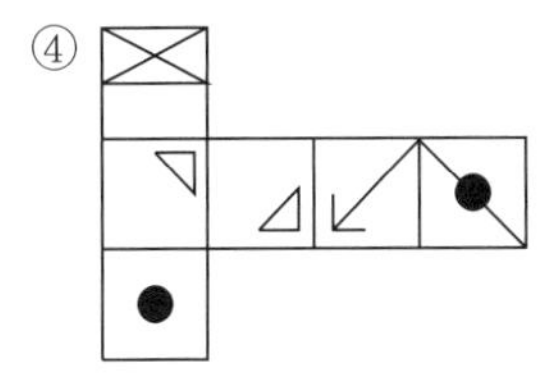

⑤

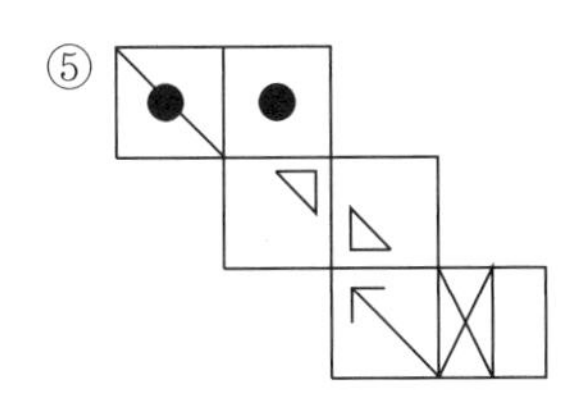

확인 Check! ○ △ ×

풀이시간 60초

212 다음 제시된 전개도 중 정육각형으로 접었을 때 모양이 일치하지 않는 것은?

①
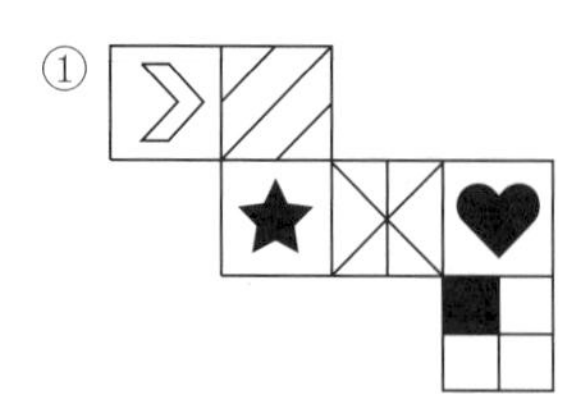

②
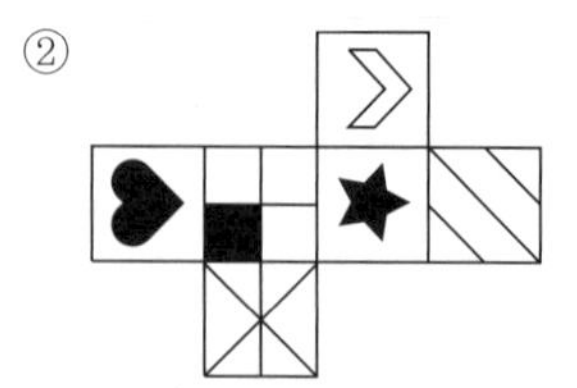

③
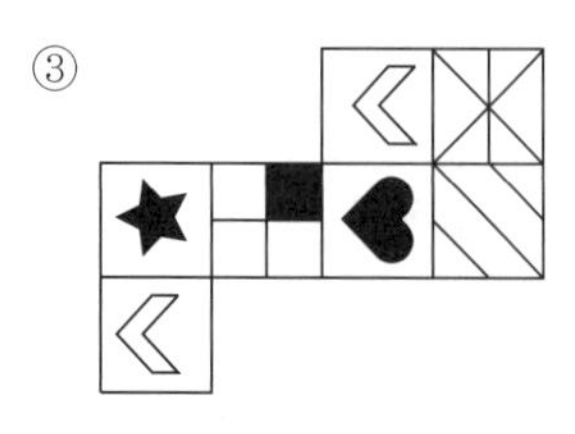

④
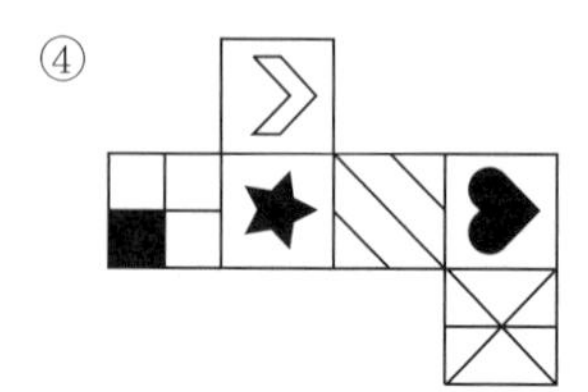

⑤
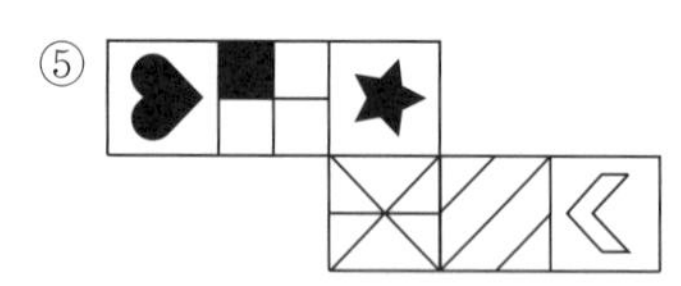

213 다음 제시된 전개도 중 정육각형으로 접었을 때 모양이 일치하지 <u>않는</u> 것은?

①
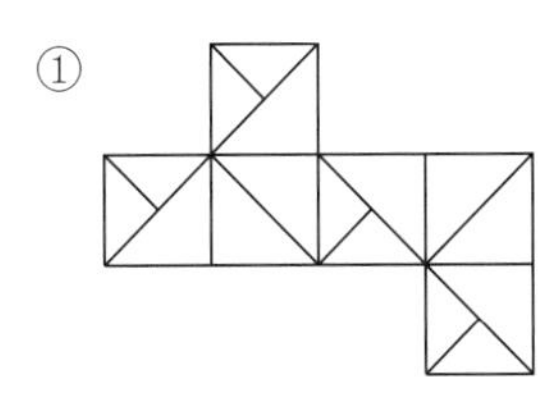

②
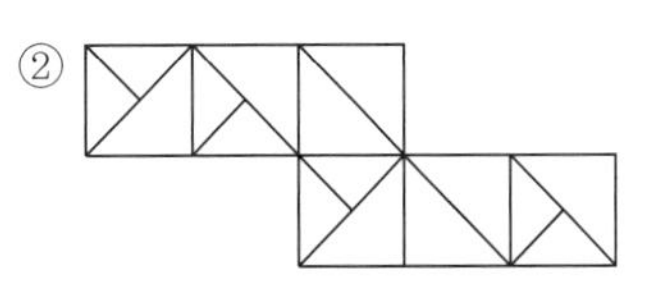

③
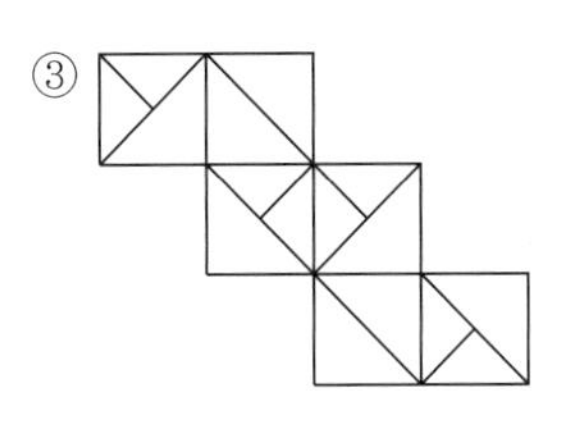

④
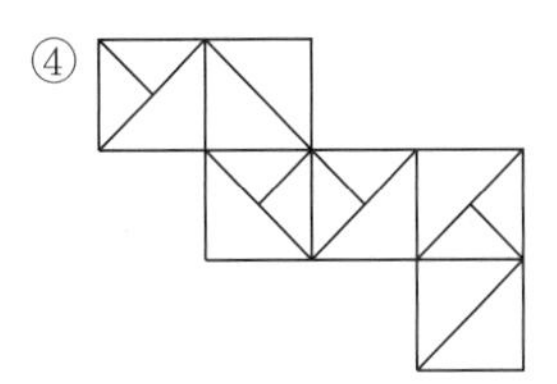

⑤
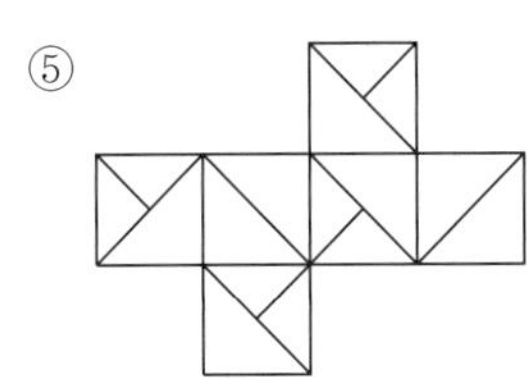

확인 Check! ○ △ ×

풀이시간 60초

214 다음 제시된 전개도 중 정육각형으로 접었을 때 모양이 일치하지 않는 것은?

①
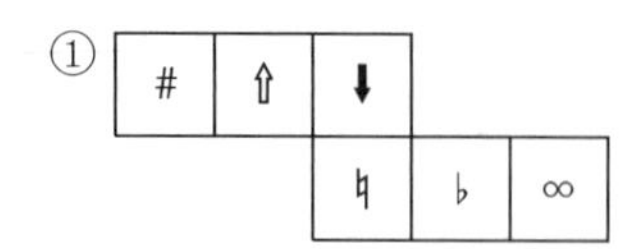

②
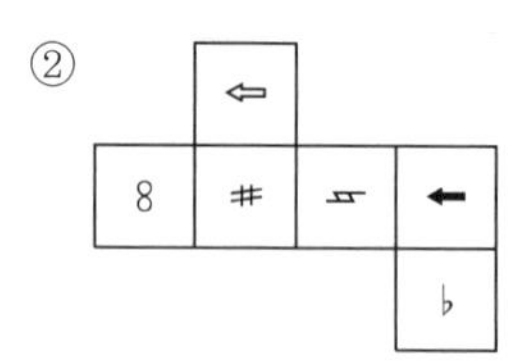

③
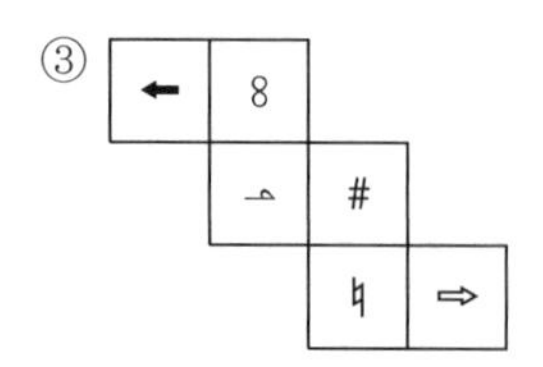

④
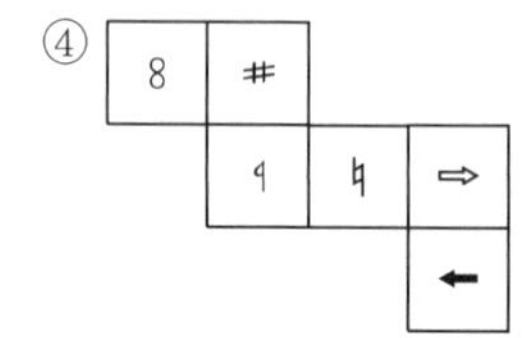

⑤
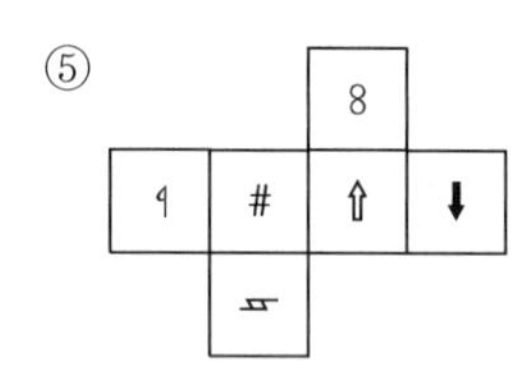

확인 Check! ○ △ ×

풀이시간 45초

215 다음 제시된 전개도에 맞는 도형을 고르면?

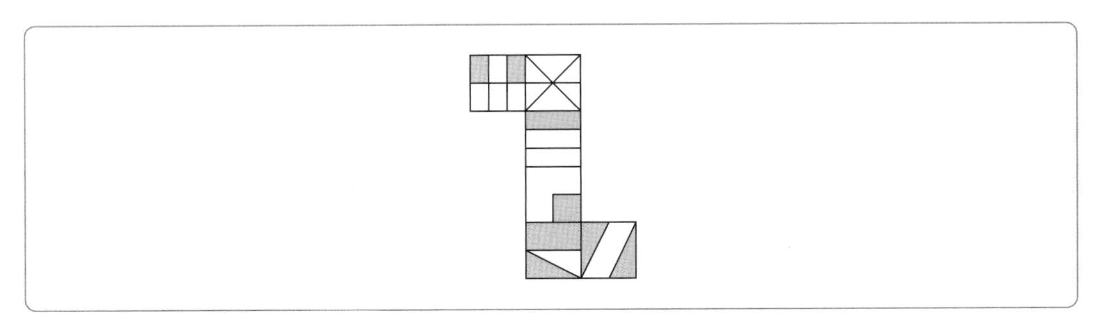

①

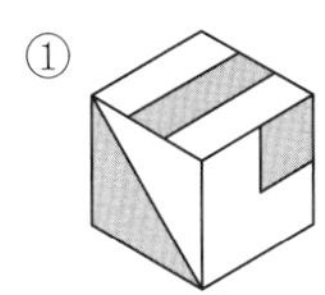

②

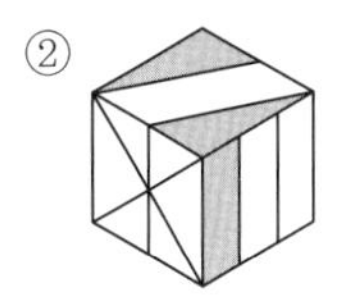

③

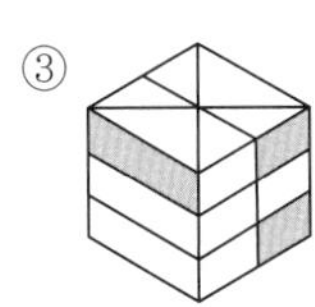

④

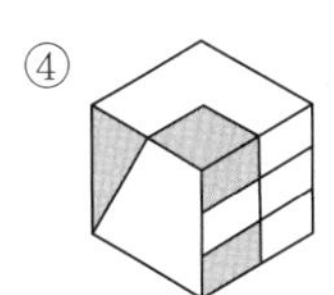

⑤

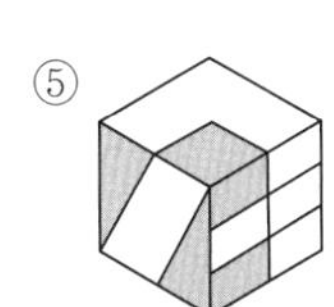

확인 Check! ○ △ ×

풀이시간 45초

216 다음 제시된 전개도에 맞는 도형을 고르면?

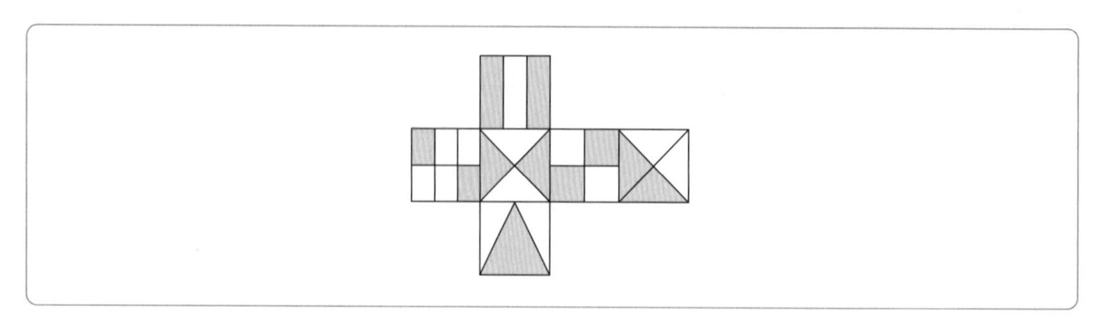

①
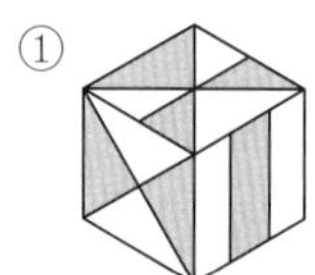

②
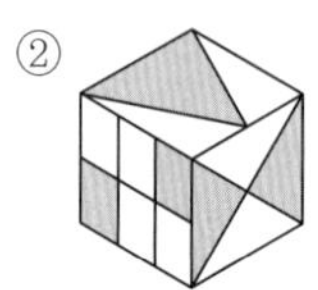

③
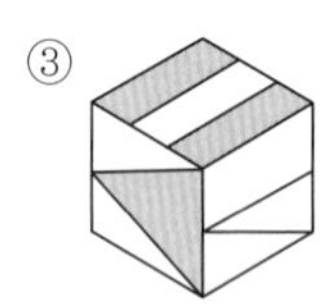

④
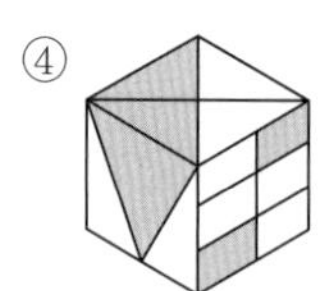

⑤
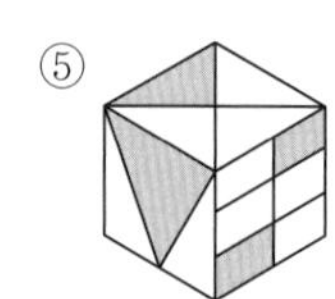

풀이시간 60초

217

다음 제시된 전개도에 맞게 정육면체를 만들 때, 볼 수 없는 것은?

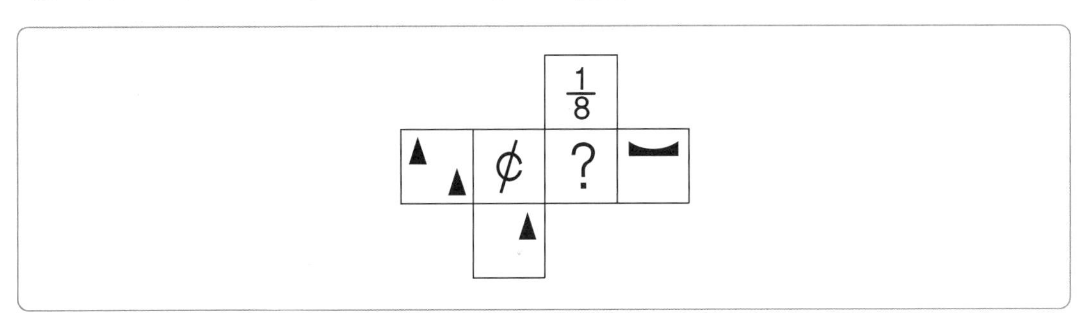

①
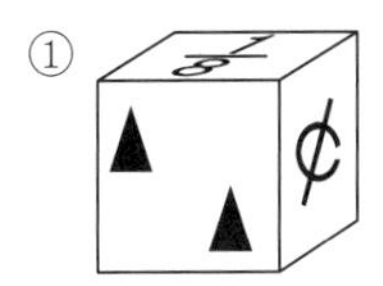

②
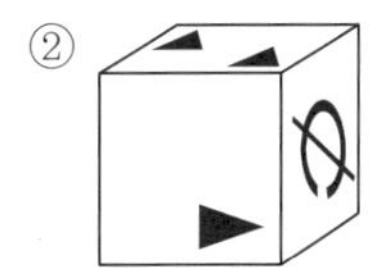

③

④
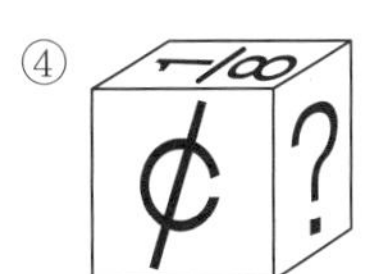

⑤

확인 Check! ○ △ ×

풀이시간 60초

218 다음 제시된 전개도에 맞게 정육면체를 만들 때, 볼 수 없는 것은?

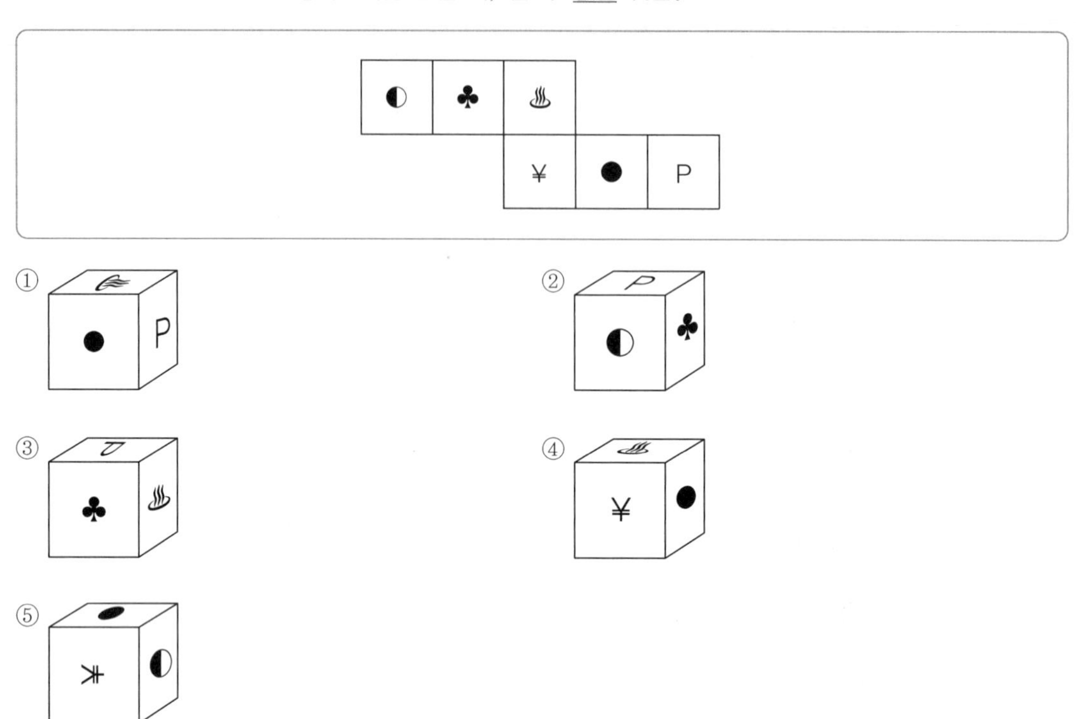

확인 Check! ○ △ ×

풀이시간 45초

219 아래 세 개의 그림 중 왼쪽 그림과 같은 전개도로 접은 정육면체를 가운데 그림과 같이 공간에 배치시켰다. 정육면체를 오른쪽 그림과 같은 배치로 '굴려서' 이동시킨다고 할 때 어떤 방향으로 굴려야 하겠는가?

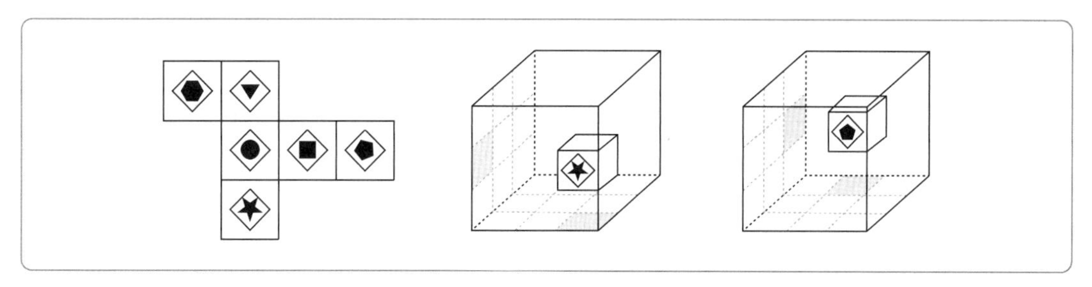

① 좌후후
② 후후좌
③ 전우후
④ 후좌후
⑤ 후우전

확인 Check! ○ △ ×

풀이시간 45초

220 아래 세 개의 그림 중 왼쪽 그림과 같은 전개도로 접은 정육면체를 가운데 그림과 같이 공간에 배치시켰다. 정육면체를 오른쪽 그림과 같은 배치로 '굴려서' 이동시킨다고 할 때 어떤 방향으로 굴려야 하겠는가?

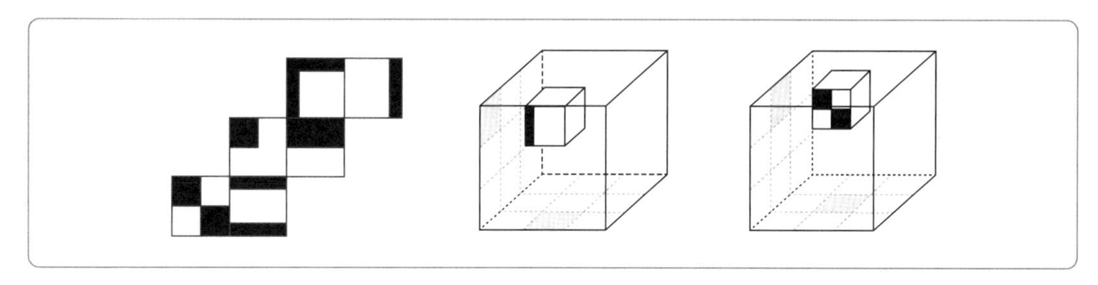

① 우후좌
② 좌후우
③ 전좌우
④ 후우좌
⑤ 우좌좌

확인 Check! ○ △ ×

풀이시간 45초

221 아래 세 개의 그림 중 왼쪽 그림과 같은 전개도로 접은 정육면체를 가운데 그림과 같이 공간에 배치시켰다. 정육면체를 오른쪽 그림과 같은 배치로 '굴려서' 이동시킨다고 할 때 어떤 방향으로 굴려야 하겠는가?

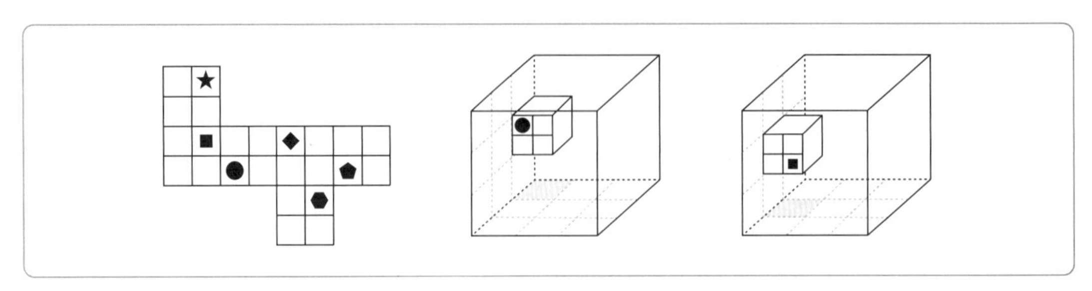

① 우전좌
② 우좌전
③ 좌전우
④ 전전좌
⑤ 후전후

확인 Check! ○ △ ×

풀이시간 45초

222 아래 세 개의 그림 중 왼쪽 그림과 같은 전개도로 접은 정육면체를 가운데 그림과 같이 공간에 배치시켰다. 정육면체를 오른쪽 그림과 같은 배치로 '굴려서' 이동시킨다고 할 때 어떤 방향으로 굴려야 하겠는가?

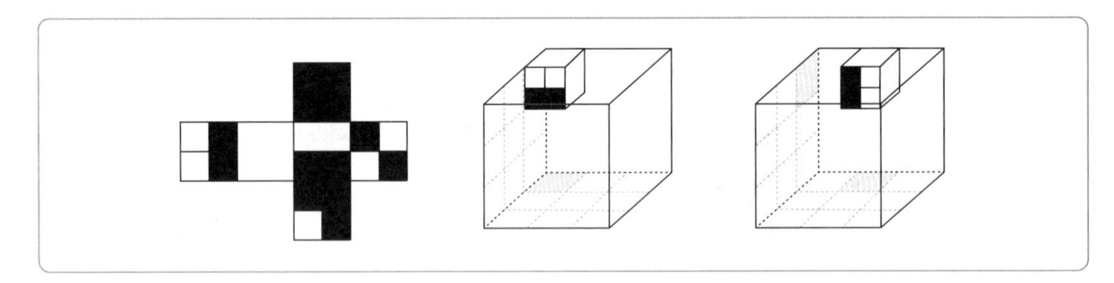

① 전우우
② 전우후
③ 전전우
④ 우좌우
⑤ 후우전

확인 Check! ○ △ ×

풀이시간 45초

223 종이를 다음과 같이 접었을 때 뒷면의 모양으로 적절한 것은?

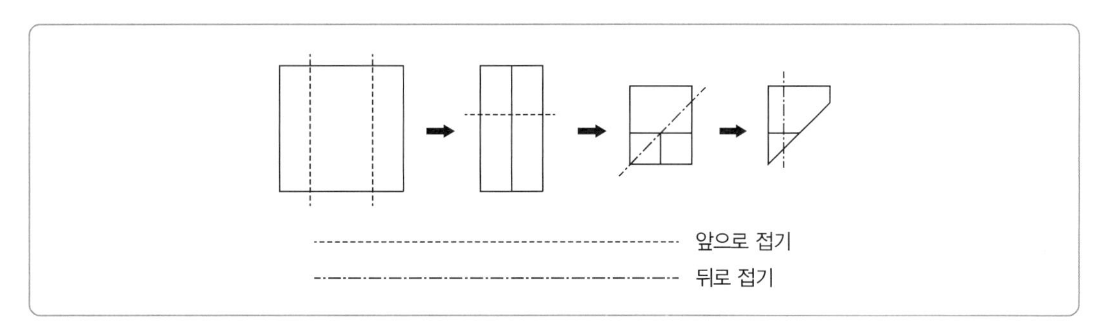

①
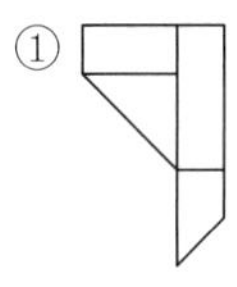

②
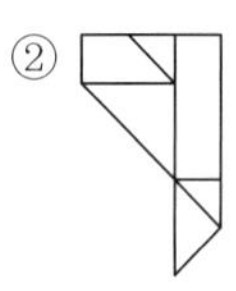

③
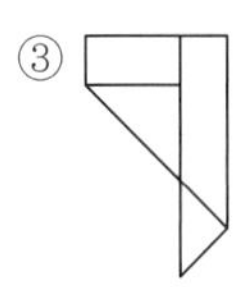

④
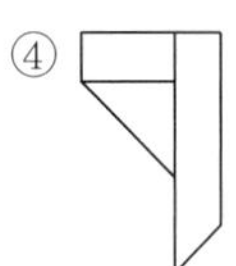

⑤
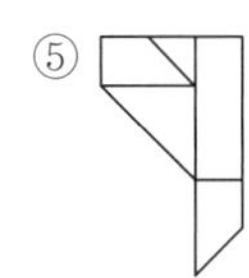

224 종이를 다음과 같이 접었을 때 뒷면의 모양으로 적절한 것은?

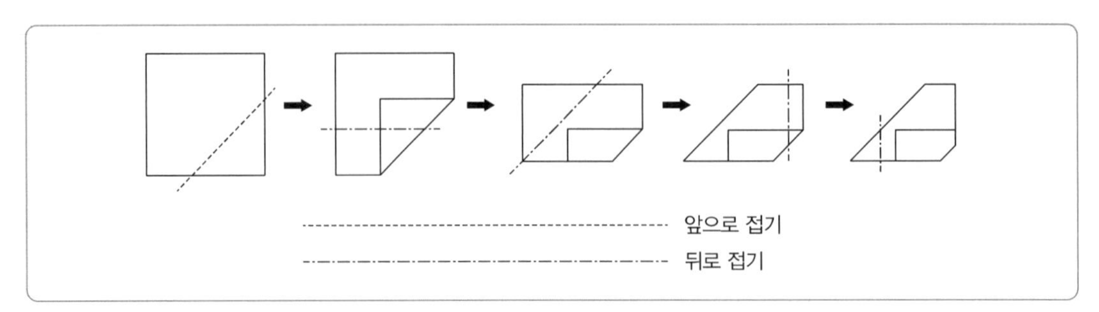

①
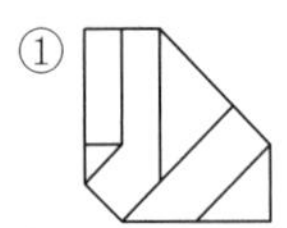

②
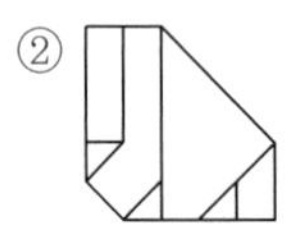

③
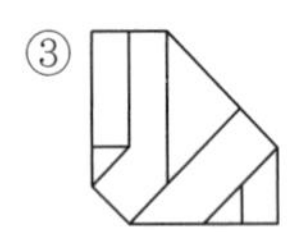

④
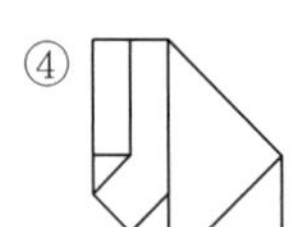

⑤
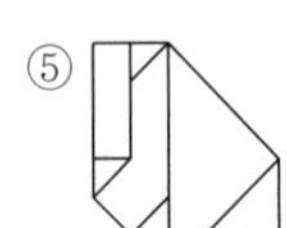

225 종이를 다음과 같이 접었을 때 뒷면의 모양으로 적절한 것은?

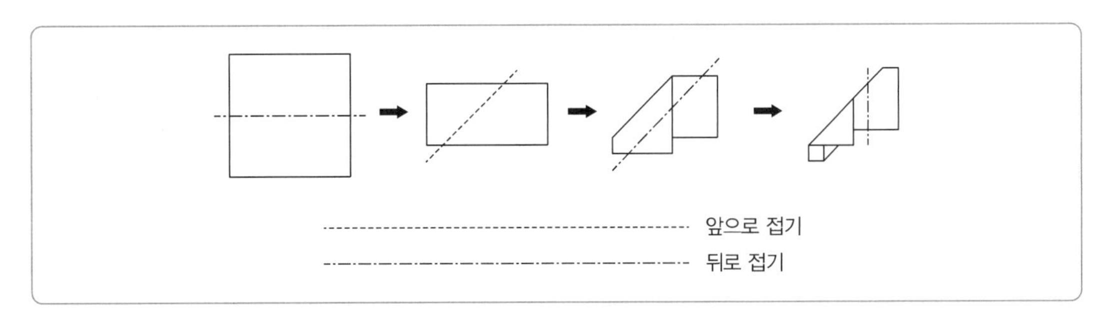

①
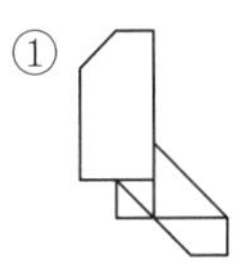

②
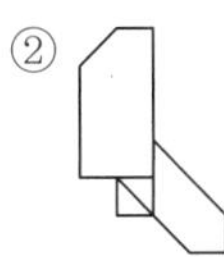

③
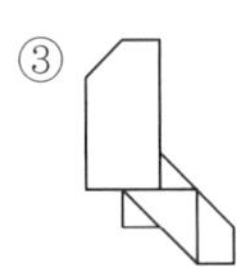

④
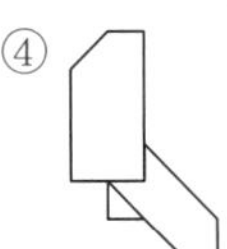

⑤
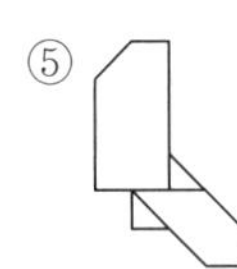

확인 Check! ○ △ ×

풀이시간 30초

226 종이를 다음과 같이 접었을 때 뒷면의 모양으로 적절한 것은?

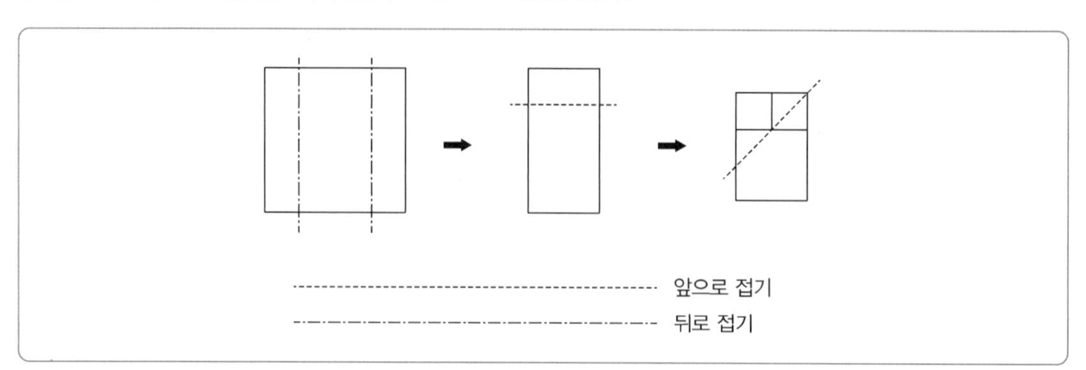

①
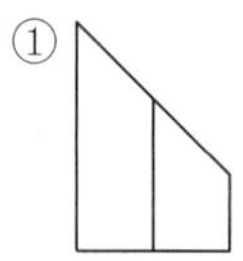

②
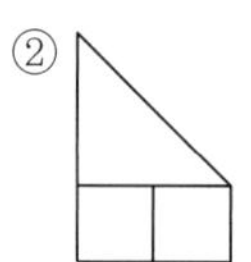

③
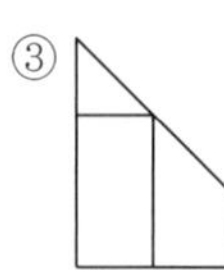

④
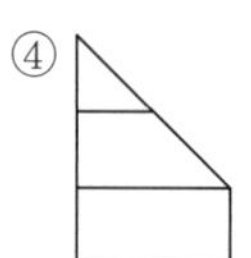

⑤
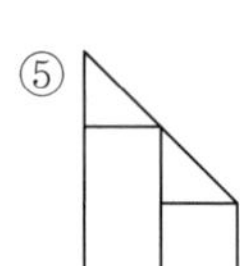

227 종이를 다음과 같이 접은 후 그림에 해당하게 뚫은 뒤 펼쳤을 때의 모양으로 옳은 것은?

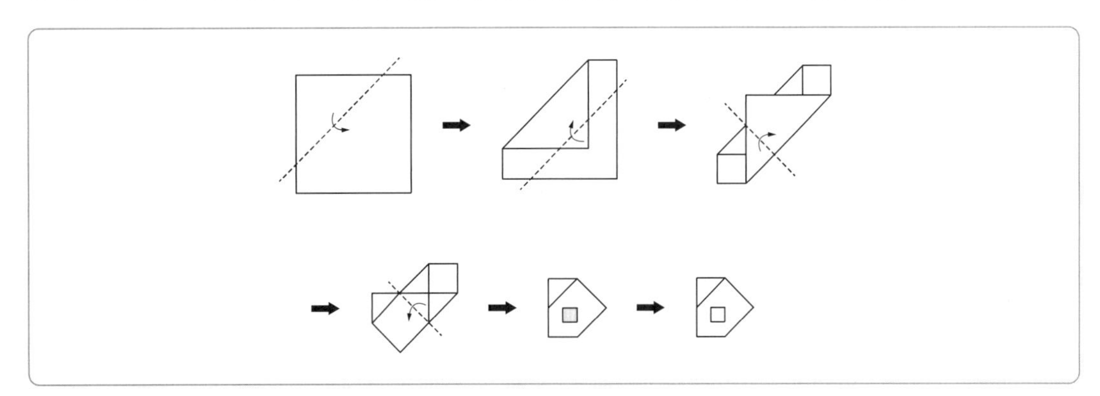

① 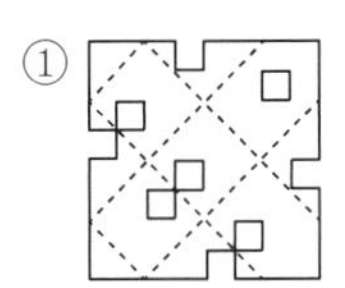

② 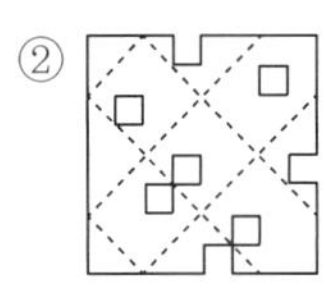

③ 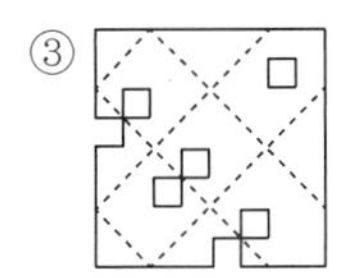

④ 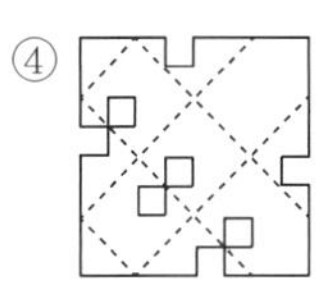

⑤ 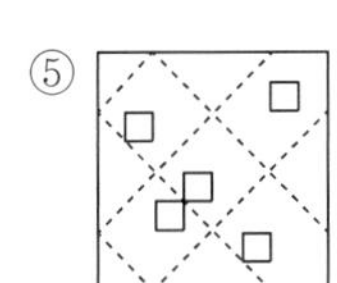

확인 Check! ○ △ ×

풀이시간 60초

228 종이를 다음과 같이 접은 후 그림에 해당하게 뚫은 뒤 펼쳤을 때의 모양으로 옳은 것은?

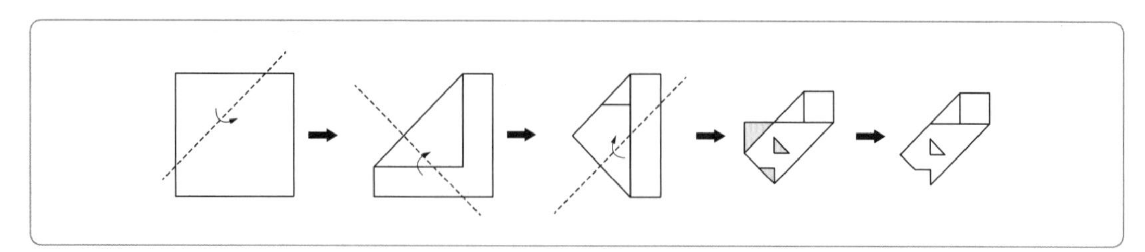

①
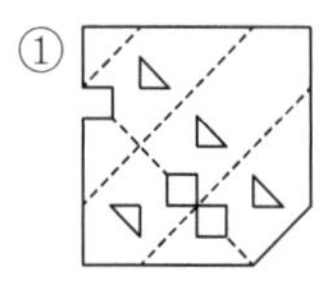

②
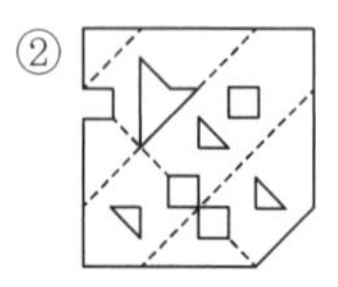

③
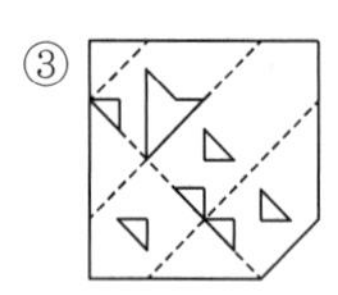

④
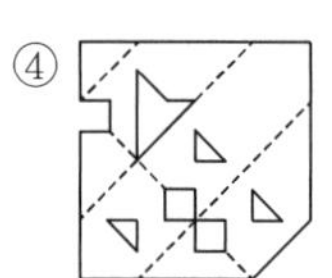

⑤
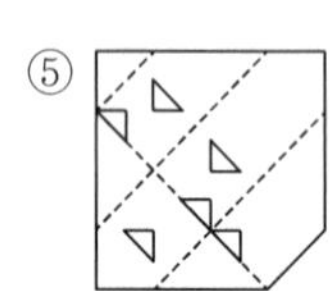

229 종이를 다음과 같이 접은 후 그림에 해당하게 뚫은 뒤 펼쳤을 때의 모양으로 옳은 것은?

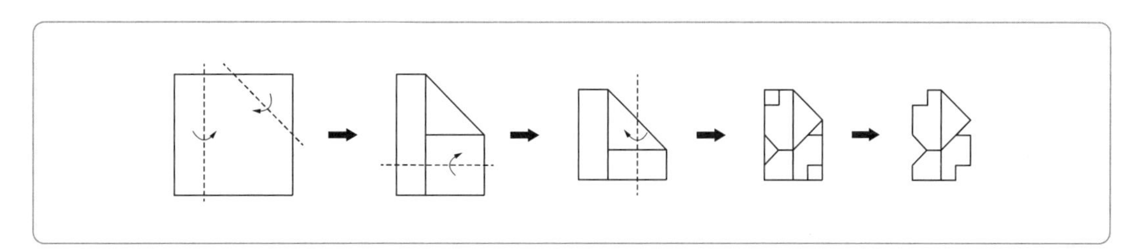

①
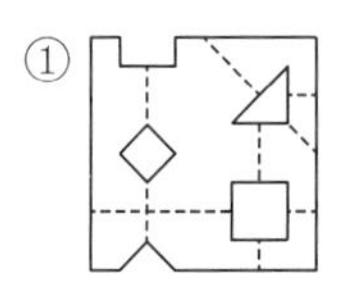

②
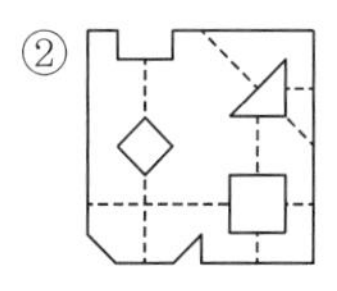

③
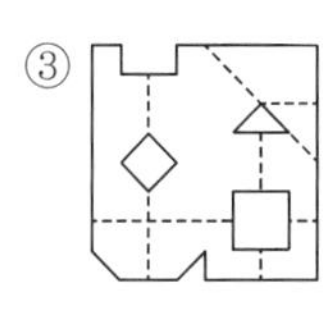

④
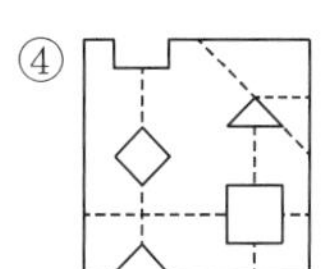

⑤
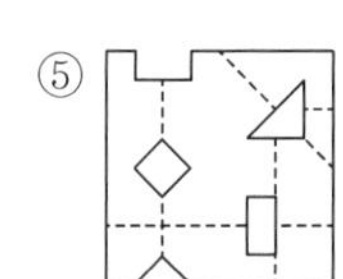

230

종이를 다음과 같이 접은 후 그림에 해당하게 뚫은 뒤 펼쳤을 때의 모양으로 옳은 것은?

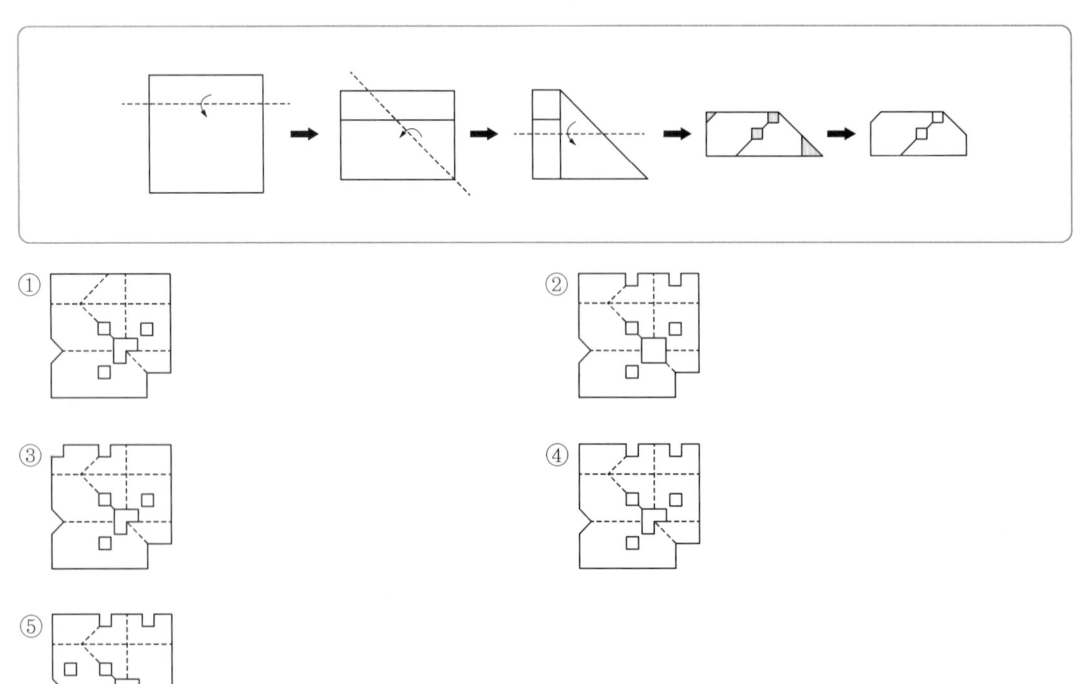

①

②

③

④

⑤

확인 Check! ○ △ ×

풀이시간 30초

231 다음 그림을 순서대로 바르게 배열한 것은?

① (라) – (나) – (가) – (다)
② (가) – (라) – (다) – (나)
③ (나) – (가) – (라) – (다)
④ (나) – (다) – (가) – (라)
⑤ (가) – (라) – (나) – (다)

확인 Check! ○ △ ×

풀이시간 30초

232 다음 그림을 순서대로 바르게 배열한 것은?

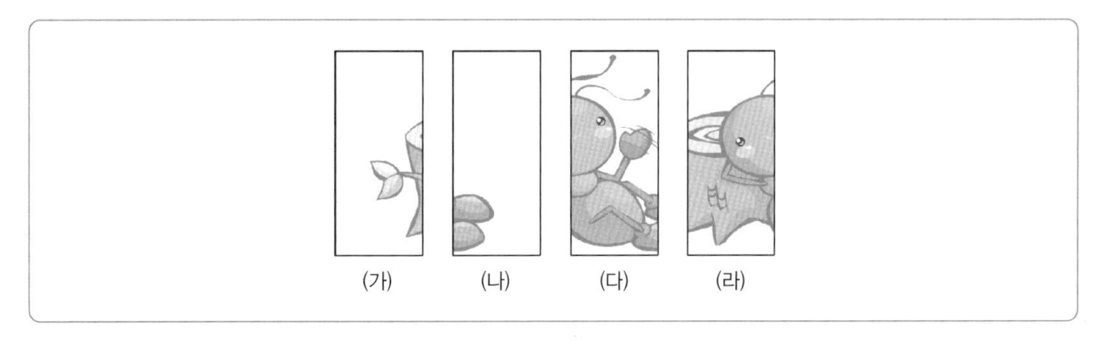

① (라) – (다) – (나) – (가)
② (가) – (다) – (라) – (나)
③ (나) – (가) – (라) – (다)
④ (가) – (라) – (다) – (나)
⑤ (다) – (라) – (가) – (나)

확인 Check! ○ △ ×

풀이시간 30초

233 다음 그림을 순서대로 바르게 배열한 것은?

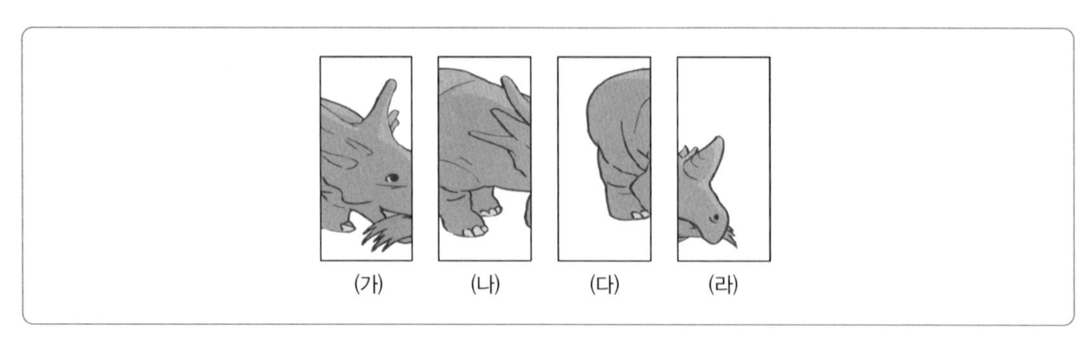

① (다) – (나) – (가) – (라)
② (라) – (다) – (나) – (가)
③ (나) – (라) – (다) – (가)
④ (다) – (가) – (라) – (나)
⑤ (가) – (다) – (나) – (라)

확인 Check! ○ △ ×

풀이시간 30초

234 다음 그림을 순서대로 바르게 배열한 것은?

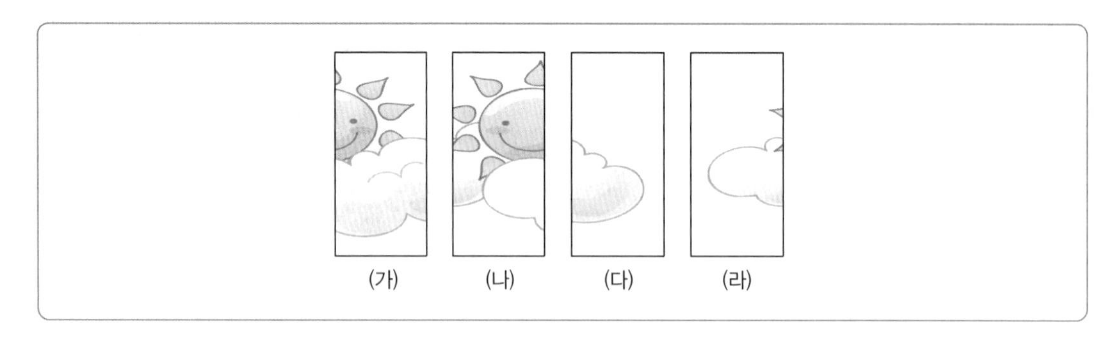

① (나) – (라) – (다) – (가)
② (라) – (나) – (가) – (다)
③ (다) – (나) – (가) – (라)
④ (가) – (라) – (다) – (나)
⑤ (가) – (다) – (나) – (라)

풀이시간 45초

235 아래에 제시된 도형들을 겹치지 않게 배치하여 만들 수 있는 도형이 아닌 것은?(비율에 맞춰 크기 조절 가능, 방향 반전은 불가능)

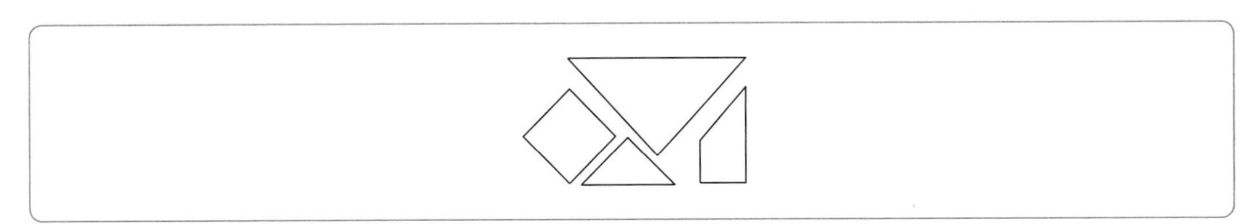

① 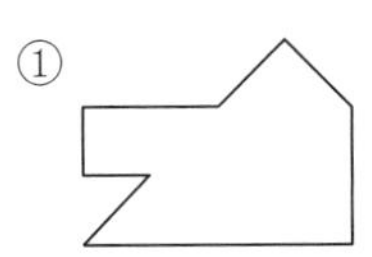

② 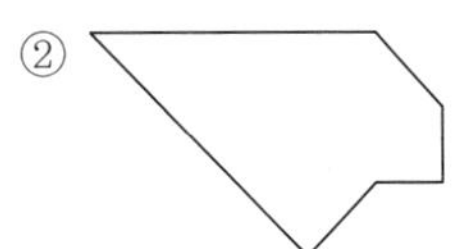

③ 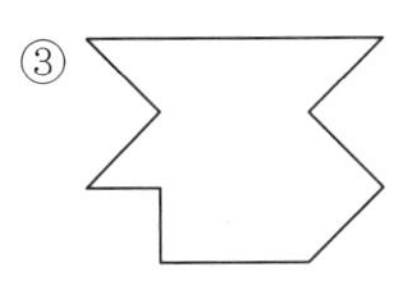

④ 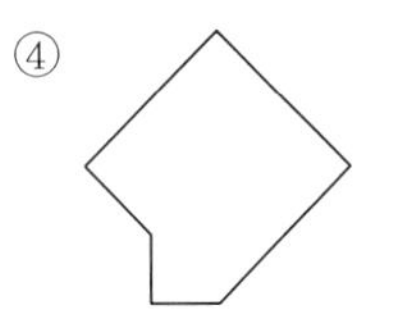

⑤ 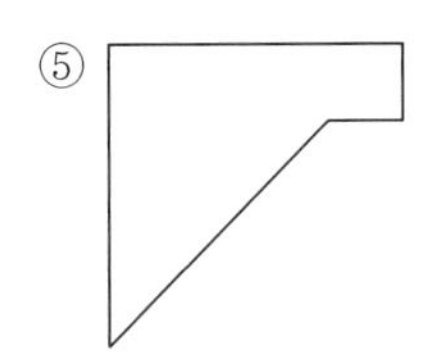

236 아래에 제시된 도형들을 겹치지 않게 배치하여 만들 수 있는 도형이 아닌 것은?(비율에 맞춰 크기 조절 가능, 방향 반전은 불가능)

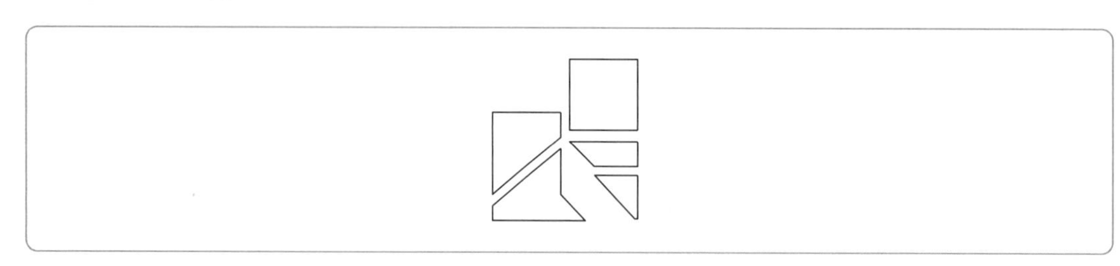

① 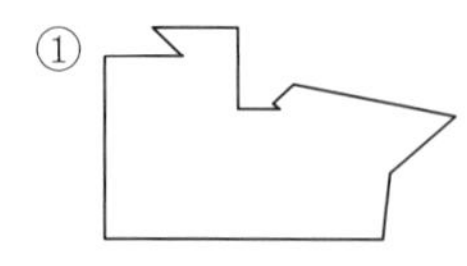

② 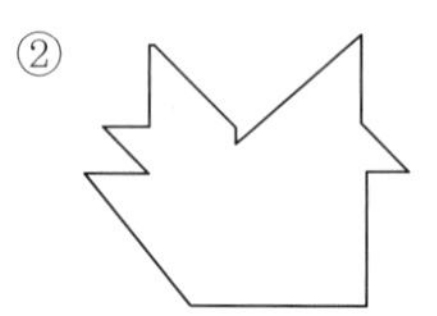

③ 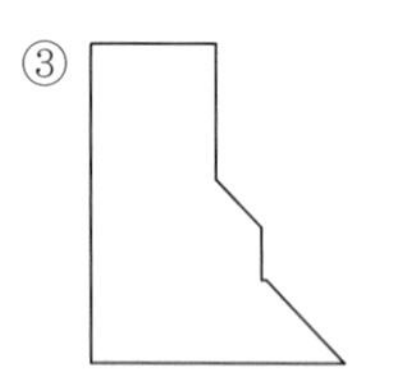

④ 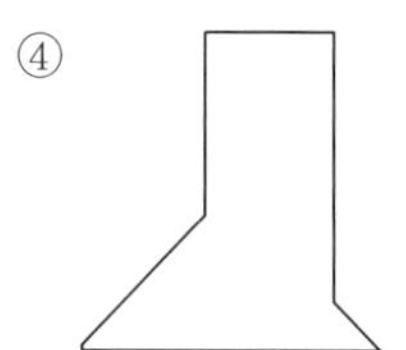

⑤ 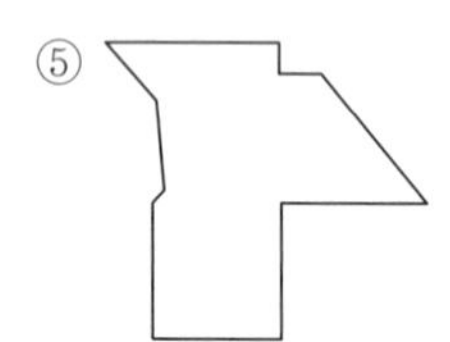

풀이시간 45초

237 아래에 제시된 도형들을 겹치지 않게 배치하여 만들 수 있는 도형이 아닌 것은?(비율에 맞춰 크기 조절 가능, 방향 반전은 불가능)

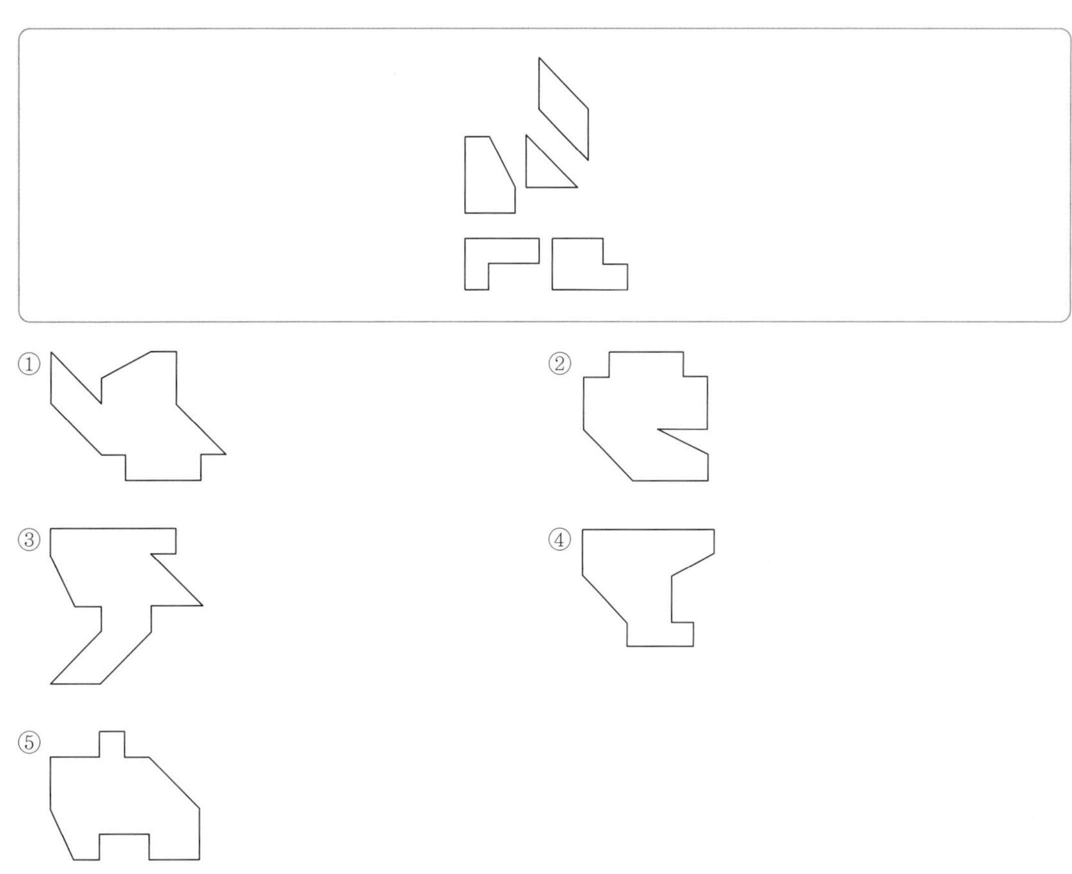

풀이시간 45초

238 아래에 제시된 도형들을 겹치지 않게 배치하여 만들 수 있는 도형이 아닌 것은?(비율에 맞춰 크기 조절 가능, 방향 반전은 불가능)

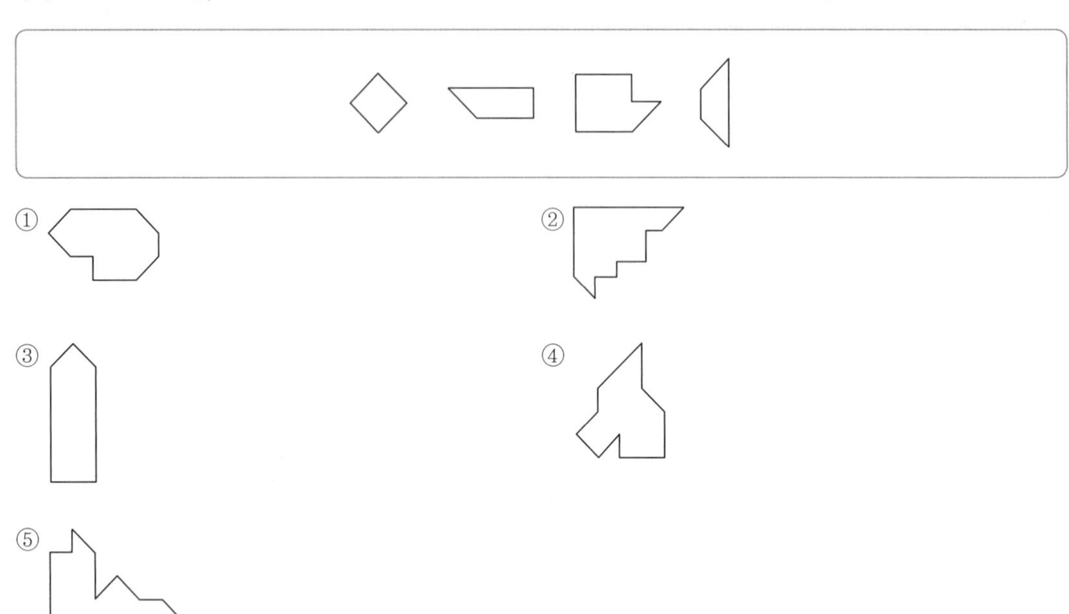

확인 Check! ○ △ ×

풀이시간 45초

239 제시된 그림 안에서 찾을 수 없는 도형은?

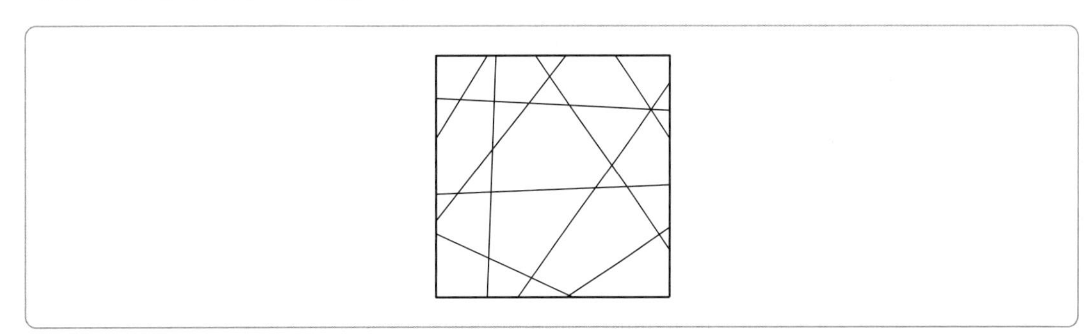

① 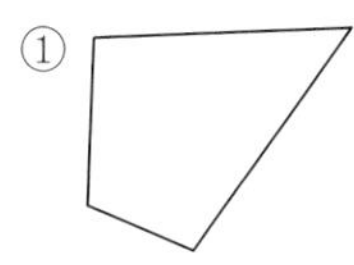

② 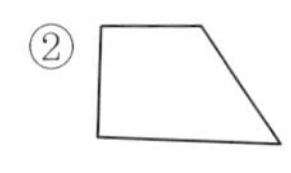

③ 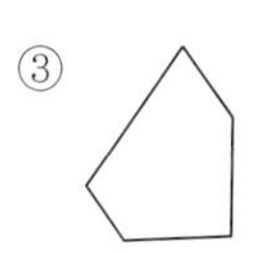

④ 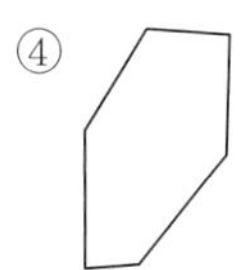

⑤ 

확인 Check! ○ △ ×

풀이시간 45초

240 제시된 그림 안에서 찾을 수 없는 도형은?

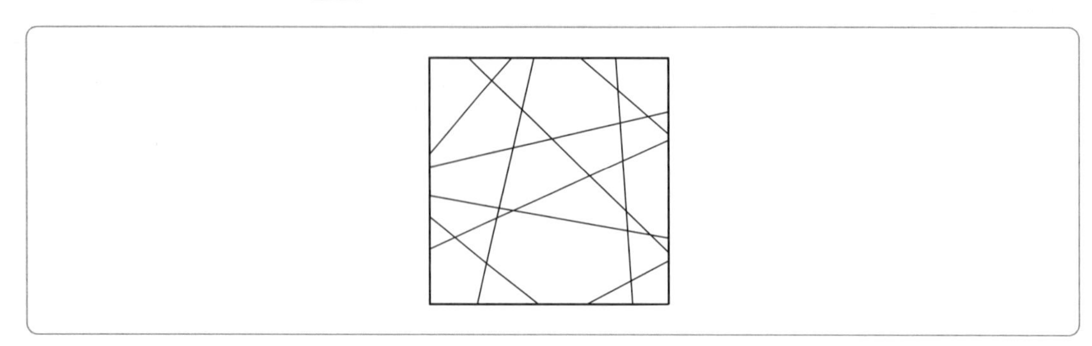

①
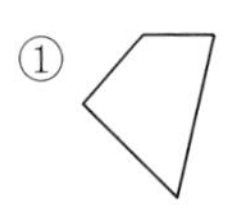

②
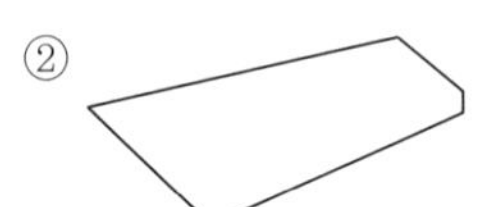

③
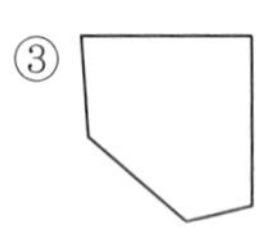

④
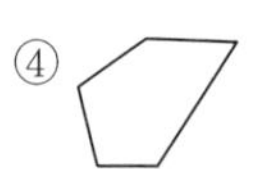

⑤

확인 Check! ○ △ ×

풀이시간 45초

241 보기의 도형들을 조립해서 다음의 도형을 만든다고 할 때 필요하지 <u>않은</u> 것은?

①  ② 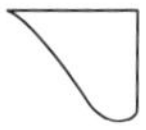 ③  ④ 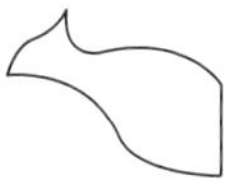 ⑤

확인 Check! ○ △ ×

풀이시간 45초

242 보기의 도형들을 조립해서 다음의 도형을 만든다고 할 때 필요하지 <u>않은</u> 것은?

① 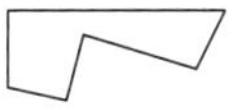 ②  ③  ④  ⑤

확인 Check! ○ △ ×

풀이시간 45초

243 아래의 톱니바퀴들에 그려진 숫자는 오른쪽 표에 해당하는 도형을 의미한다. 아래의 상태에서 두 톱니바퀴를 시계 반대 방향으로 $144°$ 회전시킨 뒤, 포개어서 화살표의 방향으로 바라볼 때 도형들이 겹쳐진 모습으로 옳은 것은?

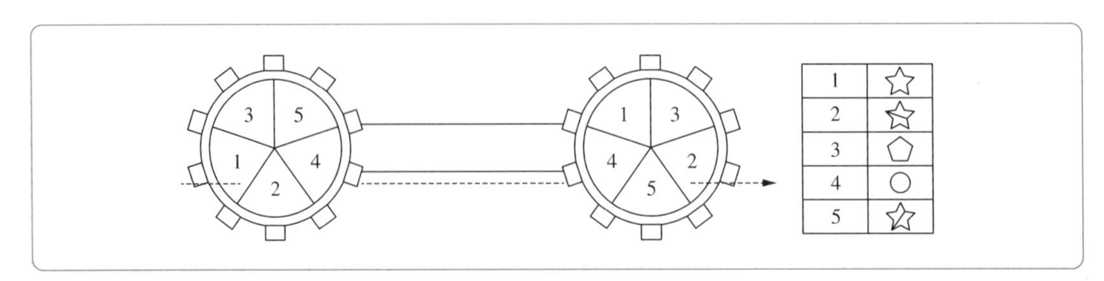

① 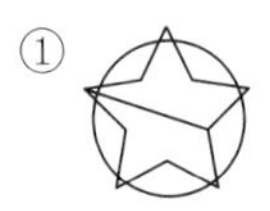

② 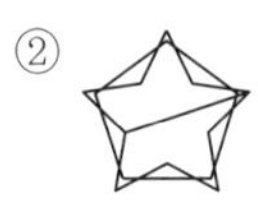

③ 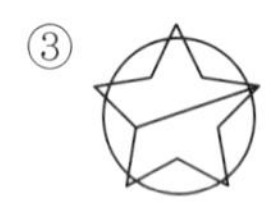

④ 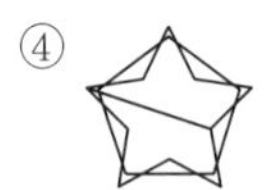

⑤ 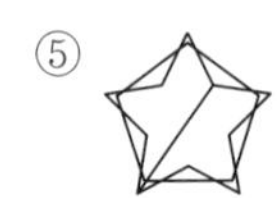

풀이시간 45초

244 아래의 톱니바퀴들에 그려진 숫자는 오른쪽 표에 해당하는 도형을 의미한다. 아래의 상태에서 왼쪽 톱니바퀴를 시계 방향으로 72° 오른쪽 톱니바퀴를 시계 반대 방향으로 144° 회전시킨 뒤, 포개어서 화살표의 방향으로 바라볼 때 도형들이 겹쳐진 모습으로 옳은 것은?

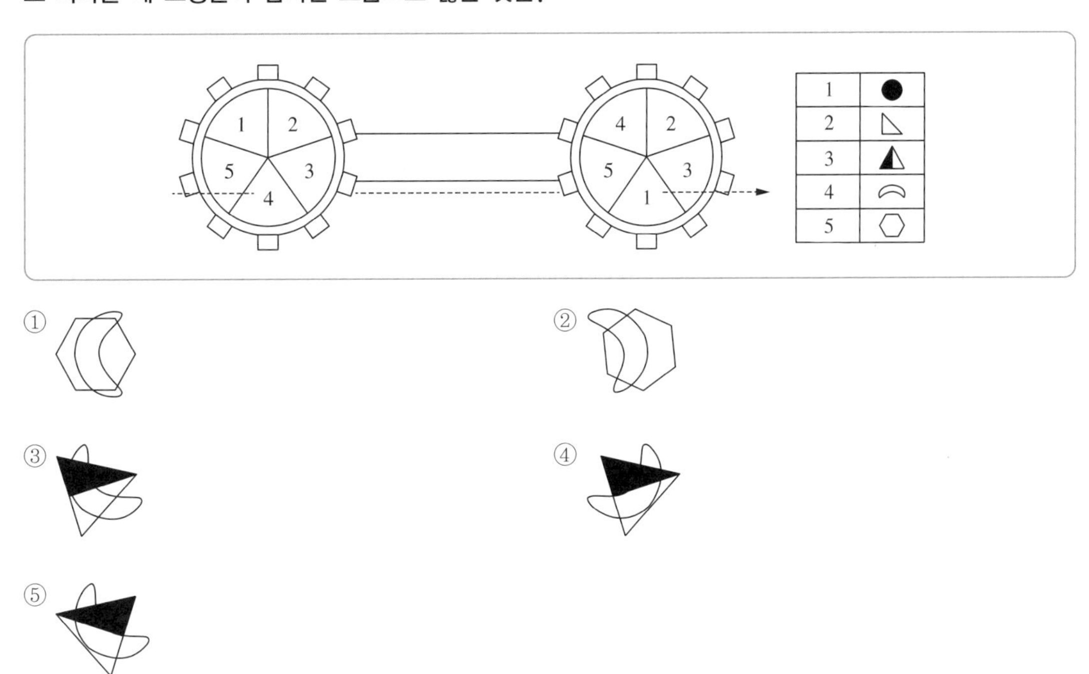

①

②

③

④

⑤

풀이시간 45초

245 아래의 톱니바퀴들에 그려진 숫자는 오른쪽 표에 해당하는 도형을 의미한다. 아래의 상태에서 왼쪽 톱니바퀴를 시계 반대 방향으로 120° 오른쪽 톱니바퀴를 시계 방향으로 60° 회전시킨 뒤, 포개어서 화살표의 방향으로 바라볼 때 도형들이 겹쳐진 모습으로 옳은 것은?

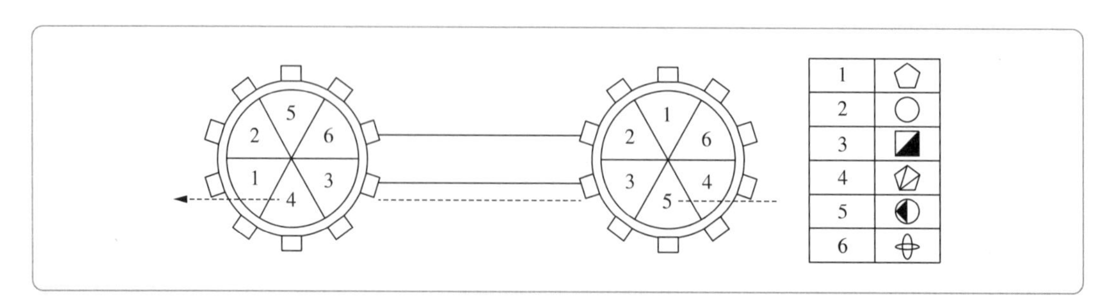

①
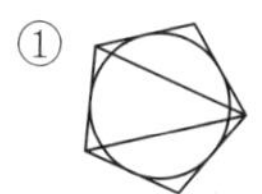

②
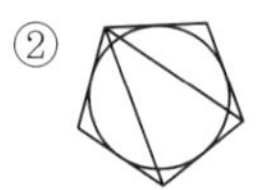

③
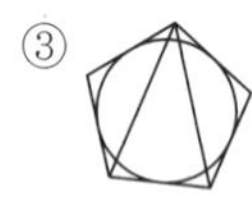

④
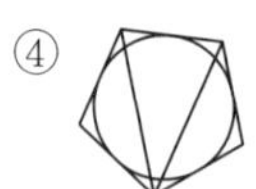

⑤

확인 Check! ○ △ ×

풀이시간 45초

246 아래의 톱니바퀴들에 그려진 숫자는 오른쪽 표에 해당하는 도형을 의미한다. 아래의 상태에서 왼쪽 톱니바퀴를 시계 반대 방향으로 $180°$ 오른쪽 톱니바퀴를 시계 방향으로 $270°$ 회전시킨 뒤, 포개어서 화살표의 방향으로 바라볼 때 도형들이 겹쳐진 모습으로 옳은 것은?

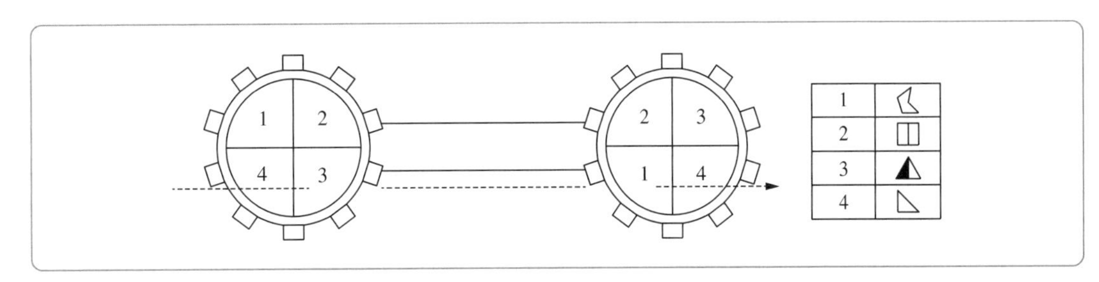

①
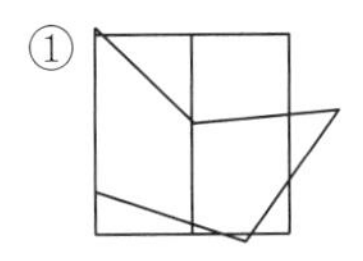

②
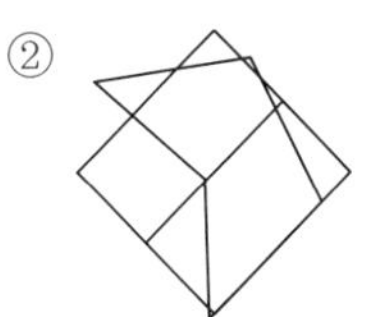

③
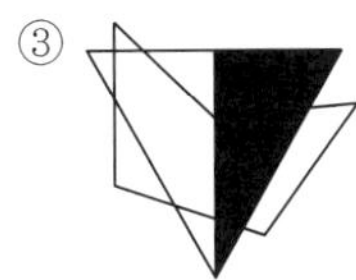

④
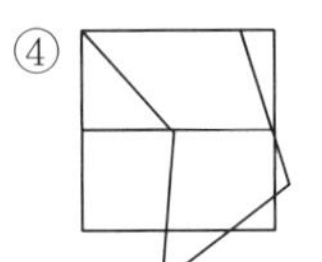

⑤
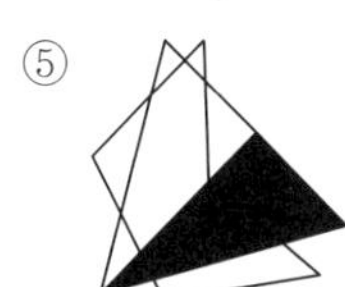

확인 Check! ○ △ ×

풀이시간 30초

247 아래의 도형을 다음의 〈조건〉과 같이 옮겼을 때 볼 수 있는 모양으로 옳은 것은?

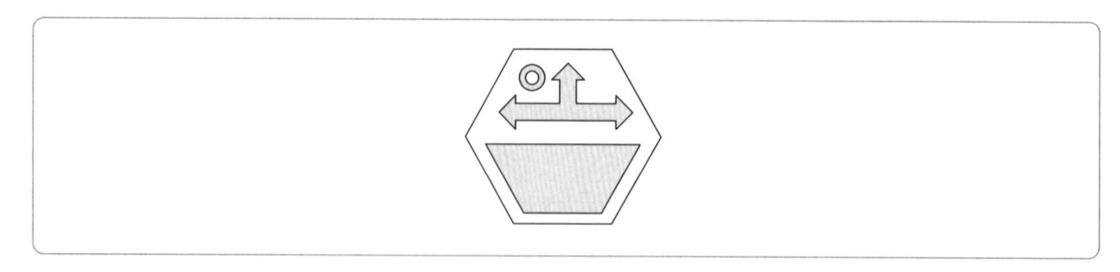

조 건

- 도형을 오른쪽으로 뒤집는다.
- 도형을 시계 반대 방향으로 90° 회전시킨다.
- 도형을 위로 뒤집는다.

①
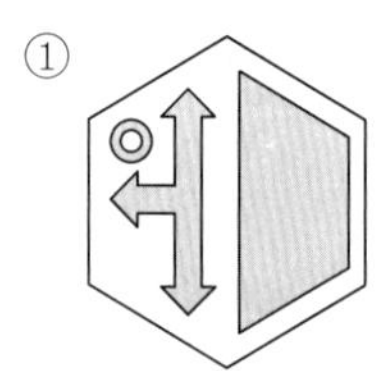

②
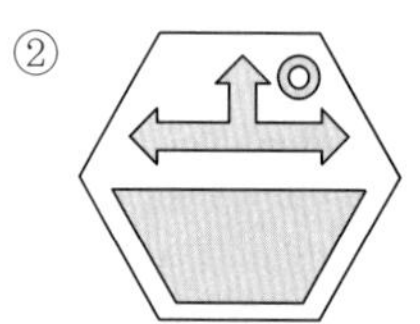

③
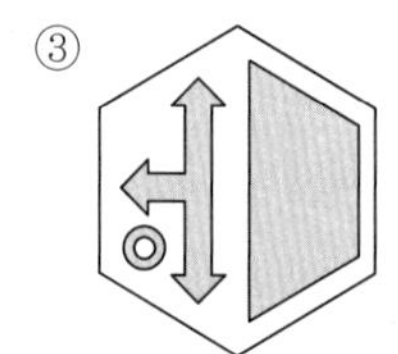

④
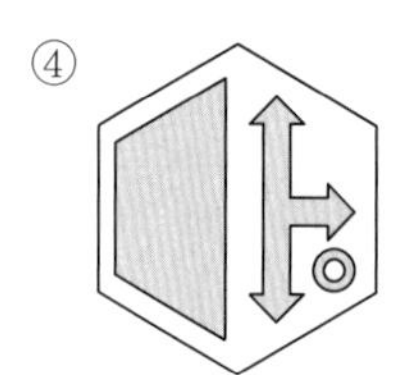

⑤
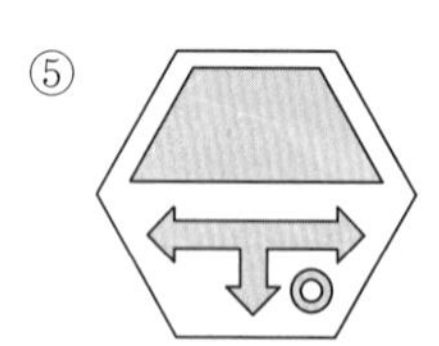

248 다음 중 제시된 도형과 같은 것은?

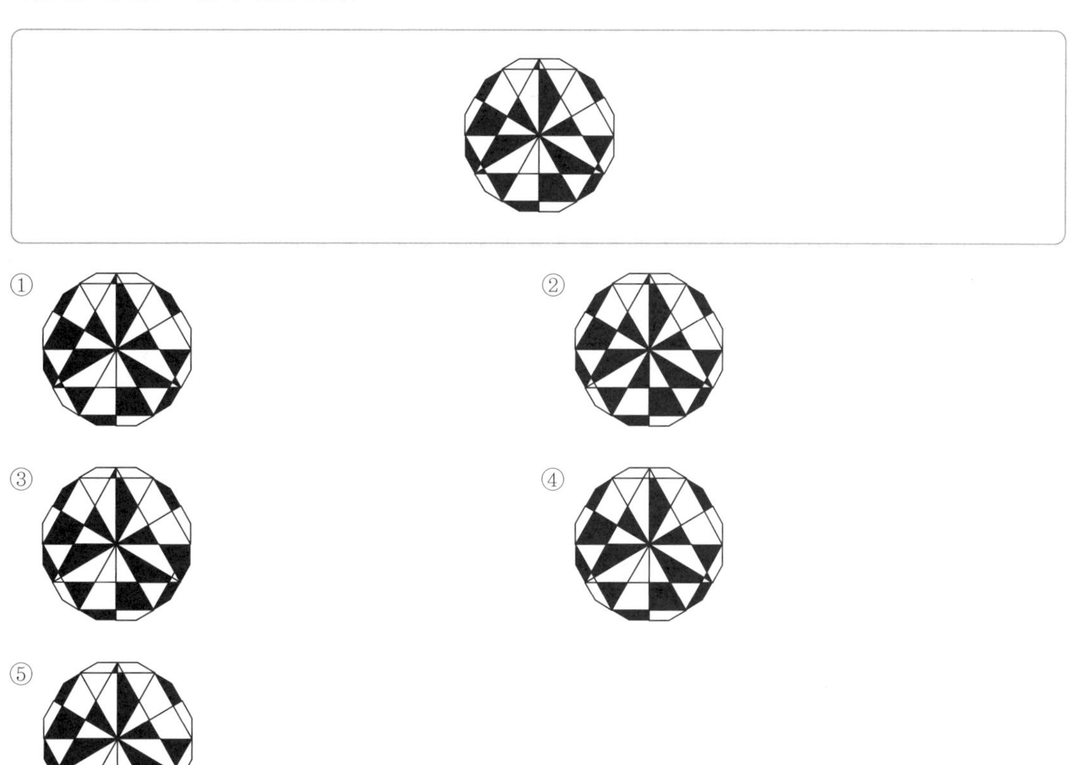

①

②

③

④

⑤

확인 Check! ○ △ ×

풀이시간 45초

249 주어진 전개도로 정육면체를 만들 때, 만들어질 수 없는 것은?

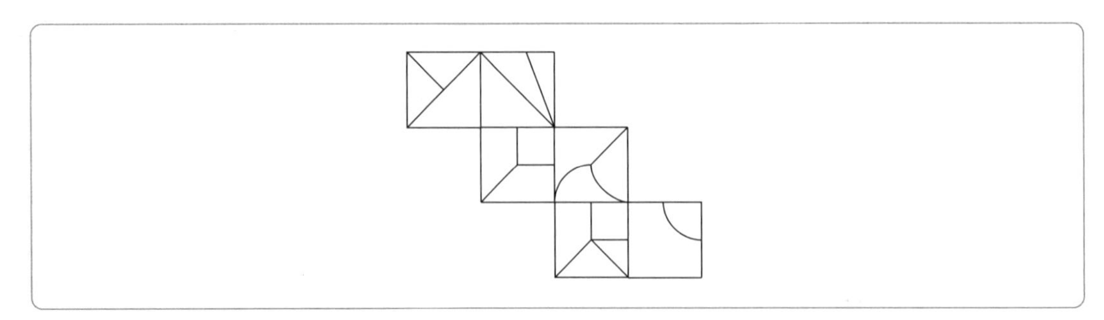

① 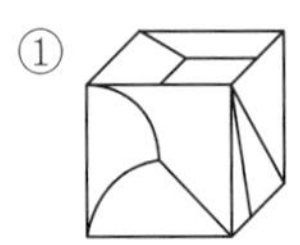

② 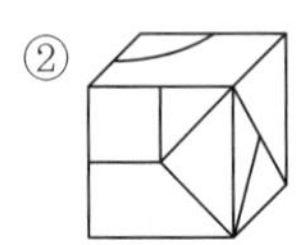

③ 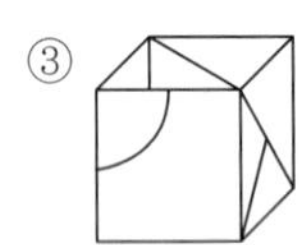

④ 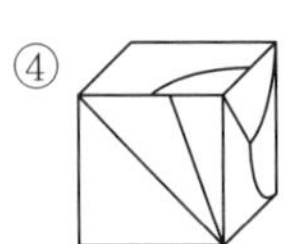

⑤ 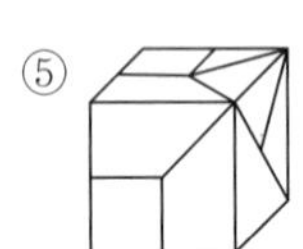

250 아래의 도형을 회전시켰을 때 볼 수 있는 모양으로 옳은 것은?

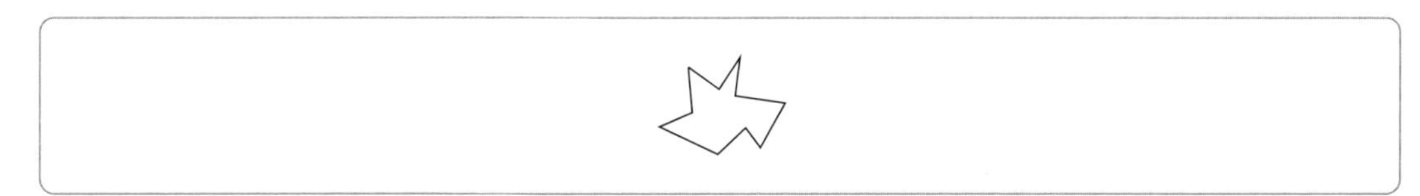

① ② ③ ④ ⑤

■ 사무지각능력

사무지각능력은 사무 현장에서 맞닥뜨릴 수 있는 다양한 사안들을 신속하게 인지하는 능력이다. 숫자·문자·기호 등을 불규칙하게 나열하여 텍스트 정보 사이에 시각적인 차이점을 빠르게 파악할 수 있는지 측정하는 문제가 출제된다.

■ 적성형

좌/우 비교

비슷하지만 시각적인 차이점을 가진 좌/우 두 개의 문자열을 비교하여, 문제에 제시된 조건에 따라 특징적인 부분을 신속하게 파악하여 해결하는 유형이다.

문자 찾기

비슷한 형태의 문자들로 나열된 문자열에서 주어진 숫자·기호·문자와 같거나 다른 개수를 빠르게 파악하는 유형이다.

06 사무지각능력(적성형)

01 좌/우 비교

비슷하지만 시각적인 차이점을 가진 좌/우 두 개의 문자열을 비교하여, 문제에 제시된 조건에 따라 특징적인 부분을 신속하게 파악하여 해결하는 유형이다.

대표유형 길라잡이!

다음 제시된 좌우의 문자를 비교했을 때 서로 다른 문자의 개수는?

나랏말싸미듕귁에달아 – 나랏말싸이듐귄에닫아

① 1개
② 2개
③ 3개
④ 4개

정답 ④

이 문제는 불규칙하게 나열되어 있는 좌/우 텍스트를 빠르게 비교하여 그 차이점을 찾아내는 문제이다. 문제에 조건을 파악하고 답안을 찾아내면 된다.

나랏말싸미듕귁에달아 – 나랏말싸이듐귄에닫아

∴ 총 4개

02 문자 찾기

비슷한 형태의 문자들로 나열된 문자열에서 주어진 숫자·기호·문자와 같거나 다른 개수를 빠르게 파악하는 유형이다.

대표유형 길라잡이!

다음 제시된 문자와 같은 것의 개수를 구하시오.

ㄹ

ㄲ ㄴ ㅍ ㅗ ㄹ ㅁ ㅔ ㅋ ㅉ ㅖ ㅙ ㅊ
ㅑ ㄹ ㅌ ㄸ ㅏ ㅈ ㅎ ㅆ ㅞ ㅃ ㅋ ㅁ
ㅍ ㄸ ㅖ ㅈ ㄴ ㅆ ㅃ ㄹ ㅑ ㅋ ㅔ ㅞ
ㅌ ㅊ ㅋ ㄲ ㅙ ㅠ ㄹ ㅗ ㅏ ㅁ ㅎ ㅉ

① 1개 ② 2개
③ 3개 ④ 4개

정답 ④

ㄲ ㄴ ㅍ ㅗ ㄹ ㅁ ㅔ ㅋ ㅉ ㅖ ㅙ ㅊ
ㅑ ㄹ ㅌ ㄸ ㅏ ㅈ ㅎ ㅆ ㅞ ㅃ ㅋ ㅁ
ㅍ ㄸ ㅖ ㅈ ㄴ ㅆ ㅃ ㄹ ㅑ ㅋ ㅔ ㅞ
ㅌ ㅊ ㅋ ㄲ ㅙ ㅠ ㄹ ㅗ ㅏ ㅁ ㅎ ㅉ

확인 Check! ○ △ ×

풀이시간 45초

251

다음 좌우의 문자열은 각 자리에 대응하는 문자끼리 변환된 것이다. 같은 규칙으로 적용시킬 때 변환이 올바른 것은 무엇인가?

ㆊ※q★⊃ − 62≡§◎

① ⊃★※qㆊ − ◎§2≡6

② ※qㆊ⊃★ − 2≡6§◎

③ qㆊ⊃★※ − ≡6◎2§

④ ★⊃※ㆊq − §◎62≡

⑤ ㆊq※⊃★ − 62≡§◎

확인 Check! ○ △ ×

풀이시간 45초

252

다음 좌우의 문자열은 각 자리에 대응하는 문자끼리 변환된 것이다. 같은 규칙으로 적용시킬 때 변환이 올바른 것은 무엇인가?

※◎△▽ㅁ − ∋☆※≒☎

① ㅁ◎※▽△ − ☎☆※∋≒

② △※ㅁ◎▽ − ※∋☎☆≒

③ ◎※▽△ㅁ − ☆∋≒☎※

④ ▽ㅁ△※◎ − ≒☎☆∋※

⑤ ㅁ△▽※◎ − ∋☆※≒☎

확인 Check! ○ △ ×

풀이시간 45초

253

다음 좌우의 문자열은 각 자리에 대응하는 문자끼리 변환된 것이다. 같은 규칙으로 적용시킬 때 변환이 올바른 것은 무엇인가?

♨◑▣♣Π − 12345

① ◑▣♨Π♣ − 23451

② ♣♨Π◑▣ − 41253

③ Π♣▣◑♨ − 54321

④ ▣◑♣♨Π − 32451

⑤ ◑▣♣♨Π − 12345

확인 Check! ○ △ ×

풀이시간 30초

254 다음 좌우의 문자열은 각 자리에 대응하는 문자끼리 변환된 것이다. 같은 규칙으로 적용시킬 때 변환이 올바른 것은 무엇인가?

야여요유예 – 계규교귀크

① 여야유요예 – 규계귀크교
② 예여요야유 – 크규교귀계
③ 요예유여야 – 교크계규귀
④ 유요예야여 – 귀교크계규
⑤ 여유요야예 – 계규교귀크

확인 Check! ○ △ ×

풀이시간 30초

255 다음 좌우의 문자열은 각 자리에 대응하는 문자끼리 변환된 것이다. 같은 규칙으로 적용시킬 때 변환이 올바르지 않은 것은 무엇인가?

1234 – adbc

① 2143 – dacb
② 4132 – cabd
③ 3412 – dcab
④ 4312 – cbad
⑤ 1224 – addc

확인 Check! ○ △ ×

풀이시간 30초

256 다음 좌우의 문자열은 각 자리에 대응하는 문자끼리 변환된 것이다. 같은 규칙으로 적용시킬 때 변환이 올바르지 않은 것은 무엇인가?

abroed – KOREAN

① erdoba – ARNEOK
② odarbe – ENORKA
③ drbaeo – NROKAE
④ reboad – RAOEKN
⑤ debroa – NAOREK

확인 Check! ○ △ ×

풀이시간 30초

257 다음 좌우의 문자열은 각 자리에 대응하는 문자끼리 변환된 것이다. 같은 규칙으로 적용시킬 때 변환이 올바른 것은 무엇인가?

큐켜켸캬쿄 – 뉴녀녜냐뇨

① 켜켸캬큐쿄 – 녀녜냐뇨뉴
② 켸켜쿄큐캬 – 녜녀뇨뉴냐
③ 쿄캬켸켜큐 – 뇨냐뉴녀녜
④ 캬쿄큐켸켜 – 냐녀뉴녜뇨
⑤ 큐큐쿄켜캬 – 녀녜냐냐뇨

확인 Check! ○ △ ×

풀이시간 30초

258 다음 좌우의 문자열은 각 자리에 대응하는 문자끼리 변환된 것이다. 같은 규칙으로 적용시킬 때 변환이 올바르지 <u>않은</u> 것은 무엇인가?

TOPIK – ICOET

① OTIKP – CIETO
② IKTPO – ETIOC
③ KIPOT – TEOCI
④ PTOKI – OICET
⑤ TKPIO – ITOEC

확인 Check! ○ △ ×

풀이시간 45초

259 다음 좌우의 문자열은 각 자리에 대응하는 문자끼리 변환된 것이다. 같은 규칙으로 적용시킬 때 변환이 올바르지 <u>않은</u> 것은 무엇인가?

♡♧♠♤♥ – →←↑↓↔

① ♥♧♡♠♤ – ↔←→↓↑
② ♠♤♧♥♡ – ↑↓←↔→
③ ♧♥♤♡♠ – ←↔↓→↑
④ ♤♡♠♧♥ – ↓→↑←↔
⑤ ♤♠♡♧♥ – ↓↑→←↔

확인 Check! ○ △ ×

풀이시간 30초

260

문자들이 다음과 같이 변환될 때 두 알파벳의 합이 12가 되는 것은?

A : 5　F : 6　J : 9　L : 11　M : 8　P : 4　Q : 12

① LP
② AQ
③ MP
④ FL
⑤ PQ

확인 Check! ○ △ ×

풀이시간 30초

261

문자들이 다음과 같이 변환될 때 두 알파벳의 합이 17이 되는 것은?

A : 5　B : 6　C : 9　D : 4　E : 8　F : 7　G : 3

① EC
② CF
③ FG
④ CB
⑤ EG

확인 Check! ○ △ ×

풀이시간 30초

262

문자들이 다음과 같이 변환될 때 두 알파벳의 합이 21이 되는 것은?

C : 10　D : 15　E : 9　H : 12　O : 11　R : 8　S : 7

① DS
② CH
③ DR
④ EH
⑤ CE

확인 Check! ○ △ ×

풀이시간 30초

263 다음 표에서 제시되지 <u>않은</u> 문자는?

자각	촉각	매각	소각	기각	내각	후각	감각	둔각	망각	각각	엇각
기각	내각	청각	조각	갑각	해각	종각	자각	주각	간각	매각	시각
망각	지각	갑각	엇각	주각	촉각	매각	청각	부각	내각	조각	기각
대각	후각	촉각	자각	후각	망각	조각	내각	기각	촉각	청각	감각

① 지각
② 소각
③ 부각
④ 시각
⑤ 두각

확인 Check! ○ △ ×

풀이시간 30초

264 다음 표에서 제시되지 <u>않은</u> 문자는?

家	價	可	羅	裸	螺	多	茶	喇	馬	麻	社
事	思	亞	自	兒	車	者	次	借	加	他	波
河	打	字	韓	産	塞	水	需	難	志	只	足
存	培	伯	卞	絢	刻	釜	負	愷	价	芷	裳

① 思
② 泊
③ 塞
④ 培
⑤ 裳

확인 Check! ○ △ ×

풀이시간 30초

265 다음 표에서 제시되지 않은 문자는?

독재	독도	독감	독주	독배	독일	독사	독니	독창	독단	독채	독진
독자	독학	독점	독대	독고	독거	독초	독무	독서	독백	독학	독특
독촉	독방	독해	독락	독설	독도	독주	독려	독점	독초	독파	독채
독단	독채	독배	독무	독니	독종	독자	독도	독락	독고	독진	독촉

① 독립
② 독해
③ 독일
④ 독서
⑤ 독학

확인 Check! ○ △ ×

풀이시간 30초

266 다음 표에서 제시되지 않은 문자는?

감	울	한	앗	죽	콩	국	합	투	각	김	사
애	키	송	매	넌	북	센	줄	종	그	차	길
릴	앵	추	티	크	지	버	예	물	촌	단	피
리	모	계	돈	술	쟁	집	군	해	진	새	즙

① 국
② 북
③ 버
④ 돈
⑤ 몰

확인 Check! ○ △ ×

풀이시간 30초

267 다음 표에서 제시되지 않은 문자는?

☞	↑	▶	♤	♬	▼	*	♥	○	☏	♣	®
◇	▲	◁	→	#	▣	♪	↔	◐	↓	♨	■
◆	△	■	☎	⊙	♧	□	&	◀	®	₩	▽
▷	●	★	◈	◑	♡	@	♠	※	←	☜	★

① ↑
② ☆
③ ▶
④ ♥
⑤ ₩

※ 다음 제시된 문자와 같은 것의 개수를 구하시오. [268~272]

확인 Check! ○ △ ×

풀이시간 30초

268

갔

겉	갓	갔	귤	겉	값	갊	경	걀	곁	갔	걀
갯	갚	갔	걸	깡	겹	김	개	금	뀨	겟	갑
걸	갔	김	걀	걀	겉	갚	깡	겟	길	갊	갔
규	강	곁	겹	뀨	갯	갔	갓	귤	값	개	경

① 1개
② 3개
③ 4개
④ 6개
⑤ 7개

확인 Check! ○ △ ×

풀이시간 30초

269

Đ

Đ Ď ᗡ Ħ Ż Ā ᗡ Đ Θ Ď Ħ ᗡ
ᗡ Ħ Θ Ÿ Đ Ď Θ Ÿ ᗡ Ż Đ Θ
Θ Đ Ā ᗡ Ż Đ Ż Ħ Ż Đ Ż Đ
Ā Ÿ Ż Ď Θ Đ Ā Đ Ÿ Ż Ā Ď

① 10개
② 11개
③ 12개
④ 13개
⑤ 14개

확인 Check! ○ △ ×

풀이시간 30초

270

書

晝 群 書 君 君 群 君 畫 晝 群 君 晝
晝 畫 畫 郡 群 晝 郡 君 群 書 群 畫
群 郡 郡 晝 書 群 畫 君 郡 畫 君 郡
書 畫 君 郡 君 畫 晝 晝 君 群 郡 晝

① 2개
② 3개
③ 4개
④ 5개
⑤ 6개

확인 Check! ○ △ ×

풀이시간 30초

271

방탄

방탕 반탕 반탄 반탕 밤탐 반탕 밤탄 밤탐 방탄 밤탄 반탕 방탕
방탄 방당 방탕 방탄 방당 밤탄 반탄 반탕 반탕 방탕 방탄 밤탐
방당 반탕 반탄 방탕 반탕 방탄 방탕 밤탄 방당 반탕 밤탄 방탕
반탕 밤탄 밤탐 반탄 밤탄 방당 반탕 방탄 반탄 밤탐 반탄 반탕

① 4개
② 6개
③ 8개
④ 10개
⑤ 12개

확인 Check! ○ △ ×

풀이시간 30초

272

◐

◐ ● ◕ ◑ ◎ ◔ ◒ ◐ ◑ ● ◒ ◐
◒ ◎ ◗ ◒ ◖ ◐ ● ◍ ◑ ◐ ◎ ◍
◕ ◔ ◐ ◑ ◑ ◕ ◒ ● ◎ ◐ ◔ ◖
◎ ◑ ◔ ◍ ◔ ◒ ◎ ◐ ◔ ◕ ◐ ◑

① 8개
② 9개
③ 10개
④ 11개
⑤ 12개

※ 다음 제시된 좌우의 문자 또는 기호를 비교하여 같으면 ①을, 다르면 ②를 고르시오. **[273~276]**

확인 Check! ○ △ × 풀이시간 30초

273

12LJIAGPOQl:HN [ ] 12LJIAGPOQl:HN

① 같음 ② 다름

확인 Check! ○ △ × 풀이시간 30초

274

IXiiEAOXx [ ] IXiiEAOXx

① 같음 ② 다름

확인 Check! ○ △ × 풀이시간 30초

275

やづごしどなる [ ] やづごじどなる

① 같음 ② 다름

확인 Check! ○ △ ×

풀이시간 30초

276

傑琉浴賦忍杜家 [　　] 傑瑜浴賦忍杜家

① 같음　　② 다름

※ 다음 중 좌우를 비교했을 때 다른 것은 몇 개인지 고르시오. **[277~278]**

확인 Check! ○ △ ×

풀이시간 30초

277

舡央商勝應翁盈 – 舡英商勝應翁盈

① 1개　　② 2개
③ 3개　　④ 4개
⑤ 5개

확인 Check! ○ △ ×

풀이시간 30초

278

65794322 – 65974322

① 2개　　② 3개
③ 4개　　④ 5개
⑤ 6개

※ 다음 중 좌우를 비교했을 때 같은 것은 몇 개인지 고르시오. [279~280]

확인 Check! ○ △ ×

풀이시간 30초

279

ㄺㅄㅁㅉㅎㄾㄼㄲ – ㄺㅃㅁㅆㅎㄿㄻㄲ

① 3개
② 4개
③ 5개
④ 6개
⑤ 7개

확인 Check! ○ △ ×

풀이시간 30초

280

죄테나챠배더처 – 죄테냐차배다쳐

① 1개
② 2개
③ 3개
④ 4개
⑤ 5개

※ 다음 표에 제시되지 않은 문자를 고르시오. [281~283]

확인 Check! ○ △ × 풀이시간 30초

281

MER	LTA	VER	DTA	DLR	ITI	DOR	ETE	RSR	ZER	BTA	LOE
XSR	WER	LSR	UER	OSR	DCR	PER	ASD	WCT	KTI	YAM	GTE
OTA	KKN	YSR	DSR	DZR	ATA	SDR	SSR	DTI	LHE	FTE	BVG
NER	HTE	VOE	TER	JTI	DAA	PSR	DTE	LME	QSR	SDZ	CTA

① LTA
② DTI
③ LTE
④ DSR
⑤ PER

확인 Check! ○ △ × 풀이시간 30초

282

퍌	탈	밥	셔	탐	폭	콕	헐	달	햡	햔	번
한	랄	발	뱌	팝	턴	핤	뽑	선	퍕	협	곡
팔	혹	곰	독	견	랄	퍌	팍	톡	변	밤	갈
콕	합	편	던	할	폅	협	신	촉	날	함	퍕

① 밥
② 편
③ 톡
④ 할
⑤ 선

확인 Check! ○ △ ×

풀이시간 30초

283

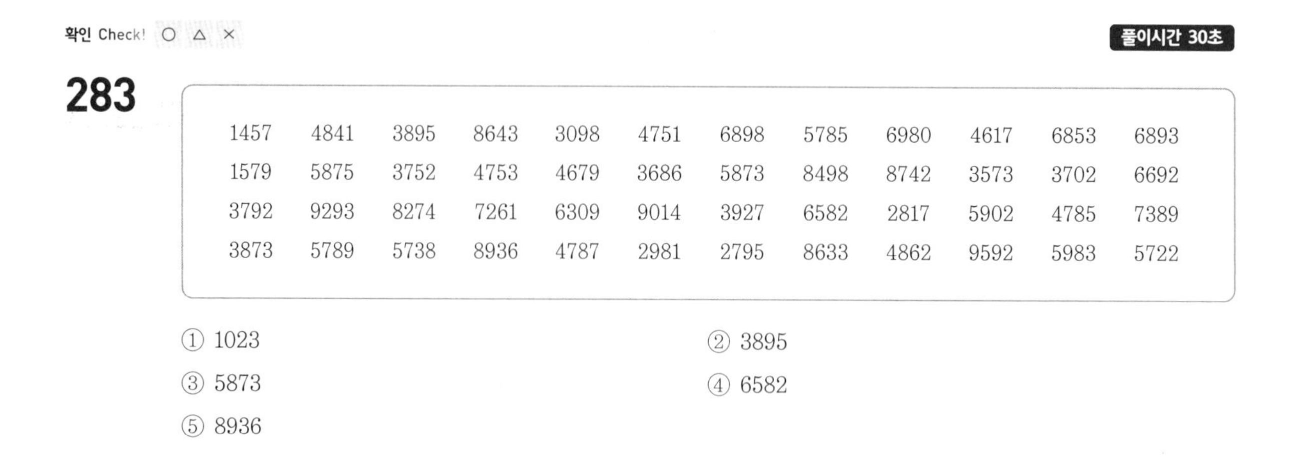

1457	4841	3895	8643	3098	4751	6898	5785	6980	4617	6853	6893
1579	5875	3752	4753	4679	3686	5873	8498	8742	3573	3702	6692
3792	9293	8274	7261	6309	9014	3927	6582	2817	5902	4785	7389
3873	5789	5738	8936	4787	2981	2795	8633	4862	9592	5983	5722

① 1023
② 3895
③ 5873
④ 6582
⑤ 8936

※ 다음 문제의 왼쪽에 표시된 숫자의 개수를 고르시오. **[284~285]**

확인 Check! ○ △ ×

풀이시간 30초

284

6	98406198345906148075634361456234

① 4개
② 5개
③ 6개
④ 7개
⑤ 8개

확인 Check! ○ △ ×

풀이시간 30초

285

3	8205830589867823207834085398983253

① 4개
② 5개
③ 6개
④ 7개
⑤ 8개

※ 제시된 문자와 동일한 문자를 〈보기〉에서 찾아 몇 번째에 위치하는지 고르시오(단, 가장 왼쪽 문자를 시작 지점으로 한다). **[286~290]**

◇ ■ ▼ ♤ ◑ ♬ ∅ ➘ ⊇ ⊞

확인 Check! ○ △ ×

풀이시간 30초

286

■

① 1번째
② 2번째
③ 3번째
④ 4번째
⑤ 5번째

확인 Check! ○ △ ×

풀이시간 30초

287

◑

① 2번째
② 3번째
③ 4번째
④ 5번째
⑤ 6번째

확인 Check! ○ △ ×

풀이시간 30초

288

♬

① 4번째
② 5번째
③ 6번째
④ 7번째
⑤ 8번째

확인 Check! ○ △ ×

풀이시간 30초

289

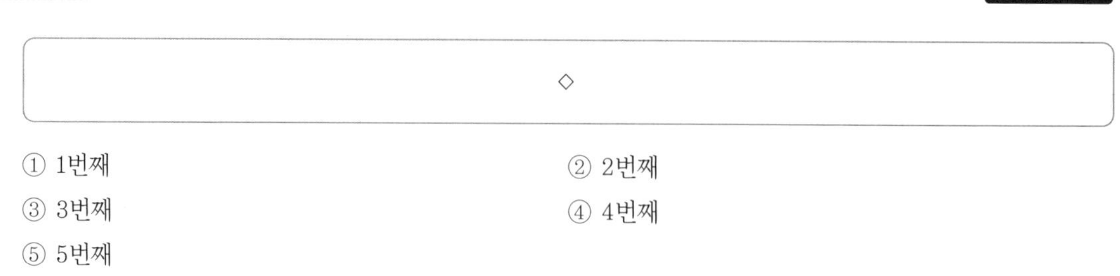

① 1번째
② 2번째
③ 3번째
④ 4번째
⑤ 5번째

확인 Check! ○ △ ×

풀이시간 30초

290

∋

① 6번째
② 7번째
③ 8번째
④ 9번째
⑤ 10번째

※ 제시된 문자와 동일한 문자를 <보기>에서 찾아 몇 번째에 위치하는지 고르시오(단, 가장 왼쪽 문자를 시작 지점으로 한다). **[291~295]**

♡ ♭ ☺ ⚨ ♈ ⦶ ♉ 🔔 ☯ ✹

확인 Check! ○ △ ×　　　　풀이시간 30초

291

☺

① 1번째　② 2번째
③ 3번째　④ 4번째
⑤ 5번째

확인 Check! ○ △ ×　　　　풀이시간 30초

292

🔔

① 6번째　② 7번째
③ 8번째　④ 9번째
⑤ 10번째

확인 Check! ○ △ ×　　　　풀이시간 30초

293

♡

① 1번째　② 2번째
③ 3번째　④ 4번째
⑤ 5번째

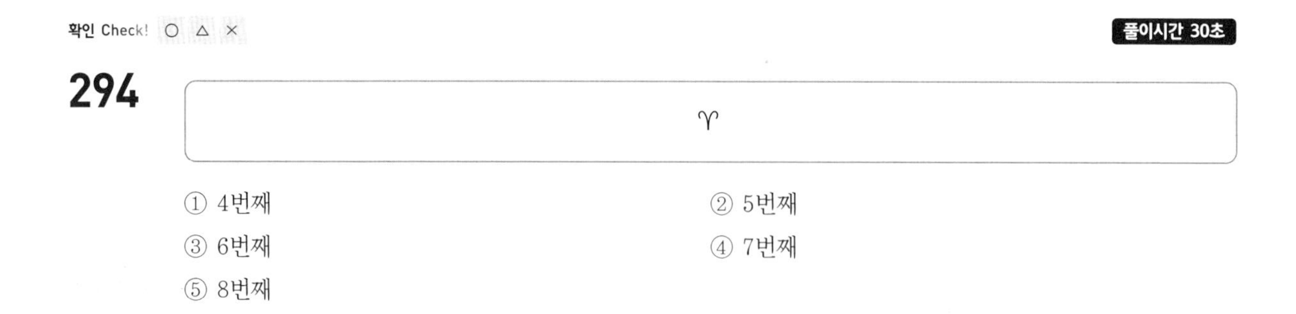

확인 Check! ○ △ ×　　풀이시간 30초

294

♈

① 4번째　　② 5번째

③ 6번째　　④ 7번째

⑤ 8번째

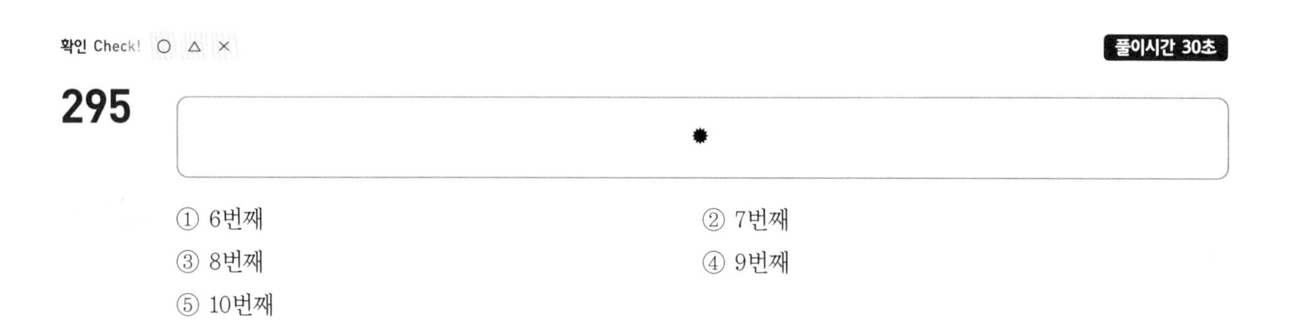

확인 Check! ○ △ ×　　풀이시간 30초

295

✹

① 6번째　　② 7번째

③ 8번째　　④ 9번째

⑤ 10번째

※ 다음 규칙에 따라 알맞게 변형한 것을 고르시오. [296~297]

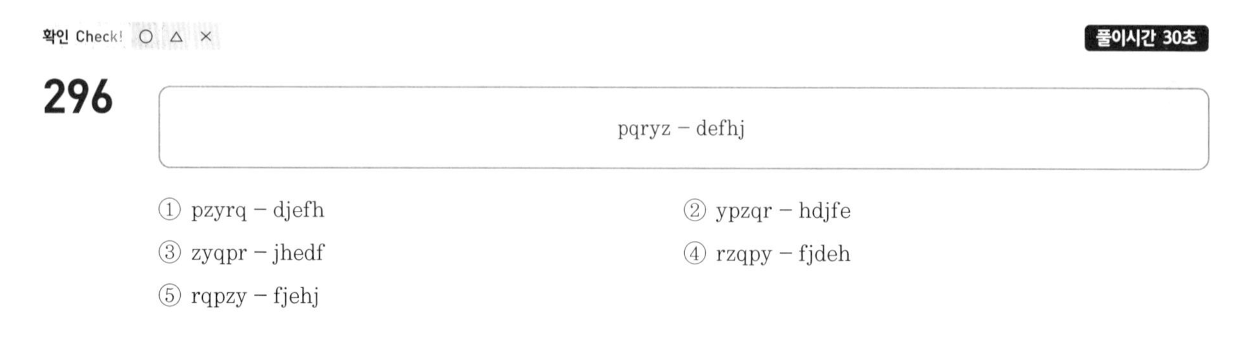

확인 Check! ○ △ ×　　풀이시간 30초

296

pqryz – defhj

① pzyrq – djefh　　② ypzqr – hdjfe

③ zyqpr – jhedf　　④ rzqpy – fjdeh

⑤ rqpzy – fjehj

확인 Check! ○ △ ×

풀이시간 30초

297

⊂⊃∪∩ – ☆●○★

① ∩⊂∪⊃ – ★☆●○

② ∪⊂∩⊃ – ○☆★●

③ ⊂∪⊃∩ – ☆●○★

④ ⊃∩∪⊂ – ●★☆○

⑤ ∩∪⊃⊂ – ☆●○★

※ 다음 규칙에 따라 알맞게 변형한 것으로 옳지 않은 것을 고르시오. [298~300]

확인 Check! ○ △ ×

풀이시간 30초

298

aqprt – 료규뎌마예

① ptraq – 뎌예마료규

② trqpa – 예마규뎌료

③ qptar – 규뎌예마료

④ rpaqt – 마뎌료규예

⑤ atrpq – 료예마뎌규

확인 Check! ○ △ ×

풀이시간 30초

299

ㄳㅄㄵㄺㄼ – ★●◆■▲

① ㄼㄵㅄㄳㄺ – ▲◆●★■

② ㄵㄳㄺㄼㅄ – ◆★■▲●

③ ㅄㄼㄳㄺㄵ – ●▲◆■★

④ ㄺㄼㄵㅄㄳ – ■▲◆●★

⑤ ㄼㄺㄵㅄㄳ – ▲■◆●★

확인 Check! ○ △ ×

풀이시간 30초

300

□☆○◎▽ – ii iii iv v vi

① ▽◎○☆□ – vi v iv iii ii

② ○☆□▽◎ – iv iii ii vi v

③ ☆□▽◎○ – iii ii iv v vi

④ ◎○☆▽□ – v iv iii vi ii

⑤ ☆▽◎○□ – iii vi v iv ii

07 영어능력(적성형)

■ 영어능력

영어능력은 직무 수행과정에 필요한 기본적인 영어 어휘와 회화 및 독해능력이다. 어휘 수준은 중학교 교육과정 수준에 기초했지만, 그 내용은 교과서에서 주로 나오는 유형과는 별개로 비즈니스 영어나 실생활의 이해 같이 실용영어에 기초를 두는 문제 유형이 많다.

■ 적성형

어휘력

어휘력 영역에서는 제시된 단어와 상관관계를 파악하거나, 유사·반의·종속 등의 관계를 갖는 적절한 어휘 찾기, 의미에 맞는 어휘 찾기 등의 문제가 출제된다. 단기간에 어휘력을 키우기란 어렵다. 평소에 문제를 접할 때 모르는 어휘는 사전을 찾아 정리하며, 그와 관련된 어휘들의 관계를 추리하는 능력을 길러야 한다.

회화

회화 영역은 대화의 흐름상 알맞은 말이 무엇인지, 질문에 대한 대답은 어떤 것인지 등을 물어봄으로써, 간단한 생활영어 수준을 테스트한다. 주어진 문장에 대한 의미를 정확하게 파악할 수만 있다면 어렵지 않게 풀 수 있으므로, 기본적인 어휘 능력 및 독해 능력을 바탕으로 문제를 풀면 된다.

독해

독해 영역에서는 문장 배열하기, 지문의 중심내용 및 세부내용 파악하기, 지칭 추론 등과 같이 내용적 이해력을 측정하는 문제가 주로 출제되므로 다양한 형태의 문제에 익숙해질 필요가 있다. 또한 보기에 제시되는 어휘를 모르면, 지문의 내용을 이해하고도 문제를 못 푸는 경우가 있을 수 있다. 잘 모르거나 헷갈리는 어휘는 정리하여 반복적으로 학습하는 것이 좋다.

07 영어능력(적성형)

01 어휘력

(1) 자주 출제되는 동의어

- Account for(= Explain) : ~을 설명하다
- At first hand(= Directly) : 직접적으로
- At second hand(= Indirectly) : 간접적으로
- Be in charge of(= Be responsible for) : ~에 책임이 있는
- Break away(= Escape, Run away) : 도망가다
- Break up(= Disperse, Scatter) : 해산시키다
- Bring up(= Rear, Educate) : 기르다, 양육하다
- Call down(= Reprimand, Scold, Rebuke) : 꾸짖다
- Carry out(= Accomplish, Execute) : 달성하다, 수행하다
- Come by(= Obtain, Get/Visit) : 얻다, 잠깐 들르다
- Count on(= Rely on, Depend on, Rest on, Be dependent upon, Fall back on) : ~에 의지하다
- Figure out(= Make out, Understand, Grasp, Calculate) : ~을 이해하다/계산하다
- For one's life(= Desperately) : 필사적으로
- Get[Take] hold of(= Grasp) : 붙잡다
- Give Birth to(= Bear, Produce, Turn out) : 만들다, 생산하다
- Have done with(= Finish, Have no connection with, Get through) : ~을 끝내다
- Lay aside(= Save, Lay by, Put aside, Put by) : 저금하다
- Let on(= Reveal, Disclose) : (비밀을) 누설하다
- Look back on(= Recall, Recollect) : ~을 회상하다
- Look forward to(= Anticipate) : ~을 기대하다
- Look up to(= Respect, Esteem) : 존경하다
- Lose heart(= Depressed) : 낙담하다
- Make believe(= Pretend) : ~인 체하다
- Make haste(= Hasten, Hurry up) : 서두르다
- One and all(= Unanimously) : 만장일치로
- Once and for all(= Finally, Decisively) : 마지막으로, 단연코
- Pass down(= Hand down, Pass on) : 전하다, 물려주다

- Pass over(=Overlook) : 간과하다
- Picture to oneself(=Imagine) : 상상하다
- Prevail on(=Persuade) : ~을 설득하다
- Put an end to(=Cause to end, Stop) : 끝내다
- Put off(=Postpone, Holdover) : 연기하다
- Put up with(=Endure, Bear, Tolerate, Stand) : 참다, 견디다
- Run out of(=Exhaust, Run short of) : 고갈되다
- Set up(=Establish) : 설립하다
- Take in : ① 숙박시키다(=Accommodate) ② 속이다(=Cheat)
- Tell on(=Influence/Effect on) : ~에 영향을 끼치다
- Think over(=Ponder, Deliberate) : 심사숙고하다
- Work on(=Influence, Affect) : 영향을 끼치다
- Yield to(=Surrender, Give way to, Give in) : 항복하다

(2) 자주 출제되는 반의어

- Ability(능력) ↔ Inability(무능력)
- Absolute(절대적인) ↔ Relative(상대적인)
- Abstract(추상적인) ↔ Concrete(구체적인)
- Antipathy(반감) ↔ Sympathy(동정, 동감)
- Arrogant(거만한) ↔ Humble(소박한)
- Artificial(인공적인) ↔ Natural(자연적인)
- Ascent(동의) ↔ Dissent(이의)
- Conceal(숨기다) ↔ Reveal(폭로하다)
- Dismiss(해고하다) ↔ Employ(고용하다)
- Doubtful(의심스러운) ↔ Obvious(명백한)
- Encourage(격려하다) ↔ Discourage(낙담시키다)
- Expense(지출) ↔ Income(수입)
- Freeze(얼어붙다) ↔ Melt(녹다)
- Guilty(유죄의) ↔ Innocent(무죄의)
- Inferiority(열등, 열세) ↔ Superiority(우월, 우세)
- Literate(글을 아는) ↔ Illiterate(문맹의)
- Mercy(자비) ↔ Cruelty(잔인)
- Nutrition(영양) ↔ Malnutrition(영양실조)
- Optimism(낙천주의) ↔ Pessimism(비관주의)
- Permanent(영구적인) ↔ Temporary(일시적인)
- Separate(분리하다) ↔ Unite(결합하다)
- Sharp(날카로운) ↔ Dull(둔한)

• Superior(우월한) ↔ Inferior(열등한)
• Synonym(동의어) ↔ Antonym(반의어)
• Treat(대접하다) ↔ Maltreat(푸대접하다)
• Underestimate(과소평가하다) ↔ Overestimate(과대평가하다)
• Vice(악덕) ↔ Virtue(미덕)
• Voluntary(자발적인) ↔ Compulsory(강제적인)

(3) 자주 출제되는 다의어

• Account : 계좌, 설명, 이유, 고려, 설명하다
• Address : 주소, 연설을 하다
• Alternative : 양자택일, 대안
• Apply : 지원하다, 적용되다
• Appreciate : 알아보다, 환영하다, 인식하다
• Apprehend : 염려하다, 체포하다
• Article : 기사, 논설, 조항, 조목, 물품, 관사
• Attribute : 특성, ~의 탓으로 돌리다
• Balance : 균형, 저울, 나머지
• Bear : 곰, 낳다, 참다, (생각이나 태도 등을) 품다
• Block : 큰 덩어리, 한 구획, 장애(물), (통로를) 막다, 방해하다
• Bound : 튀어 오르다, ~로 향하는, 묶인, 꼭 하는, ~해야 하는
• Command : 명령하다, (경치가) 내려다보이다, 지배
• Convention : 회의, 관습, 인습
• Count : 중요성을 지니다, 간주하다, 세다
• Dear : 친애하는, 비싼
• Decline : 거절하다, 기울다, 쇠퇴하다
• Divine : 신성한, 점치다
• Domestic : 가정의, 국내의
• Even : 평평한, 짝수의, ~조차도, 더욱[비교급 앞에서]
• Fare : 공평한, 맑은, 아름다운, 박람회
• Fine : 훌륭한, 벌금, 미세한
• Grave : 무덤, 중대한, 근엄한
• Issue : 논쟁점, 발행(물), 발행하다, 발표하다
• Lean : 기대다, 구부리다, 마른
• Long : 긴, 장황한, 따분한, 열망하다
• Matter : 문제, 물질, 중요하다
• Mean : 의미하다, 수단, 재산, 중간의, 비열한
• Note : 메모, 지폐, 주목, 적다, 주목하다

• Object : 물건, 대상, 목적, 반대하다
• Observe : 관찰하다, 준수하다, (명절 등을) 쇠다
• Odd : 남는, 나머지의, 홀수의, 이상한
• Odds : 차이, 승산, 가망성
• Present : 참석한, 현재의, 선물, 현재, 제출하다, 소개하다
• Rather : 오히려, 차라리, 다소, 약간, 좀
• Rear : 뒤(의), 후방(의), 기르다
• Second : 초, 두 번째의, 지지하다
• Serve : 봉사하다, 근무하다, ~에 쓸모가 있다
• Stuff : 재료, 속, ~을 채우다
• Tell : 말하다, 구별하다
• Utter : 말하다, 발언하다, 완전한, 전적인
• Want : 원하다, 부족하다, 결핍
• Well : 우물, 건강한, 잘
• Yield : 산출하다, 낳다, 양보하다

(4) 알아두면 유용한 어휘

• An outstanding account : 미지불 금액
• Bound for~ : ~을 향하다
• Close-knit : 긴밀한 유대관계의, 매우 친한
• Give way : 양보하다
• Hit-and-run : 뺑소니
• Lucrative : 이득이 되는
• Meet/Miss a deadline : 주어진 시한까지 일을 하다/못하다
• Monotonous : 지루한
• Pecking-order : 서열, 계층
• Pile-up : 연쇄충돌
• Precipitation : 강수량
• Red tape : 경제적 파산
• Reckless driving : 난폭운전
• Under the weather : 몸이 편치 않은
• Vocational work : 남들을 도와주는 일
• Wind-chill effect : 체감온도

02 회 화

1 인사하기

- Good (morning, afternoon, evening). : 안녕하세요(아침, 오후, 저녁).
- Good to see you again. : 당신을 다시 만나게 되어 기쁩니다.
- How are you today? : 당신 오늘 어떻습니까?
- Long time no see. : 정말 오랜만이다.

2 소개하기

- I'd like to introduce myself(= Let me introduce myself to you). : 저를 소개하겠습니다.
- This is my friend, Mike. : 이 사람은 제 친구 마이크입니다.
- How do you do? : 처음 뵙겠습니다.
- Nice (Glad / Pleased / Happy) to meet you. : 당신을 만나서 반갑습니다.
- I've been looking forward to meeting you. : 당신을 만나고 싶었습니다.

3 안부 묻기

- How are you(= How are doing = What's up)? : 어떻게 지내세요?
- How's your family? : 가족들은 어떻게 지냅니까?
- How have you been (doing)? : 어떻게 지냈습니까?
- I'm fine, thanks(= I'm very well, = Pretty good). : 좋습니다.
- Please give my best regards to your parents(= Please remember me to your parents). : 부모님께 안부 전해주세요.

4 건강 상태 묻고 답하기

- What's wrong with you(= What's the matter with you)? : 무슨 일이 있습니까?
- You look (a little) pale. : 당신 안색이 창백해 보입니다.
- You'd better see(consult) a doctor. : 의사의 진찰을 받는 게 좋겠습니다.
- Are you feeling well? : 좀 어떻습니까?
- I don't feel very well. : 건강이 매우 좋지 않습니다.
- I'm in good shape. : 나는 건강이 좋습니다.
- What do you do to stay in shape? : 당신은 건강을 유지하기 위해 무엇을 합니까?
- I exercise at the health club every day. : 나는 매일 헬스클럽에서 운동을 합니다.

5 길 묻고 안내하기

• How can I get to the Seoul Station? : 서울역까지 어떻게 가나요?
• Would you show me how to get there? : 그곳으로 가는 방법을 알려 주시겠어요?
• Excuse me, but where is the nearest movie theater? : 실례합니다만, 여기서 가장 가까운 영화관이 어디에 있습니까?
• I'm lost. where am I? : 전 길을 잃었습니다. 여기가 어딥니까?
• I'm looking for the flower shop. : 저는 꽃가게를 찾고 있습니다.
• I'm sorry, but I'm a stranger here myself(= I'm sorry, I'm new around here). : 죄송하지만, 저도 여기 처음입니다.
• Go straight two blocks and turn left. : 두 블록을 곧장 가서 왼쪽으로 도세요.
• Did you get it? : 이해했습니까?
• You can't miss it. : 당신은 틀림없이 찾을 수 있을 겁니다.

6 전화하기와 받기

• Hello, may I speak to Candice? : 여보세요, Candice 좀 바꿔주세요.
• Who's calling(speaking), please[= Who is this]? : 전화하신 분은 누구세요?
• This is he (speaking)[= Speaking]. : 접니다.
• There's no one here by that name. : 그런 사람은 여기에 없습니다.
• May I take a message? : 메시지를 남기시겠어요?
• I'll call him back later. : 제가 그에게 다시 전화하겠습니다.
• I'm sorry she's not. : 죄송하지만, 그녀는 없습니다.
• You've got the wrong number. : 전화 잘못 거셨습니다.

7 약속 제안하기

• How about going to the movies[= Why don't (Shall) we go to the movies]? : 영화 보러 가는 게 어때?
• I'd like to invite you to my birthday party. : 너를 내 생일파티에 초대하고 싶어.
• Would you like to come to my birthday party? : 내 생일파티에 와주겠니?
• What time shall we make it? : 몇 시에 만날까?
• OK[= Sure = Yes, I'd like(love) to]. : 좋아.
• Sorry, I can't(= I'd like to, but I can't, = I'm afraid not). : 미안하지만, 안 되겠어.
• I'm sorry, but I have an appointment. : 미안하지만, 난 약속이 있어.
• That sounds great. : 좋은 의견이에요.

8 요청하기

• May(Can) I ask you a favor? : 제가 부탁을 드려도 될까요?
• Would you do me a favor(=Would you give me a hand)? : 저를 도와주실 수 있습니까?
• Sure, I can(=Certainly, =Of course). : 예, 물론이죠.
• I'm afraid not. : 유감스럽지만 안 됩니다.
• Would you mind my opening(=If I open) the window? : 제가 창문을 열어도 될까요?
• Of course not(=Go ahead, =Certainly not, =Not at all). : 예, 그러세요.

9 음식 주문하기

• May(Can) I take your order(=Are you ready to order)? : 주문하시겠어요?
• What would you like to have? : 무엇을 드시겠습니까?
• How would you like your steak? : 스테이크를 어떻게 해드릴까요?
• Well done (Medium / Rare), please. : 바싹 익혀(반만 익혀 / 살짝 익혀) 주세요.
• (Is there) Anything else? / Will that be all? : 더 주문하실 것 있습니까? / 그게 전부입니까?
• (For) Here or to go? : 여기서 드시겠어요? 아니면 가져가시겠어요?
• I'll have a Pineapple pizza, please. : 파인애플 피자 주세요.
• I'd like a hamburger, please. : 햄버거 주세요.

10 음식 권하기

• Would you like something to drink(=Can I get you something to drink)? : 뭔가 좀 더 마시겠습니까?
• How about some more cake(=Do you want some more cake)? : 케이크를 좀 더 드시겠어요?
• Yes, please(=Sure, =It's so good, =I'd love some). : 물론입니다. 좋아요.
• No, thanks. I've had enough(=I'm full). : 아뇨, 고맙지만 충분히 먹었습니다(배가 부릅니다).

11 물건사기

• May I help you? : 도와드릴까요?
• May I ask what you are looking for? : 무엇을 찾는지 여쭤봐도 될까요?
• I'm looking for a white shirt. : 전 흰색 셔츠를 찾고 있습니다.
• I want to buy a TV. : TV를 사려고 합니다.
• How about this one? : 이건 어때요?
• How much is it(=What's the price)? : 가격이 얼마에요?
• Would you like to try it on? : 한번 입어보세요.

• It's on sale. : 그것은 지금 판매 중입니다.
• (It's) Too expensive. : 너무 비싸군요.
• I'll take it. : 그걸로 할게요.
• Could you wrap it for me, please? : 포장 좀 해주시겠어요?

12 경험 묻고 말하기

• Have you ever tried Korean food? : 한국음식을 먹어본 적 있니?
• Have you ever been to Itaewon? : 이태원에 가본 적 있니?
• I went climbing at Seoraksan last year. : 나는 작년에 설악산에 갔다.
• Did you have a good timc? : 즐거운 시간 보냈니?

13 좋아하는 것 묻고 말하기

• What kind of music do you like best? : 넌 어떤 음악을 가장 좋아하니?
• I'm into classical music. : 난 클래식 음악에 열중해 있어.
• I'm fond of action movies. : 난 액션영화를 좋아해.

14 병원에서 말하기

• I have terrible back pains. : 등에 심한 통증이 있습니다.
• How long have you had it? : 언제부터 그랬습니까?
• Let me examine you. : 검사해 보겠습니다.
• I hope you'll get well soon. : 곧 회복되기를 바랍니다.
• What's the problem? : 어떤 문제가 있습니까?
• My nose keeps running. : 콧물이 계속 흐릅니다.
• I have a fever. : 나는 열이 있습니다.
• Take this medicine. : 이 약을 복용하십시오.

15 날씨 물어보기

• What's the weather like? : 날씨가 어떻습니까?
• What's the weather forecast for the weekend? : 주말 일기예보는 어떻습니까?
• It is really hot, isn't it? : 정말 덥다, 그렇지?
• It's pouring(=It's stormy). : 비가 퍼붓는다(폭풍우가 친다).
• The weatherman said it's going to rain. : 일기예보관은 비가 올 거라고 말했다.

16 사과하기

• I'm sorry for everything. : 여러 가지로 죄송합니다.
• I can't tell you how sorry I am. : 당신에게 어떻게 사과드려야 할지 모르겠습니다.
• That's all right. : 괜찮습니다.
• It can happen to anyone. : 누구에게나 일어날 수 있는 일인걸요.

17 놀람 표현하기

• What a surprise(=How surprising)! : 놀랍구나!
• That surprises me! : 놀라운 일이다.
• My goodness! : 어머나!
• You're kidding! : 농담하고 있는 거지.
• I couldn't believe my eyes. : 내 눈을 믿을 수 없어.

18 소망 말하기

• May you succeed! : 당신이 성공하기를 바랍니다.
• I hope you'll have a better year. : 더 나은 한해가 되기를 바랍니다.
• Good luck to you! : 당신에게 행운이 있기를!
• I wish you all the best. : 당신에게 행운이 있기를 바랍니다.

19 관심 묻고 답하기

- That's a very interesting photograph. : 그것은 매우 흥미진진한 사진이다.
- I'm really interested in photography. : 나는 사진에 정말 관심이 많다.
- What's your hobbies? : 너의 취미는 무엇이니?
- My favorite is soccer. : 내가 특히 좋아하는 것은 축구야.

20 은행 · 우체국에서 말하기

- I'd like to open an account. : 계좌를 하나 만들고 싶습니다.
- I want to make a saving account. : 보통예금계좌로 하겠습니다.
- Could you break a ten dollar bill(=Could you give me change for a ten dollar bill)? : 10달러짜리 지폐를 잔돈으로 바꿔주시겠어요?
- How would you like to have it? : 어떻게 바꿔드릴까요?
- I wish to cash this check. : 이 수표를 현금으로 바꾸고 싶어요.
- I'd like to send this parcel to Paris. : 이 소포를 파리에 보내고 싶어요.

대표유형 길라잡이!

다음 빈칸에 들어갈 알맞은 단어는?

A : Hello, may I ( ) to Mina?
B : She is not in.

① speak
② work
③ keep
④ hold

정답 ①

이 문제는 대화의 맥락을 파악했을 때 빈칸에 들어갈 적절한 어휘를 골라내는 유형이다. 전화를 걸고 "Mina를 바꿔달라(May I speak to~(~좀 바꿔 주세요))"고 한 상황이므로, 빈칸에 들어갈 말은 'speak'이다.

03 독 해

1 다양한 직업

- Actor : 배우
- Actress : 여배우
- Architect : 건축가
- Assembler : 조립공
- Biologist : 생물학자
- Businessman : 사업가
- Carpenter : 목수
- Cashier : 출납원
- Chemist : 화학자
- Clerk : 점원
- Counselor : 상담원
- Custodian : 관리인
- Director : 감독
- Editor : 편집자
- Electrician : 전기공
- Engineer : 기술자
- Fisher : 어부
- Gardener : 정원사
- Hairdresser : 미용사
- Inspector : 조사관
- Journalist : 신문기자
- Lawyer : 변호사
- Mayor : 시장
- Magician : 마술사
- Mailman : 우체부
- Manager : 경영자
- Mechanic : 정비공
- Meister : 마이스터
- Merchant : 상인
- Minister : 장관, 목사
- Musician : 음악가
- Novelist : 소설가
- Official : 공무원
- Physician : 내과의사
- Plumber : 배관공
- President : 대통령
- Professor : 교수
- Prosecutor : 검사
- Sailor : 선원
- Salesperson : 판매원
- Scholar : 학자
- Statesman : 정치가
- Veterinarian : 수의사
- Vice-president : 부통령
- Writer : 작가

2 심경 · 태도 묘사에 자주 쓰이는 어휘

- Active : 능동적인
- Ambitious : 야심 많은
- Antipathic : 반감을 갖는
- Approving : 찬성하는
- Bitter : 신랄한
- Benevolent : 호의적인
- Careless : 부주의한
- Cautious, Prudent : 신중한
- Conservative : 보수적인
- Courteous : 예의 바른

- Diligent : 근면한
- Earnest : 진지한, 열렬한
- Easy-going : 느긋한
- Encouraging : 격려하는
- Envious : 시기하는
- Greedy : 탐욕스러운
- Generous : 관대한
- Hot-tempered : 화를 잘 내는
- Humble : 겸손한
- Indifferent : 무관심한
- Liberal : 개방적인
- Selfish : 이기적인
- Self-critical : 자기 비판적인
- Self-satisfied : 자기만족의
- Sincere : 진지한
- Solemn : 엄숙한
- Stubborn : 완고한
- Sympathetic : 동정적인
- Optimistic : 낙천적인
- Passive : 소극적인
- Passionate : 열성적인
- Patient : 참을성 있는
- Pessimistic : 비관적인
- Positive : 긍정적인
- Progressive : 진보적인
- Respectful : 정중한
- Thoughtful : 사려 깊은
- Timid : 소심한
- Understanding : 이해심 많은

3 태도 · 분위기 묘사에 자주 쓰이는 어휘

- 긍정 · 확신 : Affirmative, Positive
- 의심 : Dubious
- 냉소 : Cynical, Scornful, Sarcastic, Satirical
- 편견 : Partial, Prejudiced
- 성급 : Impatient, Rash, Reckless
- 활기 : Exuberant, Vigorous, High-spirited
- 황량 : Desolate
- 해학 : Witty
- 단조로움 : Monotonous, Prosaic
- 엄숙 : Solemn
- 부정 : Dissenting
- 비판 : Disparaging
- 동감 : Sympathetic
- 냉담 : Callous, Indifferent
- 우울 : Gloomy, Melancholy
- 단호함 : Stern, Strict, Rigorous
- 설명 : Descriptive, Explanatory
- 유익 : Informative, Instructive, Didactic
- 명료함 : Articulate

4 자주 출제되는 속담

- A buddy from my old stomping grounds. : 죽마고우
- A black hen lays a white egg. / A rags to riches story. : 개천에서 용나다.
- After the storm comes the calm. : 비 온 뒤에 땅이 더 굳어진다.
- A journey of a thousand miles begins with a single step. / Step by step one goes a long way. : 천리 길도 한 걸음부터
- A little knowledge is dangerous. : 선무당이 사람 잡는다.
- A loaf of bread is better than the song of many birds. : 금강산도 식후경
- A stitch in time saves nine. : 호미로 막을 데 가래로 막는다.
- As the tree is bent, so grows the tree. : 될성부른 나무는 떡잎부터 알아본다.
- Birds of a feather flock together. : 유유상종
- Blood is thicker than water. : 피는 물보다 진하다.
- Born is barn. : 꼬리가 길면 잡힌다.
- Claw me and I'll claw thee. : 가는 말이 고와야 오는 말도 곱다.
- Cut off your nose to spite your face. : 누워서 침 뱉기
- Don't count your chickens before they are hatched. : 김칫국부터 마시지 말라.
- Don't mount a dead horse. : 이미 엎질러진 물이다.
- Even a worm will turn. : 지렁이도 밟으면 꿈틀댄다.
- Even homer nods. / Even the greatest make mistakes. : 원숭이도 나무에서 떨어질 때가 있다.
- Face the music. : 울며 겨자 먹기
- Go home and kick the dog. : 종로에서 뺨맞고 한강에서 화풀이한다.
- Habit is (a) second nature. : 세 살 버릇 여든 간다.
- Heaven helps those who help themselves. : 하늘은 스스로 돕는 자를 돕는다.
- He bit off more than he can chew. : 송충이는 솔잎을 먹어야 한다.
- Icing on the cake. : 금상첨화
- Ignorance is bliss. : 모르는 게 약이다.
- Ill news flies. : 발 없는 말이 천리 간다.
- It's a piece of cake. : 누워서 떡 먹기
- It takes two to tango. : 손뼉도 마주쳐야 소리가 난다.
- Little drops of water make the mighty ocean. : 티끌 모아 태산
- Many hands make light work. : 백지장도 맞들면 낫다.
- Match made in heaven. : 천생연분
- Mend the barn after the horse is stolen. : 소 잃고 외양간 고친다.
- No smoke without fire. : 아니 땐 굴뚝에 연기 날까.
- One man sows and another man reaps. : 재주는 곰이 넘고 돈은 되놈이 번다.
- Pie in the sky. : 그림의 떡
- Rome was not built in a day. : 첫 술에 배부르랴.

• Strike while the iron is hot. : 쇠뿔도 단김에 빼라.
• Talking to the wall. : 소귀에 경 읽기
• The pot calls the kettle black. : 똥 묻은 개가 겨 묻은 개 나무란다.
• The grass is greener on the other side of the fence. : 남의 떡이 커 보인다.
• The sparrow near a school sings the primer. : 서당개 삼 년이면 풍월을 읊는다.
• Walls have ears. : 낮말은 새가 듣고 밤말은 쥐가 듣는다.
• Well begun is half done. : 시작이 반이다.
• Where there is a will, there is a way. : 뜻이 있는 곳에 길이 있다.

대표유형 길라잡이!

다음 글에 표현된 사람의 직업은?

Jane is in charge of works of art in the National Museum of Arts.

① Dealer
② Concierge
③ Collector
④ Curator

정답 ④

국립 미술관(the National Museum of Arts)이라는 단어를 통해 정답이 ④임을 알 수 있다. Curator는 큐레이터로, 박물관・미술관 등의 전시 책임자이다.

오답확인

① Dealer : 중개인
② Concierge : 수위, 호텔 안내원
③ Collector : 수집가, 징수원

확인 Check! ○ △ ×

풀이시간 30초

301 다음 제시된 단어와 같거나 유사한 의미를 지닌 단어는?

Unique

① Easy ② Special
③ Magical ④ Several

확인 Check! ○ △ ×

풀이시간 30초

302 다음 제시된 단어와 같거나 유사한 의미를 지닌 단어는?

Usually

① Especially ② Distinctly
③ Commonly ④ Naturally

확인 Check! ○ △ ×

풀이시간 30초

303 다음 제시된 단어와 같거나 유사한 의미를 지닌 단어는?

Accomplish

① Establish ② Improve
③ Enhance ④ Achieve

확인 Check! ○ △ ×

풀이시간 30초

304 다음 제시된 단어와 같거나 유사한 의미를 지닌 단어는?

Settlement

① Permanent
② Prominent
③ Agreement
④ Eminent

확인 Check! ○ △ ×

풀이시간 30초

305 다음 제시된 단어와 같거나 유사한 의미를 지닌 단어는?

Practical

① Worthless
② Useful
③ Actual
④ Certain

확인 Check! ○ △ ×

풀이시간 30초

306 다음 중 유의어끼리 짝지어진 것은?

① Heavy – Light
② Near – Far
③ Almost – Nearly
④ Better – Worse

확인 Check! ○ △ ×

풀이시간 30초

307 다음 중 유의어끼리 짝지어진 것은?

① Defense – Offense
② Eat – Take
③ Joy – Sorrow
④ Supply – Demand

확인 Check! ○ △ ×

풀이시간 30초

308 다음 제시된 단어와 반대되는 의미를 지닌 단어는?

Advance

① Suppress
② Settle
③ Withdraw
④ Adapt

확인 Check! ○ △ ×

풀이시간 30초

309 다음 제시된 단어와 반대되는 의미를 지닌 단어는?

Fragile

① Weak
② Delicate
③ Durable
④ Flexible

확인 Check! ○ △ ×

풀이시간 30초

310 다음 제시된 단어와 반대되는 의미를 지닌 단어는?

Repulse

① Deny
② Accept
③ Enforce
④ Ensure

확인 Check! ○ △ ×

풀이시간 30초

311 다음 제시된 단어와 반대되는 의미를 지닌 단어는?

Assemble

① Collect
② Complete
③ Conclude
④ Scatter

확인 Check! ○ △ ×

풀이시간 30초

312 다음 제시된 단어와 반대되는 의미를 지닌 단어는?

Appear

① Vanish
② Remain
③ Contain
④ Require

확인 Check! ○ △ ×

풀이시간 30초

313 다음 중 반의어끼리 짝지어진 것은?

① Vocabulary – Word
② Denial – Accept
③ Promise – Appointment
④ Exercise – Workout

확인 Check! ○ △ ×

풀이시간 30초

314 다음 중 반의어끼리 짝지어진 것은?

① Consumer – Producer
② Aim – Goal
③ Talent – Ability
④ Mark – Target

확인 Check! ○ △ ×

풀이시간 30초

315 다음 제시된 단어로 알맞은 것은?

인접한, 가까운

① Adjust
② Abroad
③ Adapt
④ Adjacent

확인 Check! ○ △ ×

풀이시간 30초

316 다음 제시된 단어로 알맞은 것은?

이국적인

① Experience
② Radiate
③ Exotic
④ Impulse

확인 Check! ○ △ ×

풀이시간 30초

317 다음 제시된 단어로 알맞은 것은?

등록하다

① Material
② Swish
③ Register
④ Instrument

확인 Check! ○ △ ×

풀이시간 30초

318 다음 제시된 단어로 알맞은 것은?

영구적으로

① Intensely
② Eternal
③ Alley
④ Insecurity

확인 Check! ○ △ ×

풀이시간 30초

319 다음 제시된 단어의 의미로 알맞은 것은?

Requirement

① 가능성
② 필요
③ 침착
④ 실수

확인 Check! ○ △ ×

풀이시간 30초

320 다음 제시된 단어의 의미로 알맞은 것은?

Fix

① 가득차다
② 배합하다
③ 고정시키다
④ 주장하다

확인 Check! ○ △ ×

풀이시간 30초

321 다음 제시된 단어의 의미로 알맞은 것은?

Malfunction

① 고장 ② 제작
③ 상태 ④ 방출

확인 Check! ○ △ ×

풀이시간 30초

322 다음 제시된 단어의 의미로 알맞은 것은?

Thermal

① 차가운 ② 지적인
③ 열의 ④ 부족한

확인 Check! ○ △ ×

풀이시간 30초

323 다음 중 나머지 셋과 다른 하나는?

① Composer ② Conductor
③ Accompanist ④ Painter

확인 Check! ○ △ ×

풀이시간 30초

324 다음 중 나머지 셋과 다른 하나는?

① Dragonfly ② Mosquito
③ Moth ④ Crocodile

확인 Check! ○ △ ×

풀이시간 30초

325 다음 중 나머지 셋과 다른 하나는?

① Announcer
② Actor
③ Lawyer
④ Director

확인 Check! ○ △ ×

풀이시간 30초

326 다음 중 나머지 단어를 포함하는 단어는?

① Drink
② Juice
③ Beer
④ Coffee

확인 Check! ○ △ ×

풀이시간 30초

327 다음 중 나머지 단어를 포함하는 단어는?

① Sunny
② Weather
③ Cloudy
④ Nasty

확인 Check! ○ △ ×

풀이시간 30초

328 다음 짝지어진 단어의 관계가 다른 것은?

① Admire – Admiral
② Succeed – Successful
③ Please – Pleasant
④ Depend – Dependent

확인 Check! ○ △ ×

풀이시간 30초

329 다음 짝지어진 단어의 관계가 <u>다른</u> 것은?

① Good – Better
② Bad – Worst
③ Many – More
④ Few – Fewer

확인 Check! ○ △ ×

풀이시간 30초

330 다음 제시된 문장이 서로 동일한 관계가 되도록 빈칸에 들어갈 말로 가장 적절한 것은?

She was on the point of reaching her goal. = She was (   ) to reach her goal.

① apt
② about
③ pleased
④ able

확인 Check! ○ △ ×

풀이시간 30초

331 다음 제시된 문장이 서로 동일한 관계가 되도록 빈칸에 들어갈 말로 가장 적절한 것은?

There is no knowing when he will come back. = It is (   ) to know when he will come back.

① probable
② certain
③ needless
④ impossible

확인 Check! ○ △ ×

풀이시간 30초

332 다음 대화에서 빈칸에 들어갈 말로 가장 적절한 것은?

A : What do you think about the old man?
B : The old man (   ) I believe to be honest deceived me.

① Whom
② Who
③ Whose
④ Whoever

확인 Check! ○ △ ×

풀이시간 30초

333 다음 글의 빈칸에 들어갈 말로 가장 알맞은 것은?

Did you ever try to peel a tomato? It is difficult, isn't it? __________, there is an easy way to do it. Place the tomato under hot water, and the skin comes off quickly.

① However
② Besides
③ That is
④ For example

확인 Check! ○ △ ×

풀이시간 30초

334 다음 글의 빈칸에 들어갈 말로 가장 알맞은 것은?

If any signer of the Constitution __________ return to life for a day, his opinion of our amendments would be interesting.

① was to
② were to
③ had to
④ should have

확인 Check! ○ △ ×

풀이시간 30초

335 다음 중 밑줄 친 단어와 바꾸어 쓸 수 있는 것은?

> School <u>was over</u>. All the students have left.

① ended
② started
③ continued
④ began

확인 Check! ○ △ ×

풀이시간 30초

336 다음 중 밑줄 친 단어와 바꾸어 쓸 수 있는 것은?

> There was <u>nothing but</u> grass on the hill.

① little
② only
③ some
④ never

확인 Check! ○ △ ×

풀이시간 30초

337 다음 빈칸에 들어갈 말로 알맞은 것은?

> A : I'd like to (   ) a flight to New York.
> B : One-way, or round-trip?

① book
② trip
③ check
④ information

확인 Check! ○ △ ×

풀이시간 30초

338 다음 빈칸에 들어갈 말로 알맞은 것은?

> A : I can't go to school.
> B : Why?
> A : (　　) I have a cold.

① Because　② But
③ So　④ And

확인 Check! ○ △ ×

풀이시간 45초

339 다음 빈칸에 들어갈 말로 알맞은 것은?

> A : I'm very sorry to be late for school today.
> B : You're not late very often. I imagine you've got a good reason.
> A : I missed my train and had to wait twenty minutes for the next one.
> B : (　　　　　　　　)

① That sounds good.　② That's all right.
③ You're kidding.　④ You're right.

확인 Check! ○ △ ×

풀이시간 30초

340 다음 질문의 대답으로 알맞지 <u>않은</u> 것은?

> What time is it?

① It's 7 o'clock.　② It's Sunday.
③ I don't know.　④ It's 8 p.m.

확인 Check! ○ △ ×

풀이시간 30초

341 다음 질문의 대답으로 알맞지 않은 것은?

What day is it today?

① It's Sunday.
② It's Wednesday.
③ It's Monday.
④ It's May first.

확인 Check! ○ △ ×

풀이시간 30초

342 다음 질문의 대답으로 알맞은 것은?

What does your father do?

① He is a doctor.
② His name is Jin-su.
③ He goes to school.
④ He likes animal.

확인 Check! ○ △ ×

풀이시간 30초

343 다음 질문의 대답으로 알맞은 것은?

Would you mind my opening the window?

① It's a shame.
② You're welcome.
③ That's right.
④ Go ahead.

확인 Check! ○ △ ×

풀이시간 45초

344 다음 대화 중 어색한 대화는?

① A : Are you free next week?
   B : Certainly, I have to prepare for the exam.
② A : Can I help you, sir?
   B : No, thanks.
③ A : Would you like some coffee?
   B : Yes, please.
④ A : Where is Pagoda Park?
   B : It's just one block east of the Seoul YMCA.

확인 Check! ○ △ ×

풀이시간 45초

345 다음 대화에서 Wilson의 의도로 가장 알맞은 것은?

> Wilson : Excuse me, when is your first flight to Seoul tomorrow?
> Smith : It is scheduled at seven in the morning.
> Wilson : Perfect! Can I make a reservation?
> Smith : Fine.

① 호텔 예약
② 상품 구매
③ 항공권 예약
④ 병원 진료

확인 Check! ○ △ ×

풀이시간 30초

346 다음 대화에서 알 수 있는 A의 직업은?

> A : May I take your order?
> B : I'd like to have a cup of tea.

① Pilot
② Waiter
③ Customer
④ Taxi driver

확인 Check! ○ △ ×

풀이시간 45초

347 다음 글에 표현된 사람의 직업은?

> This man is someone who performs dangerous acts in movies and television, often as a carrier. He may be used when an actor's age precludes a great amount of physical activity or when an actor is contractually prohibited from performing risky acts.

① Conductor
② Host
③ Acrobat
④ Stuntman

확인 Check! ○ △ ×

풀이시간 60초

348 다음 밑줄 친 (A), (B)가 가리키는 것은?

> According to new research, from the moment of birth, a baby has a great deal to say to his parents, and (A) <u>they</u> to him. Babies are said to possess special innate ability. But several decades ago, experts described the newborn as a primitive creature who reacted only by reflex, a helpless victim of its environment without capacity to influence (B) <u>it</u>. Most thought that all a new infant required was nourishment, clean diapers, and a warm cradle.

	(A)	(B)
①	A baby	Primitive creature
②	His parents	Primitive creature
③	His parents	Reflex
④	A baby	Reflex

확인 Check! ○ △ ×

풀이시간 60초

349 다음 중 주어진 문장들을 문맥에 따라 올바르게 배열한 것은?

(A) I wish you a good journey.
(B) I heard you're taking a week off this month.
(C) Yes, I'm leaving for Sunshine Beach this Friday.
(D) Do you have any special plans?
(E) That would be great.

① (B) – (D) – (C) – (E) – (A)
② (D) – (C) – (E) – (B) – (A)
③ (B) – (C) – (D) – (A) – (E)
④ (D) – (B) – (C) – (E) – (A)

확인 Check! ○ △ ×

풀이시간 90초

350 다음 글의 내용상 흐름이 어색한 것은?

The development of the personal computer has made life easier for authors, journalists, and writers. ① Computer technology now allows writers to edit their work without retyping the original draft. ② Computer word-processing programs can perform routine chores such as finding mistakes in spelling, and sometimes in punctuation and grammar. ③ Modern computers have only limited word-processing functions. ④ Moreover, manuscripts can be saved in files in the computer's memory. Writer must be careful, though, because computer files can be erased according with the touch of a button.

CHAPTER 02

인성검사

01 인성검사 모의연습

1 인성검사 소개

인성검사는 개인의 성격이나 성향을 파악하는 검사로, 성격검사라고도 한다. 개인이 업무를 수행할 때 능률적인 성과물을 만들기 위해서는 능력과 경험 그리고 회사의 교육 및 훈련 등도 필요하지만, 개인의 특성 역시 중요하다. 따라서 직업교육을 중시하는 마이스터고에서도 적성검사와 함께 인성검사를 소양검사에 포함시키고 있다. 인성검사의 결과는 대개 면접의 기초자료로 활용되며, 정답이 있는 것이 아니니 편안한 마음으로 검사에 임하는 것이 중요하다.

2 인성검사 시 유의사항

(1) 안정성

충분한 휴식으로 불안을 없애고 정서적인 안정을 취한다. 긴장하지 않고 심신이 안정되어야 자신의 마음을 잘 표현할 수 있다.

(2) 솔직성

생각나는 대로 솔직하게 응답한다. 자신을 너무 과대포장하지도, 너무 비하시키지도 마라. 답변을 꾸며서 하면 앞뒤가 맞지 않게끔 구성돼 있어 불리한 평가를 받게 되므로 솔직하게 답하도록 한다.

(3) 객관성

검사문항에 대해 지나치게 생각해서는 안 된다. 지나치게 몰두하면 엉뚱한 답변이 나올 수 있으므로 불필요한 생각은 삼가고 객관적인 입장에서 응답한다.

(4) 일관성

인성검사에서 일관성 요소는 응시자의 주의집중력이나 불성실한 태도들을 판별하기 위한 것이다. 검사응답이 일관적이어야 신뢰도가 높아진다. 예를 들어 책임감 항목에 긍정적 키워드로 응답했다면 검사 종료 시까지 책임감 항목에는 일관되게 긍정적으로 응답하면 된다.

(5) 정확성

인성검사는 대개 문항수가 많기에 자칫 건너뛰는 경우가 있는데, 가능한 한 모든 문항에 답해야 한다. 응답하지 않은 문항이 많을 경우 평가자가 정확한 평가를 내리지 못해 불리한 평가를 내릴 수 있기 때문이다.

유형 1

※ 다음 질문을 읽고, '예', '아니오'에 체크하시오. **[1~30]**

번호	질문	응답	
01	비유적이고 상징적 표현보다는 구체적이고 정확한 표현을 더 잘 이해한다.	예	아니오
02	주변 사람들의 외모나 다른 특징들을 자세히 기억한다.	예	아니오
03	꾸준하고 참을성이 있다는 말을 자주 듣는다.	예	아니오
04	공부할 때 세부적인 내용을 암기할 수 있다.	예	아니오
05	손으로 직접 만지거나 조작하는 것을 좋아한다.	예	아니오
06	상상 속에서 이야기를 잘 만들어 내는 편이다.	예	아니오
07	종종 물건을 잃어버리거나 어디에 두었는지 기억을 못하는 때가 있다.	예	아니오
08	창의력과 상상력이 풍부하다는 이야기를 자주 듣는다.	예	아니오
09	다른 사람들이 생각하지도 않는 엉뚱한 행동이나 생각을 할 때가 종종 있다.	예	아니오
10	이것저것 새로운 것에 관심이 많고 새로운 것을 배우고 싶어 한다.	예	아니오
11	'왜'라는 질문을 자주 한다.	예	아니오
12	의지와 끈기가 강한 편이다.	예	아니오
13	궁금한 점이 있으면 꼬치꼬치 따져서 궁금증을 풀고 싶어한다.	예	아니오
14	참을성이 있다는 말을 자주 듣는다.	예	아니오
15	남의 비난에도 잘 견딘다.	예	아니오
16	다른 사람의 감정에 민감하다.	예	아니오
17	자신의 잘못을 쉽게 인정하는 편이다.	예	아니오
18	싹싹하고 연하다는 소리를 잘 듣는다.	예	아니오
19	쉽게 양보를 하는 편이다.	예	아니오
20	음식을 선택할 때 쉽게 결정을 못 내릴 때가 많다.	예	아니오
21	계획표를 세밀하게 짜 놓고 그 계획표에 따라 생활하는 것을 좋아한다.	예	아니오
22	대체로 먼저 할 일을 해 놓고 나서 노는 편이다.	예	아니오
23	시험보기 전에 미리 여유 있게 공부 계획표를 짜 놓는다.	예	아니오
24	마지막 순간에 쫓기면서 일하는 것을 싫어한다.	예	아니오
25	계획에 따라 규칙적인 생활을 하는 편이다.	예	아니오
26	자기 것을 잘 나누어주는 편이다.	예	아니오
27	자신의 소지품을 덜 챙기는 편이다.	예	아니오
28	신발이나 옷이 떨어져도 무관심한 편이다.	예	아니오
29	신중하고 주의 깊은 편이다.	예	아니오
30	하루 종일 책상 앞에 앉아 있어도 지루해 하지 않는 편이다.	예	아니오

유형 2

※ 다음 질문을 읽고, ①~⑤ 중 자신에게 해당하는 것을 고르시오(① 전혀 그렇지 않다, ② 약간 그렇지 않다, ③ 보통이다, ④ 약간 그렇다, ⑤ 매우 그렇다). **[1~30]**

번호	질문	응답
01	결점을 지적받아도 아무렇지 않다.	① ② ③ ④ ⑤
02	피곤할 때도 명랑하게 행동한다.	① ② ③ ④ ⑤
03	실패했던 경험을 생각하면서 고민하는 편이다.	① ② ③ ④ ⑤
04	언제나 생기가 있다.	① ② ③ ④ ⑤
05	선배의 지적을 순수하게 받아들일 수 있다.	① ② ③ ④ ⑤
06	매일 목표가 있는 생활을 하고 있다.	① ② ③ ④ ⑤
07	열등감으로 자주 고민한다.	① ② ③ ④ ⑤
08	남에게 무시당하면 화가 난다.	① ② ③ ④ ⑤
09	무엇이든지 하면 된다고 생각하는 편이다.	① ② ③ ④ ⑤
10	자신의 존재를 과시하고 싶다.	① ② ③ ④ ⑤
11	사람을 많이 만나는 것을 좋아한다.	① ② ③ ④ ⑤
12	사람들이 당신에게 말수가 적다고 하는 편이다.	① ② ③ ④ ⑤
13	특정한 사람과 교제를 하는 편이다.	① ② ③ ④ ⑤
14	친구에게 먼저 말을 하는 편이다.	① ② ③ ④ ⑤
15	친구만 있으면 된다고 생각한다.	① ② ③ ④ ⑤
16	많은 사람 앞에서 말하는 것이 서툴다.	① ② ③ ④ ⑤
17	반 편성과 교실 이동을 싫어한다.	① ② ③ ④ ⑤
18	모임 등에서 자주 책임을 맡는다.	① ② ③ ④ ⑤
19	새 팀 분위기에 쉽게 적응하지 못하는 편이다.	① ② ③ ④ ⑤
20	누구하고나 친하게 교제한다.	① ② ③ ④ ⑤
21	충동구매는 절대 하지 않는다.	① ② ③ ④ ⑤
22	컨디션에 따라 기분이 잘 변한다.	① ② ③ ④ ⑤
23	옷 입는 취향이 오랫동안 바뀌지 않고 그대로이다.	① ② ③ ④ ⑤
24	남의 물건이 좋아 보인다.	① ② ③ ④ ⑤
25	광고를 보면 그 물건을 사고 싶다.	① ② ③ ④ ⑤
26	자신이 낙천주의자라고 생각한다.	① ② ③ ④ ⑤
27	에스컬레이터에서 걷지 않는다.	① ② ③ ④ ⑤
28	꾸물대는 것을 싫어한다.	① ② ③ ④ ⑤
29	고민이 생겨도 심각하게 생각하지 않는다.	① ② ③ ④ ⑤
30	반성하는 일이 거의 없다.	① ② ③ ④ ⑤

유형 3

※ 다음 질문을 읽고, ①~⑥ 중 자신에게 해당되는 것을 고르시오. **[1~3]**

01 최 대리가 신약을 개발했는데 치명적이지는 않지만 유해한 부작용이 발견됐다. 그런데 최 대리는 묵인하고 신약을 유통시켰다.

1-(1) 당신은 이 상황에 대해 얼마나 동의하는가?

① 0% ② 20% ③ 40% ④ 60% ⑤ 80% ⑥ 100%

1-(2) 자신이라도 그렇게 할 것인가?

① 0% ② 20% ③ 40% ④ 60% ⑤ 80% ⑥ 100%

02 같은 팀 최 대리가 자신의 성과를 높이기 위해 중요한 업무를 상사에게 요구한다.

2-(1) 다른 팀원도 그 상황에 동의할 것 같은가?

① 0% ② 20% ③ 40% ④ 60% ⑤ 80% ⑥ 100%

2-(2) 자신이라도 그렇게 할 것인가?

① 0% ② 20% ③ 40% ④ 60% ⑤ 80% ⑥ 100%

03 최 대리는 회계 보고서 작성 후 오류를 발견했지만 바로잡기엔 시간이 부족하여 그냥 제출했다.

3-(1) 다른 직원들도 그 상황에 동의할 것 같은가?

① 0% ② 20% ③ 40% ④ 60% ⑤ 80% ⑥ 100%

3-(2) 자신이라도 그렇게 할 것인가?

① 0% ② 20% ③ 40% ④ 60% ⑤ 80% ⑥ 100%

유형 4

※ 다음 질문을 읽고, A, B 중 자신에게 해당하는 것을 고르시오. **[1~5]**

01 일을 하는 중간에 잘못된 방식인 것을 알았다.

A. 새로운 방식으로 빨리 바꾼다.

B. 조금 더 고민해 본 후 신중하게 바꾼다.

02 새로 산 물건을 잃어버렸다.

A. 두고두고 생각이 난다.

B. 금방 잊는다.

03 중요한 약속을 지키지 못했다.

A. 계속 신경이 쓰인다.

B. 금방 잊는다.

04 해야 하는 일을 깜빡 잊고 하지 못했다.

A. 계속 신경이 쓰인다.

B. 금방 잊는다.

05 팀의 일이 많은데 팀원이 결근을 했다.

A. 내 일은 아니지만 팀의 일이니 돕는다.

B. 내 일부터 한다.

유형 5

※ 각 문항을 읽고, ①~⑥ 중 자신의 성향과 가까운 정도에 따라 ① 전혀 그렇지 않다, ② 그렇지 않다, ③ 조금 그렇지 않다, ④ 조금 그렇다, ⑤ 그렇다, ⑥ 매우 그렇다 중 하나를 선택하시오. 그리고 3개의 문장 중 자신의 성향에 비추어볼 때 가장 먼 것(멀다)과 가장 가까운 것(가깝다)을 하나씩 선택하시오. **[1~4]**

01

질문	답안1						답안2	
	①	②	③	④	⑤	⑥	멀	가
1. 사물을 신중하게 생각하는 편이다.	□	□	□	□	□	□	□	□
2. 포기하지 않고 노력하는 것이 중요하다.	□	□	□	□	□	□	□	□
3. 자신의 권리를 주장하는 편이다.	□	□	□	□	□	□	□	□

02

질문	답안1						답안2	
	①	②	③	④	⑤	⑥	멀	가
1. 노력의 여하보다 결과가 중요하다.	□	□	□	□	□	□	□	□
2. 자기주장이 강하다.	□	□	□	□	□	□	□	□
3. 어떠한 일이 있어도 출세하고 싶다.	□	□	□	□	□	□	□	□

03

질문	답안1						답안2	
	①	②	③	④	⑤	⑥	멀	가
1. 다른 사람의 일에 관심이 없다.	□	□	□	□	□	□	□	□
2. 때로는 후회할 때도 있다.	□	□	□	□	□	□	□	□
3. 진정으로 마음을 허락할 수 있는 사람은 없다.	□	□	□	□	□	□	□	□

04

질문	답안1						답안2	
	①	②	③	④	⑤	⑥	멀	가
1. 한번 시작한 일은 끝을 맺는다.	□	□	□	□	□	□	□	□
2. 다른 사람들이 하지 못하는 일을 하고 싶다.	□	□	□	□	□	□	□	□
3. 좋은 생각이 떠올라도 실행하기 전에 여러모로 검토한다.	□	□	□	□	□	□	□	□

PART Ⅲ

실전 모의고사

제1회 실전 모의고사(NCS형)

제2회 실전 모의고사(적성형)

정답 및 해설

제1회 실전 모의고사(NCS형)

확인 Check! ○ △ ×

01 다음 글의 주된 내용 전개방식으로 가장 적절한 것은?

> 식물명에는 몇 가지 작명 원리가 있다. 가장 흔한 건 생김새를 보고 짓는 것이다. 그중 동물에 비유해서 지어진 이름이 많다. 강아지 꼬리를 닮은 풀이면 강아지풀, 호랑이 꼬리를 닮으면 범꼬리, 잎에 털이 부숭한 모양이 노루의 귀 같아서 노루귀, 열매가 매의 발톱처럼 뾰족해서 매발톱, 마디가 소의 무릎처럼 굵어져서 쇠무릎, 호랑이 눈을 닮은 버드나무라 해서 호랑버들이라고 부르는 것들이 그렇다.
> 물건에 비유해 붙이기도 한다. 혼례식 때 켜는 초롱을 닮았다 하여 초롱꽃, 조롱조롱 매달린 꽃이 은방울을 닮아서 은방울꽃, 꽃이 피기 전의 꽃봉오리가 붓 같아서 붓꽃, 꽃대가 한 줄기로 올라오는 모습이 홀아비처럼 외로워 보여서 홀아비꽃대로 불리는 것이 그렇다.
> 생김새나 쓰임새가 아닌 다른 특징에 의해 짓기도 한다. 애기똥풀이나 피나물은 잎을 자르면 나오는 액을 보고 지은 이름이다. 식물명에 '애기'가 들어가면 대개 기본종에 비해 작거나 앙증맞은 경우를 일컫는다. 애기나리, 애기중의무릇, 애기부들, 애기메꽃처럼 말이다. 그와 달리 애기똥풀의 '애기'는 진짜 애기를 가리킨다. 자르면 나오는 노란 액이 애기의 똥 같아서 붙여진 이름인 것이다. 피나물은 잎을 자르면 정말로 핏빛 액이 나온다.
> 향기가 이름이 된 경우도 있다. 오이풀을 비벼보면 싱그러운 오이 향이 손에 묻어난다. 생강나무에서는 알싸한 생강 향기가 난다. 분꽃나무의 꽃에서는 여자의 화장품처럼 분내가 풍겨온다. 누리장나무는 고기의 누린내가 나서 붙여진 이름이다.
> 소리 때문에 지어진 경우도 있다. 한지를 만드는 데 썼던 닥나무는 가지를 꺾으면 딱 하는 소리가 나서 딱나무로 불리다가 닥나무가 됐다. 꽝꽝나무는 불 속에 던져 넣으면 "꽝꽝" 하는 소리가 난다고 해서 붙여졌다. 나무에서 정말로 그런 소리가 나는지는 몰라도 잎을 태워보면 "빵" 하는 소리가 난다. 자작나무도 소리로 인해 붙여진 이름이다. 자작나무의 껍질에는 지방분이 많아 불을 붙이면 "자자자작" 하는 소리를 내면서 탄다. 기름이 귀했던 옛날에는 자작나무 기름으로 신방의 불을 밝혔다.

① 다양한 관점들을 제시한 뒤, 예를 들어 설명하고 있다.
② 대상들을 분류한 뒤, 예를 들어 설명하고 있다.
③ 여러 가지 대상들의 원리에 대해 설명하고 있다.
④ 현상에 대한 해결방안에 대해 제시하고 있다.
⑤ 대상에 대한 옳은 예와 옳지 않은 예를 제시하고 있다.

확인 Check! ○ △ ×

2 다음 문장을 논리적 순서대로 바르게 나열한 것은?

(가) 환경부 국장은 "급식인원이 하루 50만 명에 이르는 E놀이공원이 음식문화 개선에 앞장서는 것은 큰 의미가 있다."면서, "이번 협약을 계기로 대기업 중심의 범국민적인 음식문화 개선 운동이 빠르게 확산될 것으로 기대한다."고 말했다.
(나) 놀이공원은 하루 평균 15,000여 톤에 이르는 과도한 음식물쓰레기 발생으로 연간 20조 원의 경제적인 낭비가 초래되고 있는 심각성을 인식하며, 환경부와 상호협력하여 음식물쓰레기 줄이기를 적극 추진하기로 했다.
(다) 이날 체결한 협약에 따라 E놀이공원에서 운영하는 전국 500여 단체급식 사업장과 외식사업장에서는 구매, 조리, 배식 등 단계별로 음식물쓰레기 줄이기 활동을 전개하고, 사업장별 특성에 맞는 감량 활동 및 다양한 홍보 캠페인 실시, 인센티브 제공을 통해 이용 고객들의 적극적인 참여를 유도할 계획이다.
(라) 이에, 환경부 국장과 E놀이공원 사업부장은 지난 26일, 환경부, 환경연구소 및 E놀이공원 관계자 등이 참석한 가운데, 〈음식문화 개선대책〉에 관한 자발적 협약을 체결하였다.

① (나) – (라) – (가) – (다)
② (라) – (다) – (나) – (가)
③ (라) – (다) – (가) – (나)
④ (나) – (라) – (다) – (가)
⑤ (라) – (나) – (다) – (가)

확인 Check! ○ △ ×

3 다음 중 〈보기〉와 같은 갈등 상황을 유발하는 원인으로 가장 적절한 것은?

보 기

기획팀의 K대리는 팀원 3명과 함께 프로젝트를 수행하고 있다. K대리는 이번 프로젝트를 조금 여유 있게 진행할 것을 팀원들에게 요청하였다. 팀원들은 프로젝트 진행을 위해 회의를 진행하였는데, L사원과 P사원의 의견이 서로 대립하는 바람에 결론을 내리지 못한 채 회의를 마치게 되었다. K대리가 회의 내용을 살펴본 결과 L사원은 프로젝트 기획 단계에서 좀 더 꼼꼼하고 상세한 자료를 모으자는 의견이었고, 반대로 P사원은 여유 있는 시간을 프로젝트 수정・보완 단계에서 사용하자는 의견이었다.

① L사원과 P사원이 K대리의 의견을 서로 다르게 받아들였기 때문이다.
② L사원은 K대리의 고정적 메시지를 잘못 이해하고 있기 때문이다.
③ L사원과 P사원이 자신의 정보를 상대방이 이해하기 어렵게 표현하고 있기 때문이다.
④ L사원과 P사원이 서로 잘못된 정보를 전달하고 있기 때문이다.
⑤ L사원과 P사원이 서로에 대한 선입견을 갖고 있기 때문이다.

확인 Check! ○ △ ×

04 다음 중 경청의 중요성에 대한 설명으로 적절하지 않은 것은?

〈경청의 중요성〉

㉠ 경청을 함으로써 상대방을 한 개인으로 존중하게 된다.
㉡ 경청을 함으로써 상대방을 성실한 마음으로 대하게 된다.
㉢ 경청을 함으로써 상대방의 입장에 공감하며, 상대방을 이해하게 된다.

① ㉠ – 상대방의 감정, 사고, 행동을 평가하거나 비판하지 않고 있는 그대로 받아들인다.
② ㉡ – 상대방과의 관계에서 느낀 감정과 생각 등을 솔직하고 성실하게 표현한다.
③ ㉡ – 상대방과의 솔직한 의사 및 감정의 교류를 가능하게 도와준다.
④ ㉢ – 자신의 생각이나 느낌, 가치관 등으로 상대방을 이해하려 한다.
⑤ ㉢ – 상대방으로 하여금 자신이 이해받고 있다는 느낌을 갖도록 한다.

확인 Check! ○ △ ×

05 다음은 직장에서 문서를 작성할 경우 지켜야 하는 문서작성 원칙이다. A ~ E 중 문서작성 원칙에 대해 잘못 이해하고 있는 사람은?

〈문서작성의 원칙〉

- 문장은 짧고, 간결하게 작성하도록 한다.
- 상대방이 이해하기 쉽게 쓴다.
- 중요하지 않은 경우 한자의 사용을 자제해야 한다.
- 간결체로 작성한다.
- 문장은 긍정문의 형식으로 써야 한다.
- 간단한 표제를 붙인다.
- 문서의 주요한 내용을 먼저 쓰도록 한다.

① A : 문장에서 끊을 수 있는 부분은 가능한 한 끊어서 짧은 문장으로 작성하되, 실질적인 내용을 담아 작성해야 해.
② B : 상대방이 이해하기 어려운 글은 좋은 글이 아니야. 우회적인 표현이나 현혹적인 문구는 되도록 삭제하는 것이 좋겠어.
③ C : 문장은 되도록 자세하게 작성하여 빠른 이해를 돕도록 하고, 문장마다 행을 바꿔 문서가 깔끔하게 보이도록 해야겠군.
④ D : 표제는 문서의 내용을 일목요연하게 파악할 수 있게 도와줘. 간단한 표제를 붙인다면 상대방이 내용을 쉽게 이해할 수 있을 거야.
⑤ E : 일반적인 글과 달리 직장에서 작성하는 문서에서는 결론을 먼저 쓰는 것이 좋겠군.

확인 Check! ○ △ ×

06 다음 중 '데'의 쓰임이 잘못 연결된 것은?

> ㉠ 과거 어느 때에 직접 경험하여 알게 된 사실을 현재의 말하는 장면에 그대로 옮겨 와서 말함을 나타내는 종결 어미
> ㉡ 뒤 절에서 어떤 일을 설명하거나 묻거나 시키거나 제안하기 위하여 그 대상과 상관되는 상황을 미리 말할 때에 쓰는 연결 어미
> ㉢ 일정한 대답을 요구하며 물어보는 뜻을 나타내는 종결 어미

① ㉠ – 내가 어릴 때 살던 곳은 아직 그대로던데.
② ㉠ – 그 친구는 발표를 정말 잘하던데.
③ ㉡ – 그를 설득하는 데 며칠이 걸렸다.
④ ㉡ – 가게에 가는데 뭐 사다 줄까?
⑤ ㉢ – 저기 저 꽃의 이름은 뭔데?

확인 Check! ○ △ ×

07 다음 문장을 어법에 따라 수정할 때 적절하지 않은 것은?

> 나는 내가 시작된 일은 반드시 내가 마무리 지어야 한다는 사명감을 가지고 있었다. 그래서 이번 문제 역시 다른 사람의 도움 없이 스스로 해결해야겠다고 다짐했었다. 그러나 일은 생각만큼 쉽게 풀리지 못했다. 이번에 새로 올린 기획안이 사장님의 제가를 받기 어려울 것이라는 이야기가 들렸다. 같은 팀의 박 대리는 내게 사사로운 감정을 기획안에 투영하지 말라는 충고를 전하면서 커피를 건넸고, 화가 난 나는 뜨거운 커피를 그대로 마시다가 하얀 셔츠에 모두 쏟고 말았다. 오늘 회사 내에서 만나는 사람마다 모두 커피를 쏟은 내 셔츠의 사정에 관해 물었고, 그들에 의해 나는 오늘 온종일 칠칠한 사람이 되어야만 했다.

① 시작된 → 시작한
② 못했다 → 않았다
③ 제가 → 재가
④ 투영하지 → 투영시키지
⑤ 칠칠한 → 칠칠하지 못한

확인 Check! ○ △ ×

08 어떤 물건의 정가에서 30%를 할인한 가격을 1,000원 더 할인하였다. 이 물건을 2개 사면 그 가격이 처음 정가와 같다고 할 때, 처음 정가는 얼마인가?

① 5,000원
② 6,000원
③ 7,000원
④ 8,000원
⑤ 9,000원

확인 Check! ○ △ ×

09 A사에서 워크숍을 위해 강당 대여요금을 알아보고 있다. 강당의 대여요금은 기본요금의 경우 30분까지 동일하며, 그 후에는 1분마다 추가요금이 발생한다. 1시간 대여료는 50,000원, 2시간 대여할 경우 110,000원이 대여료일 때, 3시간 대여 시 요금은 얼마인가?

① 170,000원
② 180,000원
③ 190,000원
④ 200,000원
⑤ 210,000원

확인 Check! ○ △ ×

10 직원 수가 36명인 A사가 워크숍을 떠나려 한다. 워크숍에는 전체 남직원의 $\frac{1}{6}$과 전체 여직원의 $\frac{1}{3}$이 참가하였다. 워크숍에 참가한 총 직원이 A사 전체 직원의 $\frac{2}{9}$라고 할 때, A사의 남직원은 총 몇 명인가?

① 12명
② 16명
③ 18명
④ 20명
⑤ 24명

확인 Check! ○ △ ×

11 한 도로에 신호등이 연속으로 2개가 있다. 첫 번째 신호등은 6초 동안 불이 켜져 있다가 10초 동안 꺼진다. 두 번째 신호등은 8초 동안 불이 켜져 있다가 4초 동안 꺼져 있다. 두 신호등이 동시에 불이 들어왔을 때, 다시 동시에 불이 켜지는 순간은 몇 초 후인가?

① 50초 후
② 48초 후
③ 46초 후
④ 44초 후
⑤ 42초 후

확인 Check! ○ △ ×

12 다음은 2022년 공항철도를 이용한 월별 여객 수송실적이다. 다음 표를 보고 (A) ~ (C)에 들어갈 수를 올바르게 짝지은 것은?

〈공항철도 이용 여객 현황〉

(단위 : 명)

구분	수송인원	승차인원	유입인원
1월	209,807	114,522	95,285
2월	208,645	117,450	(A)
3월	225,956	133,980	91,976
4월	257,988	152,370	105,618
5월	266,300	187,329	78,971
6월	(B)	189,243	89,721
7월	328,450	214,761	113,689
8월	327,020	209,875	117,145
9월	338,115	(C)	89,209
10월	326,307	219,077	107,230

※ 유입인원은 환승한 인원이다.
※ (수송인원)=(승차인원)+(유입인원)

	(A)	(B)	(C)
①	101,195	278,884	243,909
②	101,195	268,785	243,909
③	91,195	268,785	248,906
④	91,195	278,964	248,906
⑤	90,095	278,964	249,902

확인 Check! ○ △ ×

13

다음 글을 근거로 판단할 때, 색칠된 사물함에 들어있는 돈의 총액으로 가능한 것은?

- 다음과 같이 생긴 25개의 각 사물함에는 200원이 들어있거나 300원이 들어있거나 돈이 아예 들어있지 않다.
- 그림의 우측과 아래에 쓰인 숫자는 그 줄의 사물함에 든 돈의 액수를 모두 합한 금액이다. 예를 들어, 1번, 2번, 3번, 4번, 5번 사물함에 든 돈의 액수를 모두 합하면 900원이다.
- 11번 사물함에는 200원이 들어있고, 25번 사물함에는 300원이 들어있으며, 전체 사물함 중 200원이 든 사물함은 4개뿐이다.

1	2	3	4	5	900
6	7	8	9	10	700
11	12	13	14	15	500
16	17	18	19	20	300
21	22	23	24	25	500
500	400	900	600	500	

① 600원
② 900원
③ 1,000원
④ 1,200원
⑤ 1,400원

확인 Check! ○ △ ×

14

논리적인 사고를 하기 위해서는 생각하는 습관, 상대 논리의 구조화, 구체적인 생각, 타인에 대한 이해, 설득의 5가지 요소가 필요하다. 다음 글에서 설명하는 설득에 해당하는 내용은?

논리적 사고의 구성 요소 중 설득은 자신의 사상을 강요하지 않고, 자신이 함께 일을 진행하는 상대와 의논하기도 하고 설득해 나가는 가운데 자신이 깨닫지 못했던 새로운 가치를 발견하고 발견한 가치에 대해 생각해 내는 과정을 의미한다.

① 아, 네가 아까 했던 말이 이거였구나. 그래, 지금 해보니 아까 했던 이야기가 무슨 말인지 이해가 될 것 같아.
② 네가 왜 그런 생각을 하게 됐는지 이해가 됐어. 그래, 너와 같은 경험을 했다면 나도 그렇게 생각했을 것 같아.
③ 네가 하는 말이 이해가 잘 안 되는데, 내가 이해한 게 맞는지 구체적인 사례를 들어서 한번 얘기해 볼게.
④ 너는 지금처럼 불안정한 시장 상황에서 무리하게 사업을 확장할 경우 리스크가 너무 크게 발생할 수 있다는 거지?
⑤ 네가 말한 내용이 업무 개선에 좋을 것 같다고 하지만, 명확히 왜 좋은지 알 수 없어 생각해 봐야할 거 같아.

확인 Check! ○ △ ×

15

귀하는 부하직원 A ~ E 5명을 대상으로 마케팅 전략에 대한 찬반 의견을 물었고, 이에 대해 부하직원은 다음 〈조건〉에 따라 찬성과 반대 둘 중 하나의 의견을 제시하였다. 다음 중 항상 옳은 것은?

조 건

- A 또는 D 둘 중 적어도 하나가 반대하면, C는 찬성하고 E는 반대한다.
- B가 반대하면, A는 찬성하고 D는 반대한다.
- D가 반대하면 C도 반대한다.
- E가 반대하면 B도 반대한다.
- 적어도 한 사람은 반대한다.

① A는 찬성하고 B는 반대한다.
② A는 찬성하고 E는 반대한다.
③ B와 D는 반대한다.
④ C는 반대하고 D는 찬성한다.
⑤ C와 E는 찬성한다.

확인 Check! ○ △ ×

16

한 종합병원에는 3개의 층이 있고, 각 층에는 1개의 접수처와 7개의 진료과가 위치하고 있다. 다음에 근거하여 바르게 추론한 것은?

- 가장 아래층에는 총 두 개의 진료과와 접수처가 위치한다.
- 정신과보다 높은 층에 있는 시설은 없다.
- 정형외과와 피부과보다 아래에 있는 시설은 없다.
- 정신과와 같은 층에는 하나의 진료과만 존재한다.
- 입원실과 내과는 같은 층에 위치한다.
- 산부인과는 2층, 외과는 3층에 위치한다.

① 정형외과에서 층 이동을 하지 않고도 정신과에 갈 수 있다.
② 산부인과가 있는 층에서 한 층을 올라가면 정형외과에 갈 수 있다.
③ 가장 낮은 층에 있는 것은 입원실이다.
④ 입원실과 내과는 정신과와 접수처의 사이 층에 위치한다.
⑤ 피부과는 산부인과와 같은 층에 위치한다.

확인 Check! ○ △ ×

17

자원의 낭비요인을 다음과 같이 4가지로 나누어볼 때, 〈보기〉의 사례에 해당하는 낭비요인을 순서대로 바르게 나열한 것은?

〈자원의 낭비요인〉

(가) 비계획적 행동 : 자원을 어떻게 활용할 것인가에 대한 계획 없이 충동적이고 즉흥적으로 행동하여 자원을 낭비하게 된다.

(나) 편리성 추구 : 자원을 편한 방향으로만 활용하는 것을 의미하며, 물적자원뿐만 아니라 시간, 돈의 낭비를 초래할 수 있다.

(다) 자원에 대한 인식 부재 : 자신이 가지고 있는 중요한 자원을 인식하지 못하는 것으로, 무의식적으로 중요한 자원을 낭비하게 된다.

(라) 노하우 부족 : 자원관리의 중요성을 인식하면서도 자원관리에 대한 경험이나 노하우가 부족한 경우를 말한다.

보 기

㉠ A는 가까운 거리에 있는 패스트푸드점을 직접 방문하지 않고 배달 앱을 통해 배달료를 지불하고 음식을 주문한다.

㉡ B는 의자를 만들어 달라는 고객의 주문에 공방에 남은 재료와 주문할 재료를 떠올리고는 일주일 안으로 완료될 것이라고 이야기하였지만, 재료의 배송 기간을 생각지 못해 약속된 기한 내에 완료하지 못했다.

㉢ 수습사원인 C는 처음으로 프로젝트를 담당하게 되면서 나름대로 계획을 세우고 열심히 수행했지만, 예상치 못한 상황이 발생하자 당황하여 처음 계획했던 대로 진행할 수 없었고 결국 아쉬움을 남긴 채 프로젝트를 완성하였다.

㉣ D는 TV에서 홈쇼핑 채널을 시청하면서 품절이 임박했다는 쇼호스트의 말을 듣고는 무작정 유럽 여행 상품을 구매하였다.

	(가)	(나)	(다)	(라)
①	㉡	㉣	㉠	㉢
②	㉢	㉣	㉡	㉠
③	㉢	㉠	㉡	㉣
④	㉣	㉠	㉡	㉢
⑤	㉣	㉢	㉡	㉠

확인 Check! ○ △ ×

18

다음 밑줄 친 '이것'에 대해 바르게 이해한 사람을 〈보기〉에서 모두 고르면?

> 이것은 과제를 수행하기 위해 소비된 비용 중 생산에 직접 관련되지 않은 비용을 말한다. 과제에 따라 매우 다양하게 발생하며, 과제가 수행되는 상황에 따라서도 다양하게 나타날 수 있다. 여기에는 보험료, 건물관리비, 광고비, 각종 공과금 등이 포함되며, 이러한 비용을 적절히 예측하여 계획을 세우고 관리하는 것이 중요하다.

보 기

창수 : '이것'의 구성은 과제를 위해 활동이나 과업을 수행하는 사람들에게 지급되는 비용도 포함이군.
장원 : '이것'은 직접비용에 상대되는 비용을 뜻해.
휘동 : 기업의 사무비품비가 '이것'에 포함되겠군.
경원 : 개인의 보험료도 '이것'에 포함돼.

① 창수, 장원
② 창수, 휘동
③ 장원, 휘동
④ 창수, 장원, 경원
⑤ 장원, 휘동, 경원

확인 Check! ○ △ ×

19

대학교 입학을 위해 지방에서 올라온 S씨는 자취방을 구하려고 한다. 대학교 근처 자취방의 월세와 대학교까지 거리는 아래와 같다. 한 달을 기준으로 S씨가 지출하게 될 자취방 월세와 자취방에서 대학교까지 왕복 시 거리비용을 합산할 때, S씨가 선택할 수 있는 가장 저렴한 비용의 자취방은?

구분	월세	대학교까지 거리
A자취방	330,000원	1.8km
B자취방	310,000원	2.3km
C자취방	350,000원	1.3km
D자취방	320,000원	1.6km
E자취방	340,000원	1.4km

※ 대학교 통학일(한 달 기준) : 15일
※ 거리비용 : 1km당 2,000원

① A자취방
② B자취방
③ C자취방
④ D자취방
⑤ E자취방

확인 Check! ○ △ ×

20 **다음은 산업재해를 예방하기 위해 제시되고 있는 하인리히의 법칙이다. 이를 근거로 할 때, 산업재해의 예방을 위해 조치를 취해야 하는 단계는 언제인가?**

> 1931년 미국의 한 보험회사에서 근무하던 하인리히는 회사에서 접한 수많은 사고를 분석하여 하나의 통계적 법칙을 발견하였다. 1 : 29 : 300 법칙이라고도 불리는 이 법칙은 큰 사고로 인해 산업재해가 발생하면 이 사고가 발생하기 이전에 같은 원인으로 발생한 작은 사고 29번, 잠재적 사고 징후가 300번이 있었다는 것을 나타낸다. 하인리히는 이처럼 심각한 산업재해의 발생 전에 여러 단계의 사건이 도미노처럼 발생하기 때문에 앞 단계에서 적절히 대처한다면 산업재해를 예방할 수 있다고 주장한다.

① 사회 환경적 문제가 발생한 단계
② 개인 능력의 부족이 보이는 단계
③ 기술적 결함이 나타난 단계
④ 불안전한 행동 및 상태가 나타난 단계
⑤ 작업 관리상 문제가 나타난 단계

제2회 실전 모의고사(적성형)

확인 Check! ○ △ ×

01 다음 제시된 단어와 동의 또는 유의 관계인 단어를 고르면?

궁색하다

① 애매하다
② 매정하다
③ 인자하다
④ 옹색하다
⑤ 하릴없다

확인 Check! ○ △ ×

02 다음 중 밑줄 친 부분의 표기가 잘못된 것은?

① 어려운 문제의 답을 맞혀야 높은 점수를 받을 수 있다.
② 공책에 선을 반듯이 긋고 그 선에 맞춰 글을 쓰는 연습을 해.
③ 생선을 간장에 10분 동안 졸이면 요리가 완성된다.
④ 미안하지만 지금은 바쁘니까 이따가 와서 얘기해.
⑤ 땅 주인은 땅을 사려는 사람에게 흥정을 붙였다.

확인 Check! ○ △ ×

03 [제시문 A]를 읽고, [제시문 B]가 참인지 거짓인지 혹은 알 수 없는지 고르면?

[제시문 A]
- 미희는 매주 수요일마다 요가 학원에 간다.
- 미희가 요가 학원에 가면 항상 9시에 집에 온다.

[제시문 B]
미희가 9시에 집에 오는 날은 수요일이다.

① 참 ② 거짓 ③ 알 수 없음

확인 Check! ○ △ ×

04

다음은 '지역민을 위한 휴식 공간 조성'에 대한 글을 쓰기 위한 개요이다. 개요의 수정 · 보완 및 자료 제시 방안으로 적절하지 않은 것은?

> **Ⅰ. 서론** ······························ ㉠
> **Ⅱ. 본론**
> 1. 휴식 공간 조성의 필요성
> 가. 휴식 시간의 부족에 대한 직장인의 불만 증대 ··········· ㉡
> 나. 여가를 즐길 수 있는 공간에 대한 지역민의 요구 증가
> 2. 휴식 공간 조성의 장애 요인
> 가. 휴식 공간을 조성할 지역 내 장소 확보 ··········· ㉢
> 나. 비용 마련의 어려움
> 3. 해결방안 ······························ ㉣
> 가. 휴식 공간을 조성할 지역 내 장소 부족
> 나. 무분별한 개발로 훼손되고 있는 도시 경관 ··········· ㉤
> **Ⅲ. 결론** : 지역민을 위한 휴식 공간 조성 촉구

① ㉠ – 지역 내 휴식 공간의 면적을 조사한 자료를 통해 지역의 휴식 공간 실태를 나타낸다.
② ㉡ – 글의 주제를 고려하여 '휴식 공간의 부족에 대한 지역민의 불만 증대'로 수정한다.
③ ㉢ – 상위 항목과의 연관성을 고려하여 'Ⅱ – 3 – 가'와 위치를 바꾼다.
④ ㉣ – 'Ⅱ – 2 – 나'의 내용을 고려하여 '지역 공동체와의 협력을 통한 비용 마련'을 하위 항목으로 추가한다.
⑤ ㉤ – 상위 항목과 어울리지 않으므로 'Ⅱ – 2'의 하위 항목으로 옮긴다.

확인 Check! ○ △ ×

05

다음 글의 내용으로 적절하지 않은 것은?

> 사람에게서는 인슐린이라는 호르몬이 나온다. 이 호르몬은 당뇨병에 걸리지 않게 하는 호르몬이다. 따라서 이 호르몬이 제대로 생기지 않는 사람은 당뇨병에 걸리게 된다. 이런 사람에게는 인슐린을 주사하여 당뇨병을 치료할 수 있다. 문제는 인슐린을 구하기가 어렵다는 것이다. 돼지의 인슐린을 뽑아서 이용하기도 했지만, 한 마리 돼지로부터 얻을 수 있는 인슐린이 너무 적어서 인슐린은 아주 값이 비싼 약일 수밖에 없었다.
> 사람에게는 인슐린을 만들도록 하는 DNA가 있다. 이 DNA를 찾아 잘라 낸다. 그리고 이 DNA를 대장균의 DNA에 연결한다. 그러면 대장균은 인슐린을 만들어 낸다.

① 인슐린을 만드는 DNA를 가공할 수 있다.
② 대장균의 DNA와 인간의 DNA가 결합할 수 있다.
③ 돼지의 인슐린이 인간의 인슐린을 대체할 수 있다.
④ 인슐린은 당뇨병을 예방할 수 있게 해 주는 약이다.
⑤ 한 마리의 돼지에게서 나오는 인슐린의 양은 적어서 인슐린은 값이 비싼 편에 속한다.

확인 Check! ○ △ ×

06 13^2-7^2을 계산하면?

① 100
② 110
③ 120
④ 130
⑤ 140

확인 Check! ○ △ ×

07 다음 보기 중 계산 결과가 다른 하나는?

① $\frac{1}{5}\times3\times4\div2$
② $(2.4-1.8)\times2$
③ $(68.8\div2-16\times2)\div2$
④ $\frac{8}{5}+3.8-8.4\div2$
⑤ $3-3.8\times\frac{2}{5}$

확인 Check! ○ △ ×

08 갑돌이의 생일 선물을 위해 친구들이 돈을 모으고자 한다. 친구 1명당 4,500원씩 내면 2,000원이 남고 4,000원씩 내면 500원이 부족하다고 할 때, 친구들은 총 몇 명인가?

① 5명
② 6명
③ 7명
④ 8명
⑤ 9명

확인 Check! ○ △ ×

09 다음은 A씨가 1월부터 4월까지 지출한 외식비이다. 1월부터 5월까지의 평균 외식비가 120,000원 이상 130,000원 이하가 되게 하려고 할 때, A씨가 5월에 최대로 사용할 수 있는 외식비는?

〈월별 외식비〉

(단위 : 원)

1월	2월	3월	4월	5월
110,000	180,000	50,000	120,000	?

① 14만 원
② 15만 원
③ 18만 원
④ 19만 원
⑤ 22만 원

확인 Check! ○ △ ×

10 다음은 계절별 강수량 추이에 관한 자료이다. 이에 대한 그래프를 보고 설명한 내용으로 옳은 것은?

〈계절별 강수량 추이〉

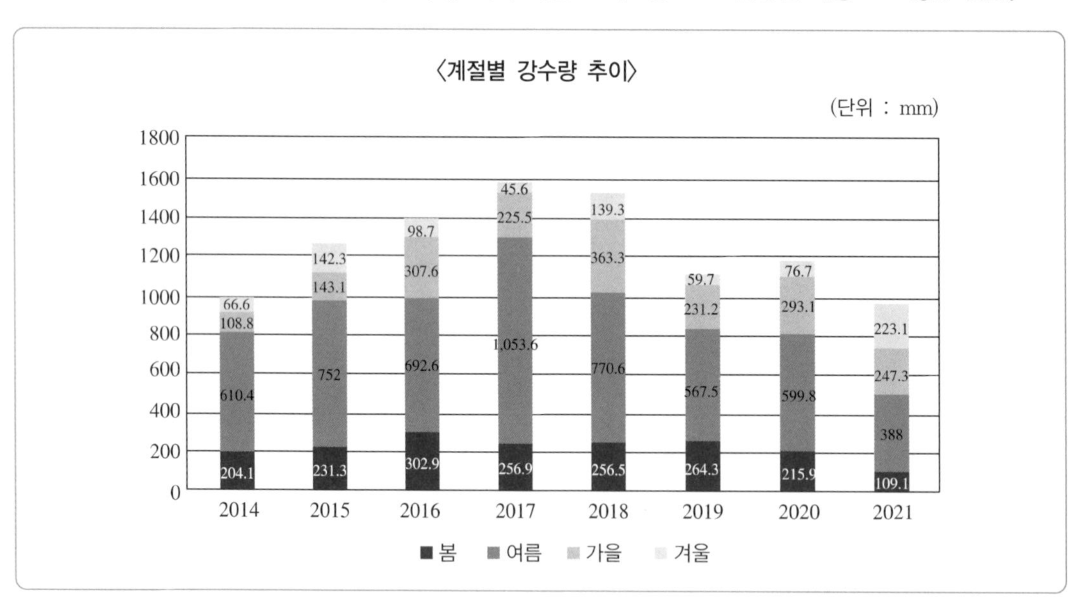

① 2014년부터 2021년까지 가을철 평균 강수량은 210mm 미만이다.
② 우리나라 여름철 강수량은 그해 강수량의 50% 이상을 차지한다.
③ 강수량이 제일 낮은 해에 우리나라는 가뭄이었다.
④ 전년 대비 강수량의 변화가 가장 큰 때는 2019년이다.
⑤ 여름철 강수량이 두 번째로 높았던 해의 가을·겨울철 강수량의 합은 봄철 강수량의 2배이다.

※ 일정한 규칙으로 수를 나열할 때, 빈칸에 들어갈 알맞은 수를 고르시오. [11~13]

확인 Check! ○ △ ×

11

27 15 13.5 30 ( ) 60

① 6.45
② 6.75
③ 45
④ 50
⑤ 95

확인 Check! ○ △ ×

12

121 144 169 ( ) 225 256

① 182
② 186
③ 192
④ 196
⑤ 198

확인 Check! ○ △ ×

13

10 8 16 13 39 35 ( )

① 90
② 100
③ 120
④ 140
⑤ 150

확인 Check! ○ △ ×

14 일정한 규칙으로 도형을 나열할 때, ?에 들어갈 알맞은 도형은?

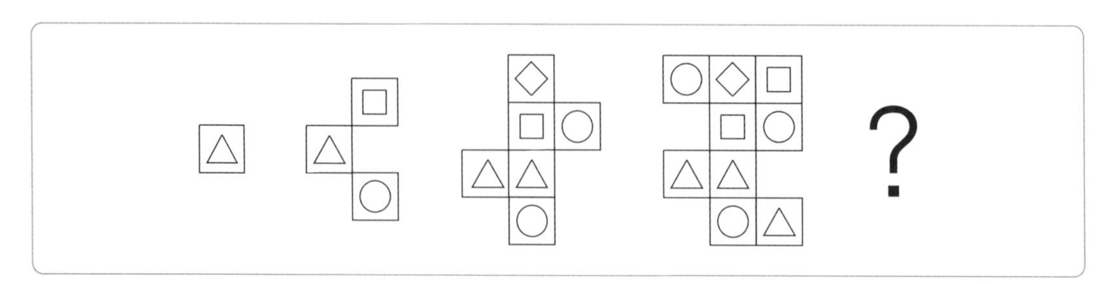

①

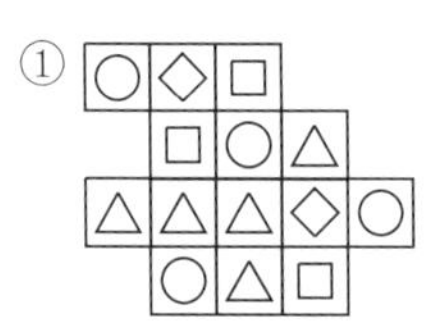

②

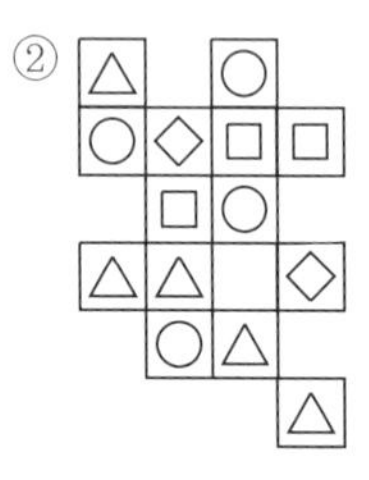

③

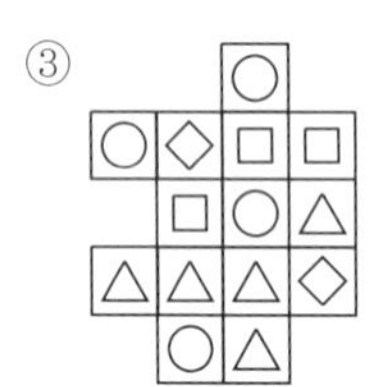

④

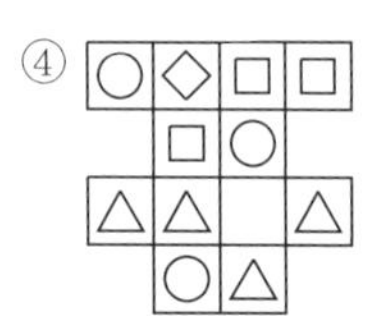

⑤

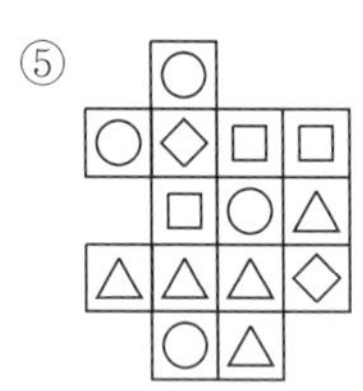

확인 Check! ○ △ ×

15 다음 도형을 상하 반전하고 시계 반대 방향으로 $90°$ 회전한 후, 좌우 반전한 모양은?

① 

② 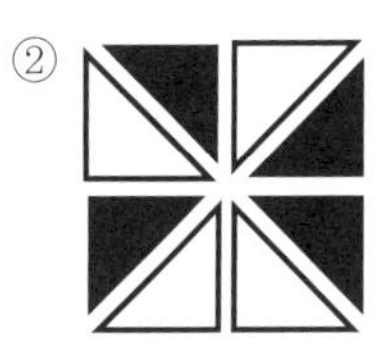

③ 

④ 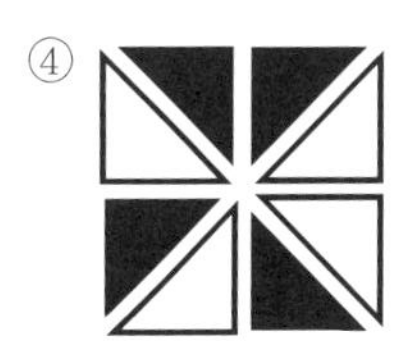

⑤ 

확인 Check! ○ △ ×

16

주어진 전개도로 정육면체를 만들 때, 만들어질 수 <u>없는</u> 것은?

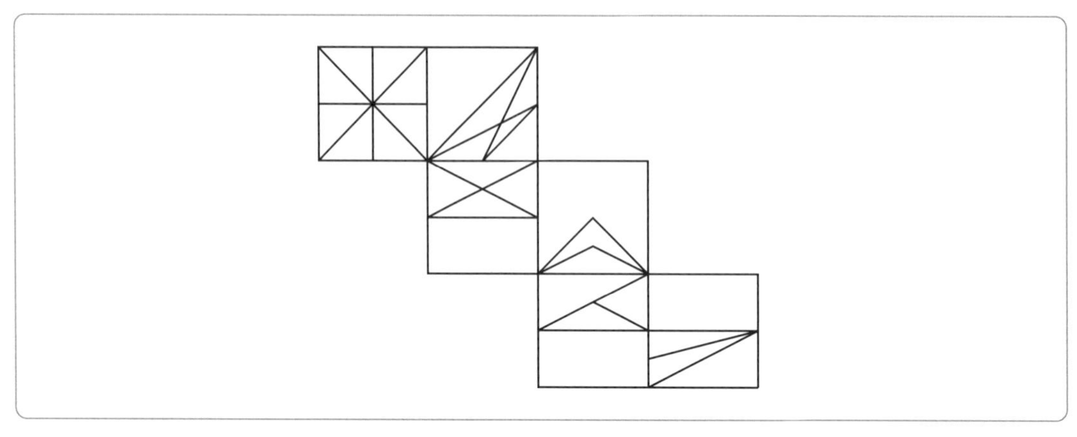

① 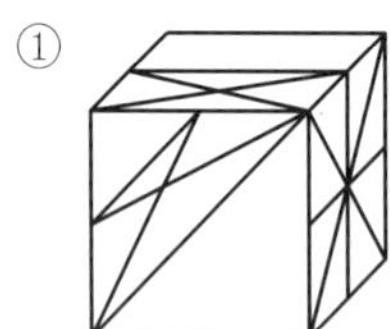

② 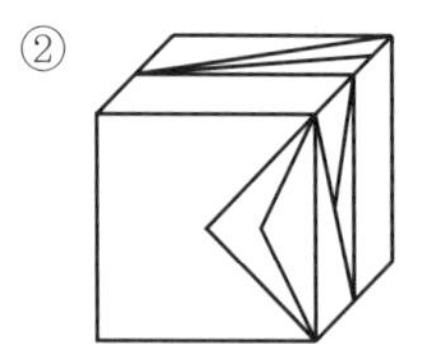

③ 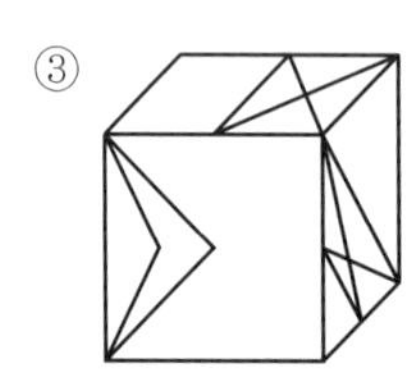

④ 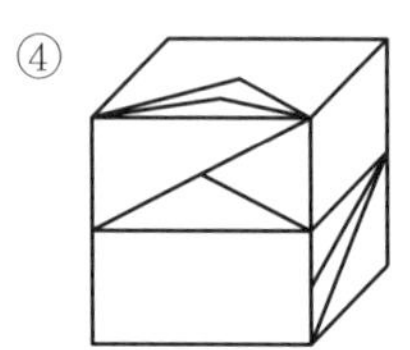

⑤ 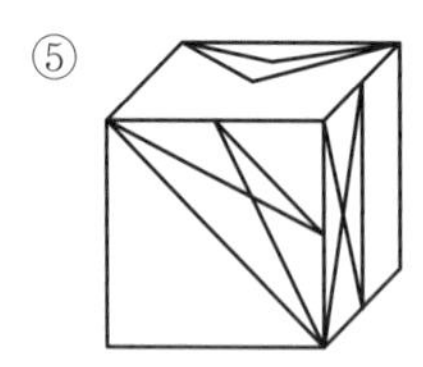

확인 Check! ○ △ ×

17

다음 중 제시되지 않은 문자를 고르면?

★	♬	♥	◎	θ	☆	♪	♥	●	♠	●	♬
♀	◈	♪	♠	♪	♀	☆	◎	◑	θ	★	◑
♠	♪	◑	θ	★	♬	◑	θ	♀	♬	☆	◎
◎	♥	♪	♬	♪	♥	Ω	♠	♪	◈	♀	★

① Ω

② ◈

③ ◐

④ ◎

⑤ ★

확인 Check! ○ △ ×

18

다음 중 좌우가 서로 다른 것은?

① ナピパコアウヨバ－ナピパコアウヨパ

② ♣♣♥♤♧♣♡♧ – ♣♣♥♤♧♣♡♧

③ ㉧ⓩⓦ㉠ⓥ㉪㉨ⓠ – ㉧ⓩⓦ㉠ⓥ㉪㉨ⓠ

④ x ii viiii i v iv ix x i – x ii viiii i v iv ix x i

⑤ 書徐恕緒矛記 – 書徐恕緒矛記

확인 Check! ○ △ ×

19 다음 밑줄 친 부분 중 어법상 옳지 않은 것을 모두 고르면?

At one time there was nothing unusual about later motherhood. In many families, sibling births ⓐ spanning a generation, and grandchildren were often similar in age to their parents' younger brothers and sisters. The medical perspective on later motherhood tends to be problem-centered. 'Elderly' pregnant mothers ⓑ are seen purely in terms of ⓒ increased risks to themselves and their infants. Psychological research of women who become mothers later than usual ⓓ are scarce, but those that are available suggest they have qualities which make them just as good, though different from their younger counterparts.

① ⓐ, ⓓ
② ⓐ, ⓑ
③ ⓐ, ⓒ
④ ⓑ, ⓒ
⑤ ⓑ, ⓒ, ⓓ

확인 Check! ○ △ ×

20 다음 글에서 필자가 주장하는 바로 가장 적절한 것은?

In the United States, some people maintain that TV media will create a distorted picture of a trial, while leading some judges to pass harsher sentences than they otherwise might. However, there are some benefits connected to the televising of trials. It will serve to educate the public about the court process. It will also provide full and accurate coverage of exactly what happens in any given case. Therefore, it is necessary to televise trials to increase the chance of a fair trial. And, if trials are televised, a huge audience will be made aware of the case, and crucial witnesses who would otherwise have been ignorant of the case may play their potential role in it.

① 범죄 예방을 위해 재판 과정을 공개해야 한다.
② 준법 정신 함양을 위해 재판 과정을 공개해야 한다.
③ 재판 중계권을 방송국별로 공정하게 배분해야 한다.
④ 재판의 공정성을 높이기 위해 재판 과정을 중계해야 한다.
⑤ 증인의 신변 보호를 위하여 법정 공개는 금지되어야 한다.

정답 및 해설

01 의사소통능력(NCS + 적성형)

001	002	003	004	005	006	007	008	009	010	011	012	013	014	015	016	017	018	019	020
⑤	⑤	⑤	③	⑤	②	②	⑤	④	③	②	①	③	②	③	②	①	③	④	④
021	022	023	024	025	026	027	028	029	030	031	032	033	034	035	036	037	038	039	040
④	⑤	⑤	③	④	①	③	④	②	④	②	④	②	③	③	③	③	①	③	④
041	042	043	044	045	046	047	048	049	050	051	052	053							
②	③	④	①	①	②	③	③	①	④	③	②	④							

001 **정답** ⑤

제시된 단어는 유의관계이다. '겨냥하다'는 '목표물을 겨누다'라는 뜻으로 '목표나 기준에 맞고 안 맞음을 헤아려 보다'라는 뜻인 '가늠하다'와 유의관계이다. 따라서 '기초나 터전 따위를 굳고 튼튼하게 하다'라는 뜻을 가진 '다지다'와 유의관계인 단어는 '세력이나 힘을 더 강하고 튼튼하게 하다'라는 뜻인 '강화하다'이다.

002 **정답** ⑤

제시된 단어는 유의관계이다. '변변하다'는 '지체나 살림살이가 남보다 떨어지지 아니하다'라는 뜻으로 '살림살이가 모자라지 않고 여유가 있다'라는 뜻인 '넉넉하다'와 유의관계이다. 따라서 '여럿이 떠들썩하게 들고일어나다'라는 뜻을 가진 '소요(騷擾)하다'와 유의관계인 단어는 '시끄럽고 어수선하다'라는 뜻인 '소란하다'이다.

003 **정답** ⑤

제시된 단어는 반의관계이다. '미비'는 아직 다 갖추지 못한 상태에 있음을 나타내고, '완구'는 빠짐없이 완전히 갖춤을 나타내므로 반의관계이다. '진취'는 적극적으로 나아가서 일을 이룩함을 뜻하고, '퇴영'은 활기나 진취적 기상이 없음을 뜻하므로 반의관계이다.

004 **정답** ③

제시된 단어는 도구와 결과물의 관계이다. '선풍기'로 '바람'을 만들고, '제빙기'로 '얼음'을 만든다.

005 **정답** ⑤

제시된 단어는 부분관계이다. '흑연'은 '탄소'로 이루어져 있으며, '단백질'은 '아미노산'으로 이루어져 있다.

006 **정답** ②

제시된 단어는 상하관계이다. '곤충'의 하위어는 '잠자리'이며, '운동'의 하위어는 '축구'이다.

007 정답 ②

제시된 단어는 상하관계이다. '명절'의 하위어는 '설날'이며, '양식'의 하위어는 '스테이크'이다.

008 정답 ⑤

- 금세 : 지금 바로. '금시에'가 줄어든 말로 구어체에서 많이 사용된다.
- 일절 : 아주, 전혀, 절대로의 뜻으로, 흔히 행위를 그치게 하거나 어떤 일을 하지 않을 때에 사용된다.
- 낳았다 : 어떤 결과를 이루거나 가져오다.

오답분석

- 금새 : 물건의 값. 또는 물건값의 비싸고 싼 정도
- 일체 : 모든 것
- 나았다 : 감기 등의 병이 나았을 때 사용된다.

009 정답 ④

'호랑이 없는 골에 토끼가 왕 노릇 한다.'는 뛰어난 사람이 없는 곳에서 보잘것없는 사람이 득세함을 비유적으로 이르는 말로, 제시된 상황에 적절하다.

010 정답 ③

중국으로 출장을 간 사람은 일본으로 출장을 가지 않지만, 홍콩으로 출장을 간 사람이 일본으로 출장을 가는지 가지 않는지는 알 수 없다.

011 정답 ②

차가운 물로 샤워를 하면 순간적으로 체온이 내려가나, 체온이 내려가면 다시 일정한 온도를 유지하기 위해 열이 발생하므로 체온을 낮게 유지할 수는 없다.

012 정답 ①

혜진이가 영어 회화 학원에 다니면 미진이는 중국어 회화 학원에 다니고, 미진이가 중국어 회화 학원에 다니면 아영이는 일본어 회화 학원에 다닌다. 따라서 혜진이가 영어 회화 학원에 다니면 아영이는 일본어 회화 학원에 다니므로 이 명제의 대우는 '아영이가 일본어 회화 학원에 다니지 않으면 혜진이는 영어 회화 학원에 다니지 않는다.'이다. 따라서 C는 참이다.

013 정답 ③

일본인과 관련한 내용은 지문에 나타나 있지 않다.

014 정답 ②

지문에 우주정거장 건설 사업에는 건설과 운영에 소요되는 비용이 100조 원에 이를 것으로 예상된다고 나와 있다.

015 정답 ③

지문에 미국, 유럽, 러시아, 일본 등 16개국이 참여하고 있다고만 나와 있을 뿐, 한국에 대한 언급은 없으므로 알 수 없다.

16 정답 ②

제시된 내용을 표로 정리하면 다음과 같다.

<table>
<tr><td>경제학과</td><td></td><td></td><td></td><td></td><td></td><td></td><td></td></tr>
<tr><td>경영학과</td><td></td><td></td><td></td><td></td><td></td><td></td><td></td></tr>
<tr><td rowspan="2">영문학과</td><td></td><td></td><td></td><td></td><td></td><td></td><td></td></tr>
<tr><td></td><td></td><td></td><td></td><td></td><td></td><td></td></tr>
<tr><td>국문학과</td><td></td><td></td><td></td><td></td><td></td><td></td><td></td></tr>
</table>

A : 영문학과가 경영학과와 국문학과가 MT를 떠나는 사이의 이틀 중 언제 떠날지는 알 수 없다. 경영학과가 떠난 후 다음날 간다면 경제학과와 만나겠지만, 경영학과가 떠나고 이틀 후에 간다면 경제학과와 만나지 않는다.

B : 영문학과가 이틀 중 언제 MT를 떠나든 국문학과와 만나게 된다.

17 정답 ①

연호가 같은 시간 동안 가장 멀리 갔으므로, 선두에 있다. 서준은 민선과 연호 사이에 있다고 했고, 민선이 승원보다 빠르기 때문에 1등부터 순서대로 연호 – 서준 – 민선 – 승원이다. 따라서 서준이 민선보다 빠르고, 4등은 승원임을 알 수 있다.

18 정답 ③

도우미 5가 목요일에 배치되므로, 세 번째 문장에 따라 도우미 3은 월요일이나 화요일, 도우미 2는 화요일이나 수요일에 배치된다. 그러나 도우미 1이 화요일 또는 수요일에 배치된다고 했으므로 도우미는 월요일부터 3 – 2 – 1 – 5 – 4 순서대로 배치되는 것을 알 수 있다.

19 정답 ④

제시문은 초상 사진이라는 상업으로서의 가능성이 발견된 다게레오 타입의 사진과, 초상 사진으로 쓰일 수는 없었지만 판화와 유사하여 화가와 판화가들에게 활용된 칼로 타입 사진에 관한 글이다. 따라서 (라) 사진이 상업으로서의 가능성을 최초로 보여 준 분야인 초상 사진과 초상 사진에 사용되는 다게레오 타입 → (가) 사진관이 초상 사진으로 많은 돈을 벎 → (마) 초상 사진보다는 풍경·정물 사진에 제한적으로 이용되던 칼로 타입 → (나) 칼로 타입이 그나마 퍼진 프랑스 → (다) 판화와 유사함을 발견하고 이 기법을 작품에 활용함의 순으로 연결되는 것이 적절하다.

따라서 (라) – (가) – (마) – (나) – (다)의 순서로 배열해야 한다.

20 정답 ④

제시문은 나전칠기의 개념을 제시하고 우리나라 나전칠기의 특징, 제작방법 그리고 더 나아가 국내의 나전칠기 특산지에 대해 설명하고 있다. (라) 나전칠기의 개념 → (가) 우리나라 나전칠기의 특징 → (다) 나전칠기의 제작방법 → (나) 나전칠기 특산지 소개의 순서로 연결되어야 한다.

따라서 (라) – (가) – (다) – (나)의 순서로 배열해야 한다.

21 정답 ④

독서 심리 치료의 성공 사례는 이론적 기초에 해당하지 않는다.

22 정답 ⑤

우리말과 영어의 어순 차이에 대해 설명하면서, 우리말에서 주어 다음에 목적어가 오는 것은 '나의 의사보다 상대방에 대한 관심을 먼저 보이는 우리의 문화'에서 기인한 것이라고 언급하고 있다. 그리고 '나의 의사를 밝히는 것이 먼저인 영어를 사용하는 사람들의 문화'라는 내용으로 볼 때, 상대방에 대한 관심보다 나의 생각을 우선시하는 것은 영어의 문장 표현이다.

23 **정답** ⑤
네 번째 문단의 마지막 두 문장에서 편협형 정치 문화와 달리 신민형 정치 문화는 최소한의 인식이 있는 상태이며, 독재 국가의 정치 체계가 이에 해당한다고 설명하고 있다.

24 **정답** ③
제시문을 요약하면 다음과 같다.
• 얼굴을 맞대고 하는 접촉이 매체를 통한 접촉보다 결정적인 영향력을 미친다.
• 새 어형이 전파되는 것은 매체를 통해서보다 사람과의 직접적인 접촉에 의해서라는 것이 더 일반적인 견해이다.
• 매체를 통한 것보다 자주 접촉하는 사람들을 통해 언어 변화가 진전된다는 사실은 언어 변화의 여러 면을 바로 이해하는 핵심적인 내용이라 해도 좋을 것이다.
따라서 빈칸에는 직접 접촉과 간접 접촉에 따라 영향력에 차이가 있다는 내용이 오는 것이 적절하다.

25 **정답** ④
제시문은 통계 수치의 의미를 정확하게 이해하고 도구와 방법을 올바르게 사용해야 하며, 특히 아웃라이어의 경우를 생각해야 한다고 주장하고 있다.

26 **정답** ①
매슬로우의 인간 욕구 5단계 이론을 소개한 (나) → 다섯 가지 욕구와 그 우선순위를 설명하는 (라) → 다섯 단계의 욕구를 더 자세히 설명하는 (다) → 인간 욕구 5단계 이론이 경영학 중 하나인 인사 분야에서 사용됨을 설명하는 (가) → 마지막으로 경영학 중 다른 하나인 마케팅 분야에서 사용됨을 설명하는 (마) 순으로 나열된다.
따라서 (나) – (라) – (다) – (가) – (마)의 순서로 배열해야 한다.

27 **정답** ③
노후 대비를 위해 연금보험에 가입한 것은 경제적 위험으로부터 보호받고 싶어 하는 안전 욕구로 볼 수 있다.

28 **정답** ④
제시문은 오존층 파괴 시 나타나는 문제점에 대해 설명하고 있다. 마지막 문단에서 극지방 성층권의 오존 구멍은 줄었지만, 많은 인구가 거주하는 중위도 저층부에서는 오히려 오존층이 얇아졌다고 언급하고 있으므로 ④가 적절하다.

29 **정답** ②
제시된 글은 스타 시스템에 대한 문제점을 지적한 다음, 글쓴이 나름대로의 대안을 모색하고 있다.

30 **정답** ④
욕망의 주체인 ⓑ만 ⓒ를 이상적 존재로 두고 닮고자 한다.

31 **정답** ②
첩보위성은 임무를 위해 낮은 궤도를 비행해야 하므로, 높은 궤도로 비행시키면 수명은 길어질 수 있으나 임무의 수행 자체가 어려워질 수 있다.

32 **정답** ④

• 탁월(卓越)하다 : 남보다 두드러지게 뛰어나다.
• 열등(劣等)하다 : 보통의 수준이나 등급보다 낮다.

33 **정답** ②

• 총체 : 있는 것들을 모두 하나로 합친 전부 또는 전체
• 개체 : 전체나 집단에 상대하여 하나하나의 낱개를 이르는 말

34 **정답** ③

'임대'는 '자기 물건을 남에게 돈을 받고 빌려줌'이라는 뜻이므로 '남에게 물건을 빌려서 사용함'이라는 뜻인 '차용'과 반의관계이고, 나머지는 유의관계이다.

35 **정답** ③

• 제시(提示) : 어떤 의사를 글이나 말로 드러내어 보임
• 표출(表出) : 겉으로 나타냄
• 구현(具縣) : 어떤 내용이 구체적인 사실로 나타나게 함

오답분석

• 표시(表示) : 어떤 사항을 알리는 문구나 기호 따위를 외부에 나타내 보임
• 표명(表明) : 의사, 태도 따위를 분명하게 나타냄
• 실현(實現) : 꿈, 기대 따위를 실제로 이룸

36 **정답** ③

빈칸 앞 문단에서는 사회적 문제가 되고 있는 딥페이크의 악용 사례에 관해 이야기하고 있으나, 빈칸 뒤의 문단에서는 딥페이크 기술을 유용하게 사용하고 있는 이스라엘 기업의 사례를 이야기하고 있다. 따라서 빈칸에는 어떤 일에 대하여 앞에서 말한 측면과 다른 측면을 말할 때 사용하는 접속어인 '한편'이 적절하다.

37 **정답** ③

'어찌 된'의 뜻을 나타내는 관형사는 '웬'이므로, '어찌 된 일로'라는 함의를 가진 '웬일'이 맞는 말이다.

38 **정답** ①

의존 명사는 띄어 쓴다는 규정에 따라 '나간지 → 나간 지'로 띄어 써야 한다.

39 **정답** ③

사이시옷이 들어가려면 합성어를 이루는 구성 요소 중 적어도 하나는 고유어이어야 한다. ⓛ의 '전세(傳貰)+방(房)'과 ⓒ의 '기차(汽車)+간(間)'은 모두 한자어로 이루어진 합성어이므로 사이시옷이 들어가지 않는다.

040

정답 ④

질량 요소들의 회전 관성은 질량 요소가 회전축에서 떨어져 있는 거리와 멀수록 커진다. 따라서 지름의 크기가 큰 공의 질량 요소가 상대적으로 회전축에서 더 멀리 떨어져 있기 때문에 회전 관성 역시 더 크다.

041

정답 ②

㉣ 아리스토텔레스에게는 물체의 정지 상태가 물체의 운동 상태와는 아무런 상관이 없었으며, 물체에 변화가 있어야만 운동한다고 이해했다.

오답분석

㉠ 이론적인 선입견을 배제한다면 일상적인 경험에 의거해 아리스토텔레스의 논리가 더 그럴듯하게 보일 수는 있다고 했지만, 뉴턴 역학이 올바르지 않다고 언급한 것은 아니다.

㉡ 지문의 두 번째 줄에서 '아리스토텔레스에 의하면 물체가 똑같은 운동 상태를 유지하기 위해서는 외부에서 끝없이 힘이 제공되어야만 한다.'고 했다. 그러므로 아리스토텔레스의 주장과 반대되는 내용이다.

㉢ 이론적인 선입견을 배제한다면 일상적인 경험에 의거해 아리스토텔레스의 논리가 더 그럴듯하게 보일 수는 있다고 했지만, 지문만으로 당시에 뉴턴이나 갈릴레오가 아리스토텔레스의 논리를 옳다고 판단했는지는 알 수 없다.

042

정답 ③

제시된 글은 정신보건법에 따른 정신질환의 종류를 구분하고 있다.

043

정답 ④

제시문은 일본 국립 사회보장인구문제 연구소에서 조사한 '5년간 캥거루족의 증가 추세'에 대한 통계 수치만을 언급하고 있다. '캥거루족의 증가 이유'를 말한 ④는 지문에서 찾아볼 수 없다.

044

정답 ①

- A : 현아의 신발 사이즈가 230mm라면 소영이는 225mm, 지영이는 235mm이므로 보미의 신발 사이즈는 240mm 혹은 245mm로 두 번째로 크다고 할 수 있다.
- B : 보미의 신발 사이즈가 240mm라면 현아의 신발 사이즈는 230mm 혹은 245mm가 된다. 둘 중 현아의 신발 사이즈가 230mm일 때만 소영이의 신발 사이즈가 225mm임을 확신할 수 있으므로 B는 옳은지 틀린지 판단할 수 없다.

045

정답 ①

- A : 정욱이는 청포도, 체리, 사과, 딸기를 좋아하므로 가장 많은 종류의 과일을 좋아한다.
- B : 하나는 청포도를 좋아하지만 은정이는 청포도를 좋아하지 않는다.

046

정답 ②

제시문을 정리하면 다음과 같다.

<table>
<tr><th>구분</th><th>월</th><th>화</th><th>수</th><th>목</th><th>금</th><th>토·일</th><th>월</th></tr>
<tr><td>A</td><td></td><td></td><td></td><td></td><td></td><td rowspan="4">휴가 일수에
포함되지 않음</td><td></td></tr>
<tr><td>B</td><td></td><td></td><td></td><td></td><td></td><td></td></tr>
<tr><td>C</td><td></td><td></td><td></td><td></td><td></td><td></td></tr>
<tr><td>D</td><td></td><td></td><td></td><td></td><td></td><td></td></tr>
</table>

- C는 다음주 월요일까지 휴가이다.
- D는 금요일까지 휴가이다.

047

정답 ③

전제1의 대우는 '업무를 잘 못하는 어떤 사람은 자기관리를 잘 하지 못한다.'이다. 전제1의 대우의 전건은 전제2의 후건 부분과 일치한다. 따라서 전제2의 전건과 전제1의 대우의 후건으로 구성된 '산만한 어떤 사람은 자기관리를 잘 하지 못한다.'라는 명제는 참이다.

048

정답 ③

'물을 마신다'를 p, 기분이 '상쾌해진다'를 q, '피부가 건조해진다'를 r이라고 하면, $p \rightarrow q$, $\sim p \rightarrow r$이므로 $\sim r \rightarrow p \rightarrow q$의 관계가 성립한다.

오답분석

ㄷ. 피부가 건조해졌다고 해서 물을 마시지 않았는지는 알 수 없다.

049

정답 ①

제시문은 진나라 재상 상앙이 나라의 기강을 세우고 부국강병에 성공하게 된 비결을 서술한 글이다. 제시문에 나타난 상앙의 방법은 자신이 공약한 내용을 잘 지킨 것이므로, 글의 중심 내용은 '신뢰의 중요성'임을 알 수 있다.

050

정답 ④

제시된 글은 유명인 모델의 광고 중복 출연이 광고 효과가 크지 않음을 지적하며 광고 효과를 극대화하기 위한 방안을 제시하고 있다. 따라서 먼저 유명인 모델이 여러 광고에 중복 출연하는 것이 높은 광고 효과를 보장할 수 있는지 의문을 제기하는 (나)가 맨 앞에 와야 한다. 다음으로는 (나)의 질문에 대한 대답으로, 유명인이 자신의 이미지와 상관없이 여러 상품 광고에 출연하면 광고 효과가 줄어들 수 있음을 언급하고 있는 (가)가 와야 한다. 또한 유명인의 이미지가 여러 상품으로 분산되어 상품 간의 결합력을 떨어뜨린다는 내용으로 유명인 광고 중복 출연의 또 다른 단점을 제시하고 있는 (라)가 그다음에 와야 한다. 마지막으로 (가)와 (라)를 종합하여 유명인이 자신과 잘 어울리는 한 상품의 광고에만 지속적으로 나오는 것이 좋다는 내용의 (다)가 차례로 와야 한다.
따라서 (나) – (가) – (라) – (다) 순이다.

051

정답 ③

- (가) : 빈칸 다음 문장에서 사회의 기본 구조를 통해 이것을 공정하게 분배해야 된다고 했으므로 ㉡이 가장 적절하다.
- (나) : '원초적 상황'에서 합의 당사자들은 인간의 심리, 본성 등에 대한 지식 등 사회에 대한 일반적인 지식은 알고 있지만, 이것에 대한 정보를 모르는 무지의 베일 상태에 놓인다고 했으므로 사회에 대한 일반적인 지식과 반대되는 개념, 즉 개인적 측면의 정보인 ㉠이 가장 적절하다.
- (다) : 빈칸에 관하여 사회에 대한 일반적인 지식이라고 하였으므로 ㉢이 가장 적절하다.

052

정답 ②

첫 번째 문단에 따르면 범죄는 취잿감으로 찾아내기가 쉽고 편의에 따라 기사화할 수 있을 뿐만 아니라 범죄 보도를 통해 시청자의 관심을 끌 수 있기 때문에 언론이 범죄를 보도의 주요 소재로 삼지만, 지나친 범죄 보도는 범죄자나 범죄 피의자의 초상권을 침해하여 법적 · 윤리적 문제를 일으킨다. 따라서 마지막 문단의 내용처럼 범죄 보도가 초래하는 법적 · 윤리적 논란은 언론계 전체의 신뢰도에 치명적인 손상을 가져올 수도 있다. 이러한 현상을 비유하기에 가장 적절한 표현은 '부메랑'이다. 부메랑은 그것을 던진 사람 자신에게 되돌아와 상처를 입힐 수도 있기 때문이다.

053

정답 ④

마지막 문단의 '기다리지 못함도 삼가고 아무것도 안함도 삼가야 한다. 작동 중에 있는 자연스런 성향이 발휘되도록 기다리면서도 전력을 다할 수 있도록 돕는 노력도 멈추지 말아야 한다.'를 통해 '잠재력을 발휘하도록 하려면 의도적 개입과 방관적 태도 모두를 경계해야 한다'가 이 글의 주제가 됨을 알 수 있다.

02 수리능력(NCS + 적성형)

054	055	056	057	058	059	060	061	062	063	064	065	066	067	068	069	070	071	072	073
②	③	③	①	④	③	①	④	②	①	②	②	④	①	①	②	②	②	①	②
074	075	076	077	078	079	080	081	082	083	084	085	086	087	088	089	090	091	092	093
④	③	②	④	④	④	④	②	④	④	②	③	②	②	①	①	①	②	④	②
094	095	096	097	098															
①	③	①	②	⑤															

054

정답 ②

2,525÷5+124÷4+273=505+31+273=809

055

정답 ③

13×13−255÷5−13=169−51−13=118−13=105

056

정답 ③

45×(243−132)−23=45×111−23=4,995−23=4,972

057

정답 ①

- 21×39+6=819+6=825
- 31×21+174=651+174=825

오답분석

② 116×4+362=464+362=826
③ 5×5×32=25×32=800
④ 19×25+229=475+229=704
⑤ 26×31+18=806+18=824

058

정답 ④

- 41+42+43=126
- 3×2×21=126

오답분석

① 6×6×6=216
② 5×4×9=20×9=180
③ 7×2×3=7×6=42
⑤ 4×7×6=28×6=168

059

정답 ③

- 3×8÷2=24÷2=12
- 3×9−18+3=27−15=12

오답분석

① 7+6=13
② 77÷7=11

④ $1+2+3+4=10$
⑤ $4\div2+6=2+6=8$

060

정답 ①

$\frac{25}{11}\fallingdotseq 2.273<2.345<\frac{86}{25}=3.44$

061

정답 ④

$17\triangledown 9=17^2+9^2-17\times9=289+81-153=217$

062

정답 ②

$3\blacktriangledown 23=3^2+23^2+3\times23=9+529+69=607$

063

정답 ①

$921\times0.369=339.849$

064

정답 ②

12와 32의 최소공배수는 96이므로 100 이하 자연수 중 96의 배수는 1개이다.

065

정답 ②

$\frac{6x+5}{x^2-1}=\frac{2}{x-1}+\frac{3}{x+1}$

$\rightarrow \frac{6x+5}{x^2-1}\times(x^2-1)=\left(\frac{2}{x-1}+\frac{3}{x+1}\right)\times(x^2-1)$

$\rightarrow 6x+5=2\times(x+1)+3\times(x-1)$

$\rightarrow 6x+5=2x+2+3x-3$

$\rightarrow 6x-2x-3x=2-3-5$

$\rightarrow x=-6$

066

정답 ④

첫 번째 수열 : 앞의 항$\times(-2)=$뒤의 항 → ⓐ$=44\times(-2)=-88$
두 번째 수열 : $\div5$, $\div4$, $\div3$, $\div2$, …이다. → ⓑ$=18\div3=6$
∴ {ⓐ$\times(-1)-4$}$\div$ⓑ$+5=(88-4)\div6+5=19$

067

정답 ①

$9^x-4\times3^{x+1}+27=0$에서 $(3^x)^2-12\times3^x+27=0$
$3^x=t(t>0)$로 치환하면 주어진 방정식은 $t^2-12t+27=0$
이차방정식 $t^2-12t+27=0$의 두 근은 3^α, 3^β이므로 근과 계수의 관계에 의해
$3^\alpha\times3^\beta=27 \rightarrow 3^{\alpha+\beta}=3^3$
$\therefore \alpha+\beta=3$

068

정답 ①

합격률을 X%라고 한다면 불합격률은 (1−X)%이다.

평균점수에 관한 방정식을 세우면 $90X+40(1-X)=45 \rightarrow 50X=5 \rightarrow X=0.1$이다.

따라서 합격률은 10%이다.

069

정답 ②

화면 비율이 4 : 3일 때, 가로와 세로의 크기를 각각 a, b라고 하면 a=4z, b=3z이고(이때의 z는 비례상수),

대각선의 길이를 A로 두면 피타고라스 정리에 의해 $A^2=4^2z^2+3^2z^2$이다.

이를 정리하면 $z^2=\frac{A^2}{5^2}=\left(\frac{A}{5}\right)^2$, $z=\frac{A}{5}$ 이고,

대각선의 길이가 40인치×2.5cm=100cm이므로 A=100cm이다.

따라서 $z=\frac{100cm}{5}=20$cm이며, a는 80cm, b는 60cm이다.

그러므로 가로와 세로 길이의 차이는 80cm−60cm=20cm이다.

070

정답 ②

A와 B의 속력을 각각 x, ym/min라고 하면

$5(x+y)=2,000$ ⋯ ㉠

$10(x-y)=2,000$ ⋯ ㉡

㉠과 ㉡을 연립하면

$\therefore x=300$

071

정답 ②

배의 속력을 x라고 하면, 강물을 거슬러 올라갈 때의 속력은 $(x-3)$이다.

$(x-3)\times1=9$이므로, 배의 속력은 시속 12km이다.

강물을 따라 내려올 때의 속력은 시속 12+3=15km이고, 걸린 시간을 y라고 하면

$15\times y=9 \rightarrow y=\frac{9}{15}$시간, 즉 36분이다.

072

정답 ①

식물의 나이를 각각 x, y세라고 하자.

$x+y=8$ ⋯ ㉠

$x^2+y^2=34$ ⋯ ㉡

㉡을 변형하면 $x^2+y^2=(x+y)^2-2xy$가 되는데, 이에 $x+y=8$을 대입하면

$34=64-2xy \rightarrow xy=15$ ⋯ ㉢

㉠과 ㉢을 만족하는 자연수 순서쌍은 $(x, y)=(5, 3), (3, 5)$이다.

따라서 두 식물의 나이 차는 2세이다.

073

정답 ②

한 숙소에 4명씩 잤을 때의 신입사원 수는 $4a+8=b$명이고, 한 숙소에 5명씩 잤을 때의 신입사원 수는 $5(a-6)+4=b$명이다.

$4a+8=5(a-6)+4 \rightarrow a=34$

$b=34\times4+8=144$

$\therefore b-a=144-34=110$

74 정답 ④

1바퀴를 도는 데 갑은 2분, 을은 3분, 병은 4분이 걸린다. 2, 3, 4의 최소공배수는 12이므로 세 사람이 다시 만나기까지 걸리는 시간은 12분이다. 따라서 출발점에서 다시 만나는 시각은 4시 42분이다.

75 정답 ③

n번째 날 A의 남은 생선 양은 $k\left(\frac{1}{3}\right)^{n-1}$ 마리이고, B는 $2k\left(\frac{1}{6}\right)^{n-1}$ 마리이다.

$k\left(\frac{1}{3}\right)^{n-1} > k\left(\frac{1}{6}\right)^{n-1} \rightarrow \left(\frac{1}{3}\right)^{n} \times 3 > 2 \times 6 \times \left(\frac{1}{6}\right)^{n}$

$\rightarrow \left(\frac{1}{3}\right)^{n} > 4 \times \left(\frac{1}{6}\right)^{n} \rightarrow 2^{n} > 4 \rightarrow n > 2$

따라서 $n=3$일 때부터 만족하므로 A의 남은 생선 양이 B보다 많아지는 날은 셋째 날부터이다.

76 정답 ②

A, B, C, D항목의 점수를 각각 a, b, c, d점이라고 하자.
각 가중치에 따른 점수는 다음과 같다.
$a+b+c+d=82.5 \times 4=330$ … ㉠
$2a+3b+2c+3d=83 \times 10=830$ … ㉡
$2a+2b+3c+3d=83.5 \times 10=835$ … ㉢
㉠과 ㉡을 연립하면
$a+c=160$ … ⓐ
$b+d=170$ … ⓑ
㉠과 ㉢을 연립하면
$c+d=175$ … ⓒ
$a+b=155$ … ⓓ
각 항목의 만점은 100점이므로 ⓐ와 ⓓ를 통해 최저점이 55점이나 60점인 것을 알 수 있다. 만약 A항목이나 B항목의 점수가 55점이라면 ⓐ와 ⓑ에 의해 최고점이 100점 이상이 되므로 최저점은 60점인 것을 알 수 있다.
따라서 $a=60$, $c=100$이고, 최고점과 최저점의 차는 $100-60=40$점이다.

77 정답 ④

컴퓨터 정보지수(500) 중 컴퓨터 활용지수(20%)의 정보수집률(20%)의 점수를 구해야 하며,
(정보수집률)$=500 \times \frac{20}{100} \times \frac{20}{100}=500 \times 0.04=20$이다. 따라서 정보수집률은 20점이다.

78 정답 ④

진수, 민영, 지율, 보라 네 명의 최고점을 각각 a, b, c, d점이라고 하자.
$a+2b=10$ … ㉠
$c+2d=35$ … ㉡
$2a+4b+5c=85$ … ㉢
㉢과 ㉠을 연립하면 $2 \times 10+5c=85 \rightarrow 5c=65 \rightarrow c=13$
c의 값을 ㉡에 대입하여 d를 구하면 $13+2d=35 \rightarrow 2d=22 \rightarrow d=11$이다.
따라서 보라의 최고점은 11점이다.

79 정답 ④

최소공배수를 묻는 문제이다. 18과 15의 최소공배수는 90이므로, 톱니의 수가 15개인 B톱니바퀴는 6바퀴를 회전해야 한다.

080 **정답** ④

A조사팀의 만족도 점수 합은 $7\times\frac{1}{3}\times1,000=\frac{7,000}{3}$점이고, B조사팀의 만족도 점수 합은 $4\times\frac{2}{3}\times1,000=\frac{8,000}{3}$점이다.

따라서 전체 평균 직무만족도는 $\frac{7,000+8,000}{3}\times\frac{1}{1,000}=\frac{15}{3}=5$점이다.

081 **정답** ②

100g의 식염수의 농도를 x%라고 하자.

$100\times\frac{x}{100}+400\times\frac{20}{100}=(100+400)\times\frac{17}{100}\rightarrow x+80=85$

$\therefore x=5$

082 **정답** ④

5%의 설탕물 500g에 들어있는 설탕의 양은 $\frac{5}{100}\times500=25$g이고, 5분 동안 가열한 뒤 남은 설탕물의 양은 $500-(50\times5)=250$g이다.

따라서 가열한 후 남은 설탕물의 농도는 $\frac{25}{250}\times100=10$%이다.

083 **정답** ④

23,000원을 지불할 수 있는 방법은 다음의 5가지가 있다.

(10,000×2, 1,000×3), (10,000×1, 5,000×2, 1,000×3), (10,000×1, 5,000×1, 1,000×8), (5,000×4, 1,000×3), (5,000×3, 1,000×8)

084 **정답** ②

- 전체 구슬의 개수 : 3+4+5=12개
- 빨간색 구슬 2개를 꺼낼 확률 : $\frac{{}_3C_2}{{}_{12}C_2}=\frac{1}{22}$
- 초록색 구슬 2개를 꺼낼 확률 : $\frac{{}_4C_2}{{}_{12}C_2}=\frac{1}{11}$
- 파란색 구슬 2개를 꺼낼 확률 : $\frac{{}_5C_2}{{}_{12}C_2}=\frac{5}{33}$

∴ 구슬 2개를 꺼낼 때, 모두 빨간색이거나 모두 초록색이거나 모두 파란색일 확률 : $\frac{1}{22}+\frac{1}{11}+\frac{5}{33}=\frac{19}{66}$

085 **정답** ③

${}_9C_3\times{}_6C_3\times{}_3C_3=84\times20\times1=1,680$

∴ 1,680가지

086 **정답** ②

5명이 노란색 원피스 2벌, 파란색 원피스 2벌, 초록색 원피스 1벌 중 한 벌씩 선택하여 사는 경우의 수를 구하기 위해

먼저 5명을 2명, 2명, 1명으로 이루어진 3개의 팀으로 나누는 방법은 ${}_5C_2\times{}_3C_2\times{}_1C_1\times\frac{1}{2!}=\frac{5\times4}{2}\times3\times1\times\frac{1}{2}=15$가지이다.

따라서 원피스 색깔 중 2벌인 색은 노란색과 파란색 2가지이므로 선택할 수 있는 경우의 수는 15×2=30가지이다.

087

정답 ②

- 내일 비가 오고 모레 비가 안 올 확률 : $\frac{1}{5}\times\frac{2}{3}=\frac{2}{15}$
- 내일 비가 안 오고 모레 비가 안 올 확률 : $\frac{4}{5}\times\frac{7}{8}=\frac{7}{10}$

$\therefore\ \frac{2}{15}+\frac{7}{10}=\frac{5}{6}$

088

정답 ①

평균처리일이 29일에 가장 가까운 연도는 2008년이고, 접수 건보다 처리 건이 더 많은 연도는 2006년뿐이다.

089

정답 ①

2018년 2월 실업률은 4.9%, 2018년 11월 실업률은 3.1%이다. 4.9%에서 1.8% 감소했으므로 $1.8\div4.9\times100$은 -37%이다.

090

정답 ①

표와 자료에 따라 지역별로 고사한 나무의 수를 구해보면 다음과 같다.

- 거제 : 1,590천 그루의 50%가 감염, 이 중 50%가 고사했다. $1{,}590\times0.5\times0.5=397.5$천 그루
- 경주 : 2,981천 그루의 20%가 감염, 이 중 50%가 고사했다. $2{,}981\times0.2\times0.5=298.1$천 그루
- 제주 : 1,201천 그루의 80%가 감염, 이 중 40%가 고사했다. $1{,}201\times0.8\times0.4=384.32$천 그루
- 청도 : 279천 그루의 10%가 감염, 이 중 70%가 고사했다. $279\times0.1\times0.7=19.53$천 그루
- 포항 : 2,312천 그루의 20%가 감염, 이 중 60%가 고사했다. $2{,}312\times0.2\times0.6=277.44$천 그루

091

정답 ②

원 중심에서 멀어질수록 점수가 높아지는데, B국의 경우 수비보다 미드필드가 원 중심에서 먼 곳에 표시가 되어 있으므로 B국은 수비보다 미드필드에서의 능력이 뛰어남을 알 수 있다.

092

정답 ④

한국, 중국의 개인주의 지표는 유럽, 일본, 미국의 개인주의 지표에 비해 항상 아래에 위치한다.

오답분석

①·⑤ 세대별 개인주의 가치성향 차이는 한국이 가장 크다.
② 대체적으로 모든 나라가 나이와 개인주의 가치관이 반비례하고 있다.
③ 자료를 보면 중국의 1960년대생에 비해 1970년대생의 개인주의 지표가 10 정도 낮아졌다.

093

정답 ②

제시된 그래프는 구성비에 해당하므로 2014년에 비해 2015년에 전체 수송량이 증가하였다면 구성비가 감소하였어도 수송량은 증가하였을 수도 있다.

094

정답 ①

2016년 흡연자의 비율은 35.1%이고 2020년 흡연자의 비율은 29.2%이므로 5.9%p 감소했다.

095 정답 ③

㉠ 미혼률이 낮고 기혼률이 높을수록 그 격차는 커진다. 따라서 미혼율이 가장 낮고 기혼율이 가장 높은 제주가 미혼과 기혼인 여성의 비율의 격차가 가장 큰 지역이다.

㉣ 지역별 다자녀가구인 여성 수를 구하면 다음과 같다. 서울 382+123=505명, 경기 102+58=160명, 인천 554+283=837명, 강원 106+21=127명, 대구 123+36=159명, 부산 88+74=162명, 제주 21+13=34명으로 모든 지역이 자녀가 2명인 여성 수보다 적다.

오답분석

㉡ 자녀 수의 4명 이상을 4명이라 가정하고 서울의 자녀 수를 구하면 (0×982)+(1×1,885)+(2×562)+(3×382)+(4×123)=4,647명이고, 제주의 자녀 수를 구하면 (0×121)+(1×259)+(2×331)+(3×21)+(4×13)=1,036명이다. 따라서 서울의 자녀 수는 제주의 자녀 수의 약 4,647÷1,036≒4.5배로 5배 미만이다.

㉢ 자녀 수 항목에서 기혼 여성 수가 많은 상위 2개 항목은 서울・경기・대구・부산의 경우 '1명'과 '없음'이지만, 인천・강원・제주의 경우에는 '1명', '2명'으로 동일하지 않다.

096 정답 ①

미혼인 성인 여성의 수는 '(기혼 여성 수)$\times\frac{(\text{미혼 여성 비율})}{(\text{기혼 여성 비율})}$'로 구할 수 있다.

• 서울 : $3,934\times\frac{31.3}{68.7}$≒1,792명

오답분석

② 경기 : $3,165\times\frac{28.9}{71.1}$≒1,286명

③ 인천 : $3,799\times\frac{29.1}{70.9}$≒1,559명

④ 강원 : $1,057\times\frac{21.5}{78.5}$≒289명

⑤ 제주 : $745\times\frac{17.5}{82.5}$≒158명

097 정답 ②

주어진 표를 토대로 각 마을의 판매량과 구매량을 구해 보면 다음과 같은 데이터를 얻을 수 있다.

구분	판매량	구매량	거래량 계
갑 마을	570	610	1,180
을 마을	640	530	1,170
병 마을	510	570	1,080
정 마을	570	580	1,150
합계	2,290	2,290	4,580

따라서 갑 마을이 을 마을에 40kW를 더 판매했다면, 을 마을의 구매량은 530+40=570kW가 되어 병 마을의 구매량과 같게 된다.

오답분석

① 거래량 표에서 볼 수 있듯이 총 거래량이 같은 마을은 없다.

③ 제시된 거래량 표에서 알 수 있듯이 을 마을의 거래수지만 양의 값을 가짐을 알 수 있다.

④ 제시된 거래량 표에서 알 수 있듯이 판매량과 구매량이 가장 큰 마을은 각각 을 마을과 갑 마을이다.

⑤ 마을별 거래량 대비 구매량의 비율은 다음과 같으므로 40% 이하인 마을은 없다.

- 갑 마을 : 610÷1,180×100≒51.7%
- 을 마을 : 530÷1,170×100≒45.3%
- 병 마을 : 570÷1,080×100≒52.8%
- 정 마을 : 580÷1,150×100≒50.4%

98 **정답** ⑤

ㄷ. 통신사별 스마트폰의 통화성능 평가점수의 평균을 계산하면

갑 : $\frac{1+2+1}{3}=\frac{4}{3}$, 을 : $\frac{1+1+1}{3}=1$, 병 : $\frac{2+1+2}{3}=\frac{5}{3}$로 병 통신사가 가장 높다.

ㄹ. 평가점수 항목별 합은 화질은 24점, 내비게이션은 22점, 멀티미디어는 26점, 배터리 수명은 18점, 통화성능은 12점으로 멀티미디어의 총합이 가장 높다.

오답분석

ㄱ. 소매가격이 200달러인 스마트폰은 B, C, G이다. 이중 종합품질점수는 B는 2+2+3+1+2=10점, C는 3+3+3+1+1=11점, G는 3+3+3+2+2=13점으로 G스마트폰이 가장 높다.

ㄴ. 소매가격이 가장 낮은 스마트폰은 50달러인 H이며, 종합품질점수는 3+2+3+2+1=11점으로 9점인 F보다 높다.

03 문제해결능력(NCS형)

099	100	101	102	103	104	105	106	107	108	109	110	111	112	113	114	115	116	117	118
②	①	⑤	②	②	①	④	③	②	②	⑤	④	②	④	⑤	②	④	①	②	⑤
119	120	121	122	123	124	125	126	127	128	129	130								
③	③	③	②	①	②	④	②	③	①	④	③								

099

정답 ②

첫 번째, 네 번째 조건을 이용하면 미국-일본-캐나다순으로 여행한 사람의 수가 많음을 알 수 있다.
두 번째 조건에 의해 일본을 여행한 사람은 미국 또는 캐나다 여행을 했다.
따라서 일본을 여행했지만 미국을 여행하지 않은 사람은 캐나다 여행을 했고, 세 번째 조건에 의해 중국을 여행하지 않았다.

오답분석

①·④·⑤ 주어진 조건만으로는 알 수 없다.
③ 미국을 여행한 사람이 가장 많지만 일본과 중국을 여행한 사람을 합한 수보다 많은지는 알 수 없다.

100

정답 ①

A는 최소 7개의 동전을 가진다. 따라서 모든 종류의 동전이 있을 때의 최소 금액은 (10×4)+(50×1)+(100×1)+(500×1)=690원이다.

오답분석

②·③ C는 600원이 있고, 500원과 100원의 구성으로 최소 2개를 가진다. 따라서 A는 최대 16개의 동전을 가질 수 있다. 그러므로 A가 가질 수 있는 최대 금액은 8,000원이다.
④ 제시된 내용만으로는 알 수 없다.
⑤ A, B, C가 각각 8개, 4개, 8개를 가질 경우 (C의 금액 600원)+(A, B가 모두 10원짜리만 가질 경우 120원)=720원이다.

101

정답 ⑤

실행계획 수립은 무엇을, 어떤 목적으로, 언제, 어디서, 누가, 어떤 방법으로의 물음에 대한 답을 가지고 계획하는 단계이다. 자원을 고려하여 수립해야 하며, 세부 실행내용의 난도를 고려하여 가급적 구체적으로 세우는 것이 좋으며, 각 해결안별 구체적인 실행계획서를 작성함으로써 실행의 목적과 과정별 진행내용을 일목요연하게 파악하도록 하는 것이 필요하다.

102

정답 ②

창의적 사고는 선천적으로 타고 날 수도 있지만, 후천적 노력에 의해 개발이 가능하기 때문에 조언으로 적절하지 않다.

오답분석

① 새로운 경험을 찾아 나서는 사람은 적극적이고, 모험심과 호기심 등을 가진 사람으로 창의력 교육훈련에 필요한 요소를 가지고 있는 사람이다.
③ 창의적인 사고는 창의력 교육훈련을 통해 후천적 노력에 의해서도 개발이 가능하다.
④ 창의력은 본인 스스로 자신의 틀에서 벗어나도록 노력하는 것으로 통상적인 사고가 아니라, 기발하고 독창적인 것을 말한다.
⑤ 창의적 사고는 전문지식보다 자신의 경험 및 기존의 정보를 특정한 요구 조건에 맞추거나 유용하도록 새롭게 조합시킨 것이다.

103

정답 ②

초고령화 사회는 실버 산업(기업)을 기준으로 외부 환경 요소로 볼 수 있으며, 따라서 기회 요인으로 볼 수 있다.

오답분석

① 제품의 우수한 품질은 기업의 내부 환경 요소로 볼 수 있으며, 따라서 강점 요인으로 볼 수 있다.
③ 기업의 비효율적인 업무 프로세스는 기업의 내부 환경 요소로 볼 수 있으며, 따라서 약점 요인으로 볼 수 있다.
④ 살균제 달걀 논란은 빵집(기업)을 기준으로 외부 환경 요소로 볼 수 있으며, 따라서 위협 요인으로 볼 수 있다.
⑤ 근육운동 열풍은 헬스장(기업)을 기준으로 외부 환경 요소로 볼 수 있으며, 따라서 기회 요인으로 볼 수 있다.

104

정답 ①

자아 인식, 자기 관리, 공인 자격 쌓기 등의 평가 기준을 통해 A사원이 B사원보다 스스로 관리하고 개발하는 능력이 우수하다는 것을 알 수 있다.

105

정답 ④

D를 제외한 A, B, C, E의 발언을 보면 H화장품 회사의 신제품은 10대를 겨냥하고 있음을 알 수 있다. D는 이러한 제품의 타깃층을 무시한 채 단순히 소비성향에 따라 20 ~ 30대를 위한 마케팅이 필요하다고 주장하고 있다. 따라서 D는 자신이 알고 있는 단순한 정보에 의존하여 잘못된 판단을 하고 있음을 알 수 있다.

106

정답 ③

ㄴ. 원칙적으로는 만 12세까지의 취약계층 아동이 사업대상이지만 해당 아동이 초등학교 재학생이라면 만 13세 이상도 포함한다고 하였으므로 해당 학생은 사업대상에 해당한다.
ㄷ. 지역별로 전담공무원을 3명, 아동통합서비스 전문요원을 최대 7명까지 배치 가능하다고 하였으므로 전체 인원은 최대 10명까지 배치 가능하다.

오답분석

ㄱ. 사업대상의 각주에서 0세는 출생 이전의 태아와 임산부를 포함한다고 하였으므로 임신 6개월째인 취약계층 임산부는 사업대상에 포함된다.
ㄹ. 원칙적인 지원 한도는 최대 3억 원이나 신규사업지역일 경우에는 1억 5천만 원으로 제한한다고 하였으므로 옳지 않은 내용이다.

107

정답 ②

ㄱ. 돼지고기, 닭고기, 오리고기의 경우, 원산지가 다른 돼지고기 또는 닭고기를 섞은 경우에는 그 사실을 표시한다고 하였다. 따라서 국내산 돼지고기와 프랑스산 돼지고기를 섞은 돼지갈비를 유통할 때에는 국내산과 프랑스산이 섞여 있다는 사실을 표시해야 하므로 옳게 표시한 것이다.
ㄹ. 조리한 닭고기를 배달을 통하여 판매하는 경우, 그 조리한 음식에 사용된 닭고기의 원산지를 포장재에 표시한다고 하였다. 그런데, 선택지의 양념치킨은 국내산 닭을 이용하였으므로 '국내산'으로 표기할 수 있다. 따라서 옳은 내용이다.

오답분석

ㄴ. 수입한 돼지를 국내에서 2개월 이상 사육한 후 국내산으로 유통하였다면 '국내산'으로 표시하고 빈칸 안에 축산물명 및 수입국가명을 함께 표시한다고 하였다. 그런데 선택지의 덴마크산 돼지는 국내에서 1개월간 사육한 것이어서 2개월에 미치지 못하므로 '국내산'으로 표기할 수 없고 '삼겹살(덴마크산)'으로 표기해야 한다.
ㄷ. 수입한 오리고기를 '국내산'으로 표기하기 위해서는 국내에서 1개월 이상 사육해야 한다. 그런데 선택지의 중국산 훈제오리는 그러한 과정이 없었으므로 '국내산'으로 표기할 수 없고 '훈제오리(중국산)'으로만 표기해야 한다.

108

정답 ②

'안압지-석굴암-첨성대-불국사'는 '세 번째로 방문한 곳이 첨성대라면, 첫 번째로 방문한 곳은 불국사'라는 다섯 번째 조건과 '마지막으로 방문한 곳이 불국사라면, 세 번째로 방문한 곳은 안압지'라는 여섯 번째 조건에 맞지 않는다.

109

정답 ⑤

A~E가 주문한 음료는 아메리카노 세 잔과 카페라테 한 잔 그리고 생과일주스 한 잔이고 5명이 주문한 음료의 총액은 21,300원이다. 아메리카노 한 잔의 가격을 a, 카페라테 한 잔의 가격을 b라고 할 때, $a\times3+b+5,300=21,300 \rightarrow 3a+b=16,000$이라는 등식을 세울 수 있다. 또한, A의 아메리카노와 B의 카페라테의 금액은 8,400원이므로 $a+b=8,400$이라는 등식을 세울 수 있으므로 둘을 연립하여 풀면 $a=3,800$, $b=4,600$이라는 값이 나온다. 따라서 아메리카노 가격은 3,800원이며, 카페라테 가격은 4,600원이다.

110

정답 ④

생산계획에 따른 공정별 순서는 (Ⓐ → Ⓑ), (Ⓓ → Ⓔ) → Ⓒ → Ⓕ이다. C공정에 들어가기 위해서는 B와 E공정 모두 마쳐야 하므로, E공정이 일찍 끝나더라도 더 오래 걸리는 B공정에 맞추어 시간을 계산해야 한다. 완제품은 F공정이 완료된 후 생산되므로 소요시간은 9시간이다.

111

정답 ②

한 달 동안의 총 운송비용은 (20일)×(4대)×(3회)×100,000=24,000,000원이고, 한 달 동안 운송하는 상자의 양은 (20일)×(4대)×(3회)×1,000=240,000상자이다. 240,000상자를 1,200으로 나눌 경우 총 200회의 운송이 필요하며 이에 대한 비용은 20,000,000원이다. 이전에 비해 4,000,000원을 절감할 수 있다.

112

정답 ④

직원들은 전체 인원의 50%이므로 135명이고, 직원들을 제외한 인원의 20%가 임원이므로 임원은 27명이다. 남은 인원 중 주주들과 협력업체 직원들이 1:1로 구성되어 있으므로 108명 중 협력업체 인원들은 54명이다.

113

정답 ⑤

다섯 번째 명제에 의해, C에 1순위를 준 사람은 없으므로 사람들은 아래와 같은 네 가지 선택지 중 하나를 고른다.

구분	1순위	2순위	3순위
경우 1	A	B	C
경우 2	B	A	C
경우 3	A	C	B
경우 4	B	C	A

네 번째 명제에 의해 경우 4와 같이 응답한 사람이 6명임을 알 수 있다. 세 번째 명제에 의해 경우 1과 경우 2, 경우 4를 선택한 사람이 14명임을 알 수 있고 여기서 경우 4를 선택한 사람 6명을 빼면, 8명이 경우 1과 경우 2를 선택한 사람이다. 경우 1과 경우 2로 응답한 사람들이 C를 3순위에 둔 사람들이므로 답은 8명이다.

114

정답 ②

왕복시간이 2시간, 배차 간격이 15분이라면 첫차가 왕복을 마친 뒤 재투입되는 데 필요한 앞차의 수는 첫차를 포함해서 8대이다(15분×8대=2시간이므로 8대 버스가 운행된 이후 9번째에 첫차 재투입 가능).

운전사는 왕복 후 30분의 휴식을 취해야 한다. 따라서 첫차를 운전했던 운전사는 2시간 30분 뒤에 운전을 시작할 수 있다. 따라서 150분 동안 운행되는 버스는 10(=150÷15)대이므로 10명의 운전사가 필요하다.

115

정답 ④

e를 경유하는 O에서 D까지 최단경로는 O → d → c → e → D로 최단거리는 14km이다.

116

정답 ①

최단경로는 A → B → E → G이다. 따라서 최단거리는 9+10+8=27km이다.

117

정답 ②

- 택시를 탈 경우 총 이동횟수(4회)에 따른 기본요금 11,200원에, 총 이동거리(89km)에서 기본요금으로 가는 구간인 20km를 제외한 69km에 대한 추가요금 34,500원을 더하므로 요금은 45,700원이다.
- 버스를 탈 경우 이동계획에 따른 하루 총 이동횟수는 4회이므로 요금은 4,000원이다.
- 자가용을 탈 경우 이동계획에 따른 총 이동거리를 계산하면 89km이므로 요금은 89,000원이다.

118

정답 ⑤

두 번째 조건을 통해 김 팀장의 오른쪽에 정 차장이 앉고, 세 번째 조건을 통해 양 사원은 한 대리 왼쪽에 앉는다고 하면, 김 팀장-한 대리-양 사원-오 과장-정 차장 순으로 앉거나, 김 팀장-오 과장-한 대리-양 사원-정 차장 순으로 앉을 수 있다. 하지만 첫 번째 조건에서 정 차장과 오 과장은 나란히 앉지 않는다고 하였으므로, 김 팀장-오 과장-한 대리-양 사원-정 차장 순으로 앉게 된다.

119

정답 ③

㉡과 ㉢이 정언 명제이므로 함축관계를 판단하면 ③이 정답임을 알 수 있다.

오답분석

① 공격수라면 안경을 쓰고 있지 않다.
② A팀의 공격수라면 검정색 상의를 입고, 축구화를 신고 있지 않다.
④ 김 과장이 검정색 상의를 입고 있다는 조건으로 안경을 쓰고 있는지 여부를 판단할 수 없다.
⑤ 수비수라면 안경을 쓰고 있다.

120

정답 ③

제시된 조건에 따라 배치하면 아래와 같다.

보안팀	국내영업 3팀	국내영업 1팀	국내영업 2팀
	복도		
홍보팀	해외영업 1팀	해외영업 2팀	행정팀

121

정답 ③

- 수량이 잘못 배송된 품목 : 가위, 노트, 볼펜
- 배송되지 않은 품목 : 수정테이프, 샤프심
- 주문서에 없는 품목 : 스카치테이프

122

정답 ②

바둑돌이 놓인 규칙은 다음과 같다.

구분	1번째	2번째	3번째	4번째	…	11번째
흰 돌	1	$2^2=4$	$3^2=9$	$4^2=16$	…	$11^2=121$
검은 돌	0	1	$2^2=4$	$3^2=9$	…	$10^2=100$

123

정답 ①

제품의 질은 우수하나 브랜드의 저가 이미지 때문에 매출이 좋지 않은 것이므로 선입견을 제외하고 제품의 우수성을 증명할 수 있는 블라인드 테스트를 통해 인정을 받는다. 그리고 그 결과를 홍보의 수단으로 사용하는 것이 옳다.

124

정답 ②

가장 높은 등급을 1등급, 가장 낮은 등급을 5등급이라 하면 네 번째 조건에 의해 A는 3등급을 받는다. 또한 첫 번째 조건에 의해 E는 4등급 또는 5등급이다. 이때, 두 번째 조건에 의해 C가 5등급, E가 4등급을 받고, 세 번째 조건에 의해 B는 1등급, D는 2등급을 받는다. 따라서 발송 대상자는 C와 E이다.

125

정답 ④

12시 방향에 앉아 있는 서울 대표를 기준으로 각 지역본부 대표를 시계 방향으로 배열하면 '서울-대구-춘천-경인-부산-광주-대전-속초'이다. 따라서 경인 대표의 맞은편에 앉은 사람은 속초 대표이다.

126

정답 ②

ⓑ 화장품은 할인 혜택에 포함되지 않는다.
ⓒ 침구류는 가구가 아니므로 할인 혜택에 포함되지 않는다.

127

정답 ③

익년은 '다음 해'를 의미한다. 파일링 시스템 규칙을 적용하면 2014년도에 작성한 문서의 경우, 2015년 1월 1일부터 보존연한이 시작되어 2017년 12월 31일자로 완결된다. 따라서 폐기년도는 2018년 초이다.

128

정답 ①

A씨는 장애의 정도가 심하지 않으므로 KTX 이용 시 평일 이용에 대해서만 30% 할인을 받으며, 동반 보호자에 대한 할인은 적용되지 않는다. 따라서 3월 11일(토) 서울 → 부산 구간의 이용에는 할인이 적용되지 않고, 3월 13일(월) 부산 → 서울 구간 이용 시 총 운임의 15%만 할인받는다. 따라서 두 사람의 왕복 운임을 기준으로 7.5% 할인받았음을 알 수 있다.

129

정답 ④

B보다 시대가 앞선 유물은 두 개다. 이와 함께 나머지 명제를 도식화하면 'C－D, C－A, B－D'이다.
따라서 정리하면 다음과 같다.

1	2	3	4
C	A	B	D

130

정답 ③

(가) : 부산에서 서울로 가는 버스터미널은 2개이므로 고객에게 바르게 안내해 주었다.
(다) : 소요시간을 고려하여 도착시간에 맞게 출발하는 버스시간을 바르게 안내해 주었다.
(라) : 도로교통 상황에 따라 소요시간에 차이가 있다는 사실을 바르게 안내해 주었다.

오답분석

(나) : 고객의 집은 부산 동부 터미널이 가깝다고 하였으므로 출발해야 되는 시간 등을 물어 부산 동부 터미널에 적당한 차량이 있는지 확인하고, 없을 경우 부산 터미널을 권유하는 것이 맞다. 단지 배차간격이 많다는 이유만으로 부산 터미널을 이용하라고 안내하는 것은 옳지 않다.
(마) : 우등 운행요금만 안내해 주었고, 일반 운행요금에 대한 안내를 하지 않았다.

04 추리능력(적성형)

131	132	133	134	135	136	137	138	139	140	141	142	143	144	145	146	147	148	149	150
③	②	④	④	③	②	①	①	④	④	②	④	③	④	①	③	③	②	③	②
151	152	153	154	155	156	157	158	159	160	161	162	163	164	165	166	167	168	169	170
②	③	④	④	③	④	③	①	⑤	③	③	③	④	④	⑤	④	②	②	②	④
171	172	173	174	175	176	177	178	179	180	181	182	183	184	185	186	187	188	189	190
④	③	③	③	②	②	④	①	③	⑤	⑤	②	③	④	①	②	③	③	⑤	①

131

정답 ③

- 1행 : 별과 색칠된 사각형이 홀수 단계에서만 나타남
- 2행 : 색칠된 사각형이 오른쪽으로 한 칸씩 이동
- 3행 : 별이 왼쪽으로 한 칸씩 이동

132

정답 ②

다각형은 점점 각이 하나씩 증가하는 형태이고, 원은 다각형 안쪽에 있다가 바깥쪽에 있다가를 반복한다.

133

정답 ④

아래의 색칠된 두 개의 사각형은 대각선 방향으로 대칭하고 있으며, 위의 색칠된 사각형은 시계 방향으로 90° 회전하고 있다.

134

정답 ④

왼쪽 도형을 상하대칭한 것이 오른쪽 도형이다.

135

정답 ③

각 점을 좌우대칭하고 가운데 줄을 색 반전한 것이 오른쪽 도형이다.

136

정답 ②

상하대칭 후 내부 도형을 색 반전한 것이 오른쪽 도형이다.

137

정답 ①

규칙은 가로 방향으로 적용된다.
두 번째는 첫 번째 도형을 시계 반대 방향으로 120° 회전시킨 도형이다.
세 번째는 두 번째 도형을 시계 방향으로 60° 회전시킨 도형이다.

138

정답 ①

규칙은 세로로 적용된다.
두 번째는 첫 번째 도형을 시계 방향으로 90° 돌린 도형이다.
세 번째는 두 번째 도형을 좌우 반전시킨 도형이다.

139

정답 ④

규칙은 가로로 적용된다.
첫 번째 도형의 색칠된 부분과 두 번째 도형의 색칠된 부분이 겹치는 부분을 색칠한 도형이 세 번째 도형이 된다.

140

정답 ④

규칙은 세로로 적용된다.
위쪽 도형과 가운데 도형의 색칠된 부분을 합치면 아래쪽 도형이 된다.

141

정답 ②

도표 상에서 나오는 결괏값에 따라 기호들의 변환 원리를 유추하면 다음과 같다.
★ : 1234 → 4321
▲ : 1234 → 2413
◉ : 각 자릿수 +2, +3, +2, +3
4HQ1 → ◉ → 6KS4 → ▲ → K46S

142

정답 ④

도표 상에서 나오는 결괏값에 따라 기호들의 변환 원리를 유추하면 다음과 같다.
★ : 1234 → 4321
▲ : 1234 → 2413
◉ : 각 자릿수 +2, +3, +2, +3
6D3R → ★ → R3D6 → ◉ → T6F9

143

정답 ③

도표 상에서 나오는 결괏값에 따라 기호들의 변환 원리를 유추하면 다음과 같다.
★ : 1234 → 4321
▲ : 1234 → 2413
◉ : 각 자릿수 +2, +3, +2, +3
7ET9 → ▲ → E97T → ★ → T79E

144

정답 ④

도표 상에서 나오는 결괏값에 따라 기호들의 변환 원리를 유추하면 다음과 같다.
● : 1234 → 3412
■ : 각 자릿수 +4, −3, +2, −1
△ : 각 자릿수마다 −1
BSCM → ■ → FPEL → △ → EODK

145

정답 ①

도표 상에서 나오는 결괏값에 따라 기호들의 변환 원리를 유추하면 다음과 같다.

● : 1234 → 3412

■ : 각 자릿수 +4, −3, +2, −1

△ : 각 자릿수마다 −1

IQTD → △ → HPSC → ● → SCHP

146

정답 ③

철수의 성적이 중간 정도일 수 있는데도 불구하고 우등생이 아니면 꼴찌라고 생각하는 흑백사고의 오류이다. 이와 유사한 오류를 보이는 것은 ③이다.

147

정답 ③

③ 북한의 인권문제를 위해 노력할 것이라는 것은 정치 목적으로서 정당하다.

오답분석

① 사적 관계에 호소하는 오류, ② 동정에 호소하는 오류, ④ 정황에 호소하는 오류, ⑤ 일반화의 오류

148

정답 ②

제시된 문장과 ②가 공통적으로 범하고 있는 오류는 '원천봉쇄의 오류(우물에 독 풀기)'이다. 상대가 비판이나 거부를 하지 못하도록 미리 못박는 오류에 해당한다.

오답분석

① 성급한 일반화의 오류, ③ 피장파장의 오류(역공격의 오류), ④ 의도확대의 오류, ⑤ 무지에 호소하는 오류

149

정답 ③

성급한 일반화의 오류란 제한된 증거를 기반으로 성급하게 어떤 결론을 도출하는 오류를 말한다.

오답분석

① 흑백사고의 오류 : 세상의 모든 일을 흑 또는 백이라는 이분법적 사고로 바라보는 오류

② 논점 일탈의 오류 : 실제로는 연관성이 없는 전제를 근거로 하여 어떤 결론을 도출하는 오류

④ 전건 부정의 오류 : '만일 P이면 Q이다'에서 전건(前件)을 부정하여 후건(後件)을 부정한 것을 결론으로 도출하는 오류

⑤ 정황에 호소하는 오류 : 어떤 사람이 처한 처지나 직업, 직책 등을 근거로 주장을 전개하는 오류

150

정답 ②

제시문은 우연의 오류(일반적인 법칙을 예외적인 상황에 적용)에 해당한다.

오답분석

①·⑤ 성급한 일반화의 오류, ③ 부적합한 권위에 호소하는 오류, ④ 대중에 호소하는 오류

151

정답 ②

현진이는 막내이므로 남동생이 없다.

오답분석

①·③ 현진이는 여자형제가 없다.

④ 현진이가 남자인지 알 수 없으므로 형이 있다고 할 수 없다.

⑤ 현진이의 쌍둥이에 대한 언급은 없다.

152

정답 ③

명제가 참일 때 그 주체와 서술이 함께 역이 되는 대우는 반드시 참이므로 ㉢이 참이 된다.

153

정답 ④

'A신문을 구독하는 사람은 B신문을 구독하지 않는다'고 했으므로 그 대우인 ④ 'B신문을 구독하는 사람은 A신문을 구독하지 않는다'를 추론할 수 있다.

154

정답 ④

비정규직 근로자의 임금이 평균 7.3% 감소했다는 것을 통해 어떤 비정규직 근로자의 임금이 감소하였다는 것을 추론할 수 있다.

오답분석

① 비정규직 근로자 수는 '지난해에 비해' 증가하였다.
②·③ 주어진 명제로는 확인할 수 없다.
⑤ 비정규직 근로자의 임금이 동일하다는 언급은 없다.

155

정답 ③

왼쪽부터 순서대로 나열해 보면, 일식-분식-양식-스낵 코너 순임을 알 수 있다.

156

정답 ④

어떤 플라스틱은 전화기이고, 모든 전화기는 휴대폰이다. 따라서 어떤 플라스틱은 휴대폰이다.

157

정답 ③

철학은 학문이고, 모든 학문은 인간의 삶을 의미 있게 해준다. 따라서 철학은 인간의 삶을 의미 있게 해준다.

158

정답 ①

첫 번째 명제의 대우명제는 '팀플레이가 안 되면 패배한다'이다. 삼단논법이 성립하려면 '팀플레이가 된다면 패스했다는 것이다'라는 명제가 필요하므로 적절한 것은 ①이다.

159

정답 ⑤

삼단논법이 성립하기 위해서는 두 번째 명제에 '시험을 못 봤다면 성적이 나쁘게 나온다'라는 명제가 필요하다. 이 명제의 대우명제는 ⑤이다.

160

정답 ③

- A팀장의 야근 시간은 B과장의 야근 시간보다 60분 많다.
- C대리의 야근 시간은 B과장의 야근 시간보다 30분 적다.
- D차장의 야근 시간은 B과장의 야근 시간보다 20분 적다.

따라서 야근을 많이 한 순서대로 나열하면 A팀장>B과장>D차장>C대리이다.

161

정답 ③

세 정보 중 하나만 틀리다는 전제 하에 문제를 푼다.

- (정보1)이 틀렸다고 가정 : 강아지는 검정색이므로 (정보2)와 (정보3)도 모두 틀린 정보가 된다.
- (정보2)가 틀렸다고 가정 : 강아지는 검정색이므로 (정보1)과 (정보3)도 모두 틀린 정보가 된다.
- (정보3)이 틀렸다고 가정 : 강아지는 검정색이거나 노란색이다. (정보1)에서 검정색이 아니라고 했으므로 강아지는 노란색이다. 따라서 (정보2) 또한 참이 된다.

162

정답 ③

을과 정은 서로 상반된 이야기를 하고 있다. 만일 을의 이야기가 참이고, 정의 이야기가 거짓이라면 합격자는 병과 정이 되는데, 합격자는 한 명이어야 하므로 성립하지 않는다. 따라서 을이 거짓말을 하였기에 합격자는 병이다.

163

정답 ④

첫 번째 진술의 대우명제는 '영희 또는 서희가 서울 사람이 아니면 철수 말이 거짓이다'이다. 따라서 서희가 서울 사람이 아니라면, 철수 말은 거짓이다. 또한 두 번째 진술에 의해, 창수와 기수는 서울 사람임을 알 수 있다. ⑤는 문제의 조건이다. 따라서 ④만 알 수 없다.

164

정답 ④

다른 사람의 말에 의해 자신이 말한 정황이 증명되면 자신의 주장이 거짓말일 확률이 줄어든다고 볼 수 있다. 형돈이는 명수와 커피를 마셨다. 명수도 형돈이와 커피를 마셨다. 재석이는 형돈이와 영화를 봤다. 형돈이도 재석이와 영화를 봤다. 그러므로 형돈이, 재석이, 명수는 거짓말을 했을 확률이 상대적으로 낮고 준하는 거짓말을 했을 확률이 높다.

165

정답 ⑤

네 가지 조건을 종합해 보면 A상자에는 테니스공과 축구공이, B상자에는 럭비공이, C상자에는 야구공이 들어가게 됨을 알 수 있다. 따라서 남은 자리는 B상자와 C상자에 하나씩만 남았으므로 배구공과 농구공은 같은 상자에 들어갈 수 없다.

166

정답 ④

n을 자연수라 하면 $(n+1)$항의 수와 n항의 수를 더하고 $+2$를 한 값이 $(n+2)$항이 되는 수열이다.

따라서 ($\quad$)$=48+29+2=79$이다.

167

정답 ②

첫 번째, 두 번째, 세 번째 수를 기준으로 세 칸 간격으로 각각 ×2, ×4, ×6의 규칙인 수열이다.

i) 3 6 12 24 ⋯ ×2

ii) 4 16 (64) 256 ⋯ ×4

iii) 5 30 180 1,080 ⋯ ×6

따라서 빈칸에 알맞은 숫자는 64이다.

168

정답 ②

앞의 항에 $\times(-4)$를 하는 수열이다.

따라서 ($\quad$)$=(-68)\times(-4)=272$이다.

169

정답 ②

앞의 항에 -0.7, $+1.6$을 번갈아 가며 적용하는 수열이다.

따라서 ($\quad$)$=6.5+1.6=8.1$이다.

170

정답 ④

A B C → (A×B)−5=C

따라서 ( )=(3+5)÷(−4)=−2이다.

171

정답 ④

앞의 항에 +1, +2, +3, …을 하는 수열이다.

ㄴ	ㄷ	ㅁ	ㅇ	ㅌ	ㄷ	(ㅈ)
2	3	5	8	12	17 (=14+3)	(23) (=14+9)

172

정답 ③

앞의 항에 2, 3, 4, 5, 6 …을 더하는 수열이다.

ㄴ	D	(ㅅ)	K	ㄴ	V
2	4	7	11	16(=14+2)	22

173

정답 ③

앞의 항에 2씩 곱하는 수열이다.

A	B	D	H	P	(F)
1	2	4	8	16	32(=26+6)

174

정답 ③

앞의 항에 2씩 곱하고 −1을 더하는 수열이다.

B	C	E	I	Q	(G)
2	3	5	9	17	33(=26+7)

175

정답 ②

홀수 항은 +1, 짝수 항은 ×2의 규칙을 갖는 수열이다.

D	C	E	F	F	L	(G)	X
4	3	5	6	6	12	7	24

176

정답 ②

순서도에 따라 알고리즘을 한 번 순환할 때마다 n이 1씩 커져서 10이 될 때까지 순환을 반복하는 조건임을 알 수 있다. S는 한 번 순환할 때마다 당시 n값에 해당하는 만큼씩 더해져 점점 커진다. 이를 표로 나타내면 다음과 같다.

n	1	2	3	4	5	6	7	8	9	10
S	1	3	6	10	15	21	28	36	45	55

177 정답 ④

순서도에 따라 알고리즘을 한 번 순환할 때마다 a에는 $\frac{2}{3}$가 더해지고 n은 2가 곱해진 뒤 1이 더해진다. n의 값이 a의 값 이상이 될 때까지 알고리즘을 반복하는데 이것을 표로 나타내면 다음과 같다. 조건을 만족해 Stop에 도달했을 때 a의 값은 4이다.

a	2	$\frac{8}{3}$	$\frac{10}{3}$	4
n	0	1	3	7

178 정답 ①

순서도에 따라 알고리즘을 한 번 순환할 때마다 a에는 3이 곱해진 뒤 1이 더해지거나 빠지는 것을 순서대로 반복한다. n은 알고리즘을 한 번 순환할 때마다 1이 더해진다. 조건을 만족할 때까지 알고리즘을 반복하는데 이것을 표로 나타내면 다음과 같다. 조건을 만족해 Stop에 도달했을 때 a의 값은 547이다.

a	2	7	20	61	182	547
n	0	1	2	3	4	5

179 정답 ③

순서도에 따라 알고리즘을 한 번 순환할 때마다 a에는 2가 곱해진 뒤 $\frac{1}{5}$이 더해진다. n은 알고리즘을 한 번 순환할 때마다 2가 더해진다. 조건을 만족할 때까지 알고리즘을 반복하는데 이것을 표로 나타내면 다음과 같다. 조건을 만족해 Stop에 도달했을 때 n의 값은 9이다.

a	$\frac{3}{5}$	$\frac{7}{5}$	3	$\frac{31}{5}$	$\frac{63}{5}$
n	1	3	5	7	9

180 정답 ⑤

교과목, 연산, 숫자를 통해 '수학'을 연상할 수 있다.

- 교과목 : 교과목은 학교에서 가르쳐야 할 지식이나 경험의 체계를 세분하여 계통을 세운 영역으로 대표적인 교과목으로는 국어, 수학, 영어가 있다.
- 연산 : 연산이란 식이 나타낸 일정한 규칙에 따라 계산한 것으로 수량 및 공간의 성질에 관하여 연구하는 수학에 활용된다.
- 숫자 : 숫자란 수량적인 사항으로 수학 및 공간의 성질에 관하여 연구하는 수학에 활용된다.

181 정답 ⑤

목사, 성가대, 성경을 통해 '교회'를 연상할 수 있다.

- 목사 : 목사는 개신교 성직자로 교회에서 예배를 인도하고 교회나 교구의 관리 및 신자의 영적 생활을 지도하는 성직자이다.
- 성가대 : 성가대는 기독교에서 성가를 부르기 위하여 조직된 합창대이다.
- 성경 : 성경은 기독교의 경전이다.

182 정답 ②

솔방울, 잣나무, 전나무를 통해 '침엽수'를 연상할 수 있다.

- 솔방울 : 침엽수인 소나무 열매의 송이이다.
- 잣나무 : 소나무과의 침엽수이다.
- 전나무 : 소나무과의 침엽수이다.

183 정답 ③

길, 총, 손을 통해 '잡이'를 연상할 수 있다.

- 길 : 길잡이
- 총 : 총잡이
- 손 : 손잡이

184 정답 ④

늑대(인간), (인간)극장, 홍익(인간)

185 정답 ①

(명함)을 내밀다, (명함)지갑, (명함)을 주고받다.

186 정답 ②

부채와 선풍기는 같은 기능을 가지고, 인두와 다리미도 같은 기능을 가진다.

187 정답 ③

'가랑비에 옷 젖는 줄 모른다'는 속담에 '낙숫물이 댓돌 뚫는다'는 속담이 대응한다.

188 정답 ③

의사와 병원은 직업과 직장의 관계이다. 따라서 교사라는 직업의 직장은 학교가 적절하다.

189 정답 ⑤

제시된 낱말의 관계는 기능의 유사성이다. 마차와 가장 유사한 기능을 가진 낱말은 자동차이다.

190 정답 ①

냄비는 조리가 목적이고, 연필은 필기가 목적이다(용도관계).

05 공간지각능력(적성형)

191	192	193	194	195	196	197	198	199	200	201	202	203	204	205	206	207	208	209	210
①	②	④	⑤	①	⑤	③	②	⑤	③	①	④	②	③	③	①	②	①	④	②
211	212	213	214	215	216	217	218	219	220	221	222	223	224	225	226	227	228	229	230
⑤	⑤	②	⑤	②	④	①	⑤	④	④	②	④	①	④	④	①	③	①	①	④
231	232	233	234	235	236	237	238	239	240	241	242	243	244	245	246	247	248	249	250
③	④	①	②	①	③	②	③	⑤	④	②	③	③	④	⑤	④	③	①	②	④

191

정답 ①

①은 제시된 도형을 시계 반대 방향으로 90° 회전한 것이다.

192

정답 ②

②는 제시된 도형을 시계 방향으로 90° 회전한 것이다.

193

정답 ④

④는 제시된 도형을 180° 회전한 것이다.

194

정답 ⑤

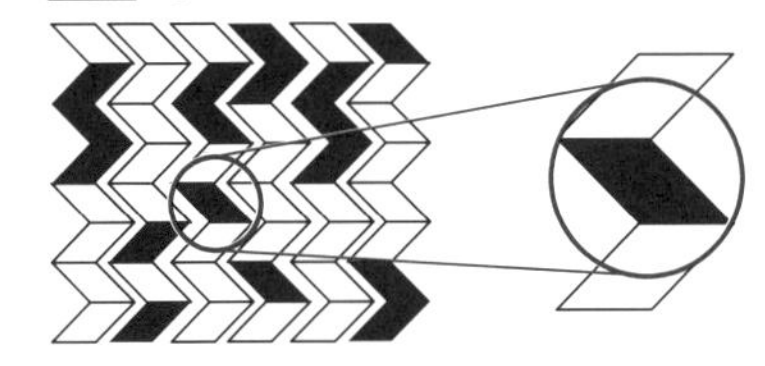

195

정답 ①

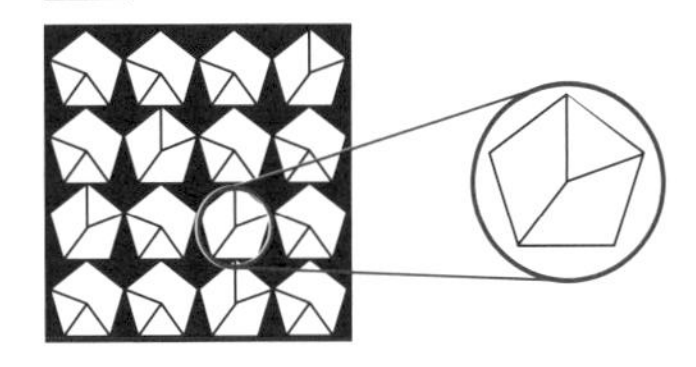

196

정답 ⑤

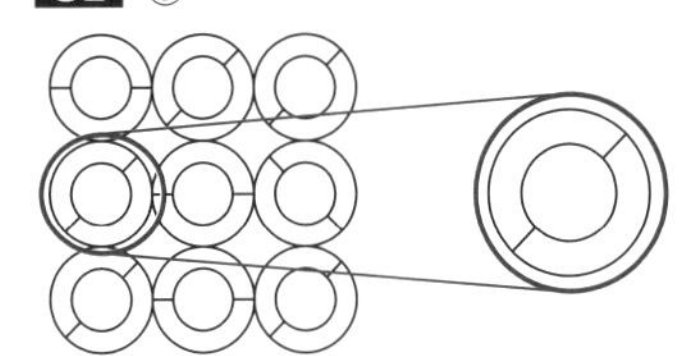

197 **정답** ③

도형을 시계 반대 방향으로 90° 회전하면, 이를 상하 반전하면 이 된다.

198 **정답** ②

도형을 좌우 반전하면, 이를 180° 회전하면 이 된다.

199 **정답** ⑤

도형을 시계 방향으로 90° 회전하면, 이를 거울에 비추면 이 된다.

200 **정답** ③

도형을 좌우 반전하면, 이를 시계 방향으로 90° 회전하면 이 된다.

201 **정답** ①

새로운 화살표가 가리키는 방향으로 도형이 증가한다. ? 앞에 있는 도형의 새로운 화살표 모두 2군데 위를 가리키고 있기 때문에 ?에 알맞은 도형은 위로 화살표 도형 2개가 추가된 형태인 ①이 된다.

202 **정답** ④

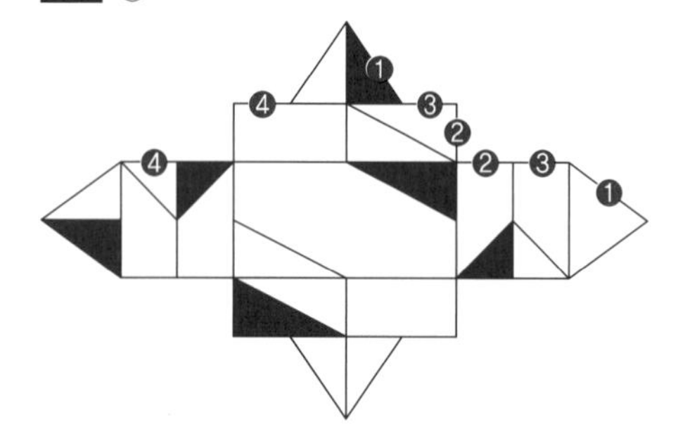

203 **정답** ②

1층 : 5개, 2층 : 3개, 3층 : 1개

∴ 9개

204

정답 ③

1층 : 7개, 2층 : 4개, 3층 : 3개

∴ 14개

205

정답 ③

1층 : 9개, 2층 : 6개, 3층 : 2개

∴ 17개

206

정답 ①

1층 : 6개, 2층 : 5개, 3층 : 3개, 4층 : 1개

∴ 15개

207

정답 ②

1층 : 5개, 2층 : 3개, 3층 : 1개

∴ 9개

208

정답 ①

〈위〉

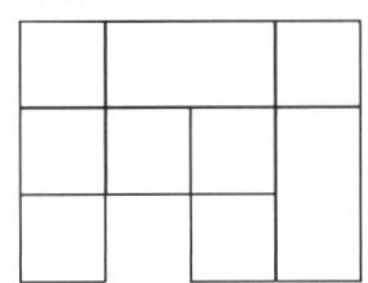

오답분석

② 왼쪽, ③ 앞, ④ 오른쪽, ⑤ 뒤

209

정답 ④

〈왼쪽〉

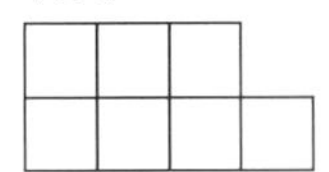

210

정답 ②

의 대칭을 해보면 과 같이 나온다.

우측 삼각형 부분은 좌측 도형 안쪽에 위치하므로 를 회전하는 도형과 같다.

211

정답 ⑤

⑤의 배치대로 다른 전개도와 통일시킨다고 하면 다음과 같이 나타난다.

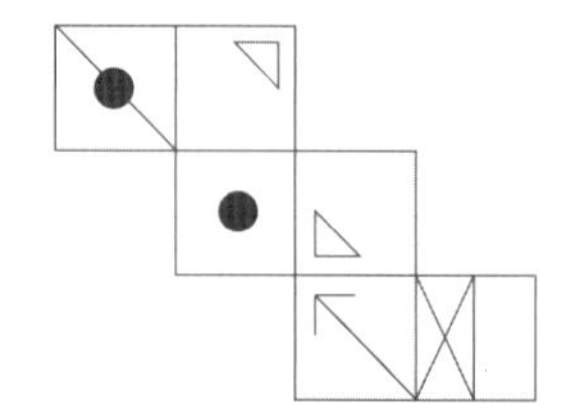

212

정답 ⑤

⑤의 배치대로 다른 전개도와 통일시킨다고 하면 다음과 같이 나타난다.

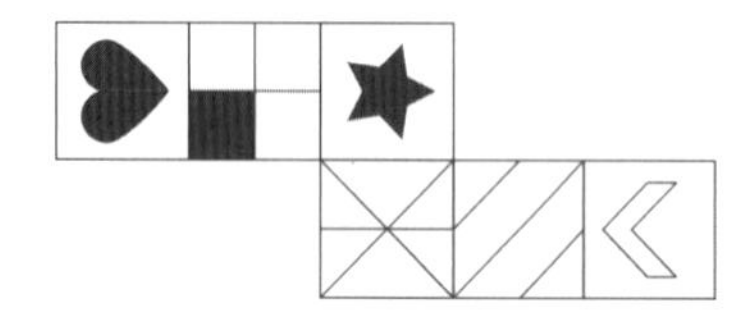

213

정답 ②

②의 배치대로 다른 전개도와 통일시킨다고 하면 다음과 같이 나타난다.

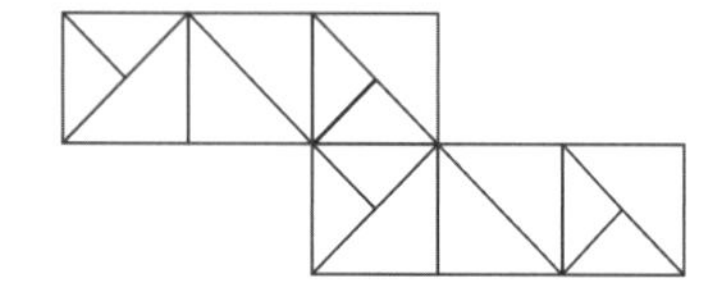

214

정답 ⑤

⑤의 배치대로 다른 전개도와 통일시킨다고 하면 다음과 같이 나타난다.

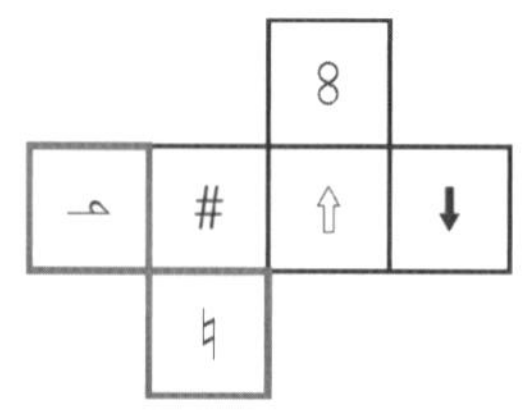

215

정답 ②

전개도를 접었을 때 가능한 정육면체 모형은 ②뿐이다.

216

정답 ④

전개도를 접었을 때 가능한 정육면체 모형은 ④뿐이다.

217 **정답** ①

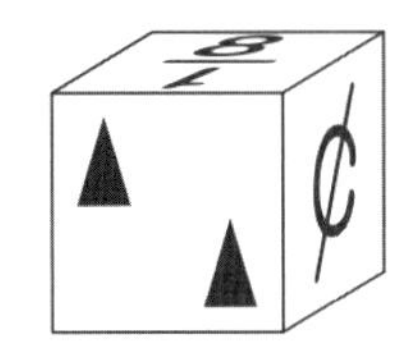

218 **정답** ⑤

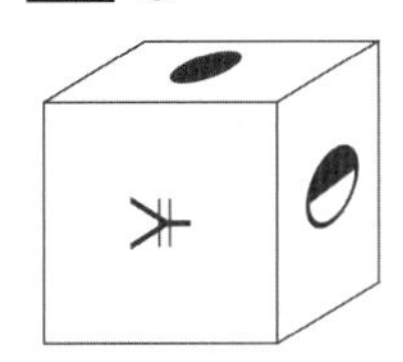

219 **정답** ④

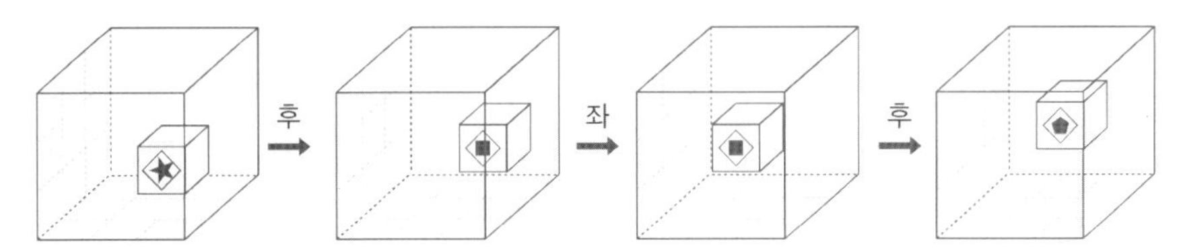

220 **정답** ④

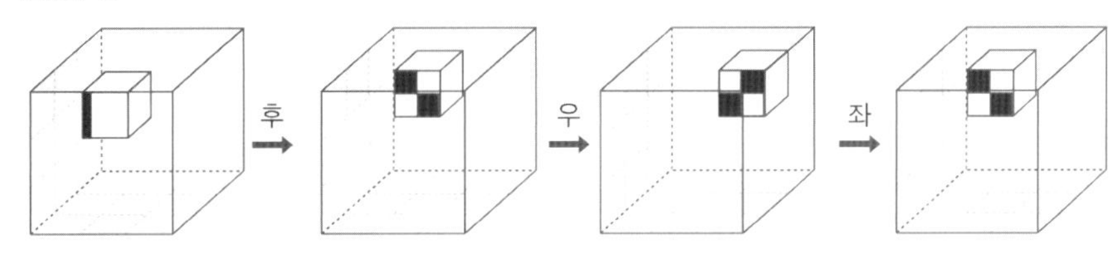

221 **정답** ②

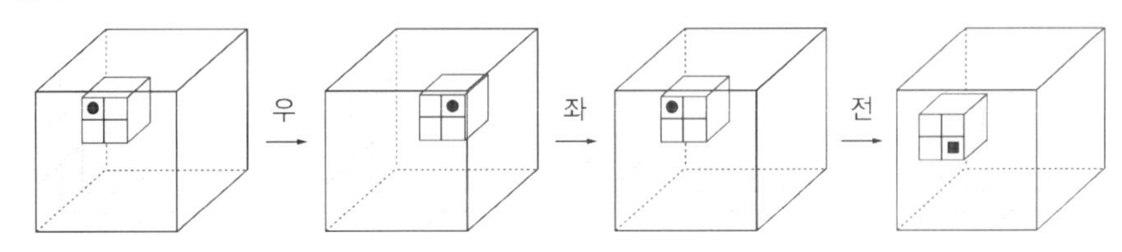

222 **정답** ④

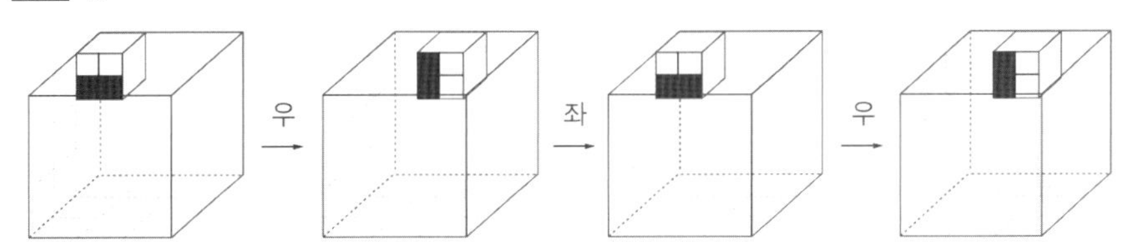

223 **정답** ①

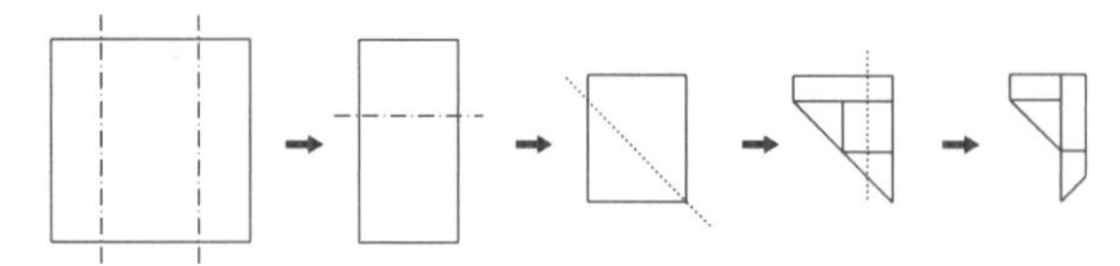

224 **정답** ④

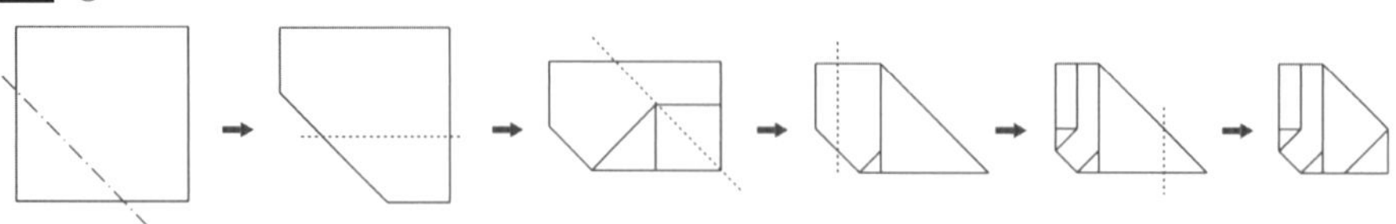

225 **정답** ④

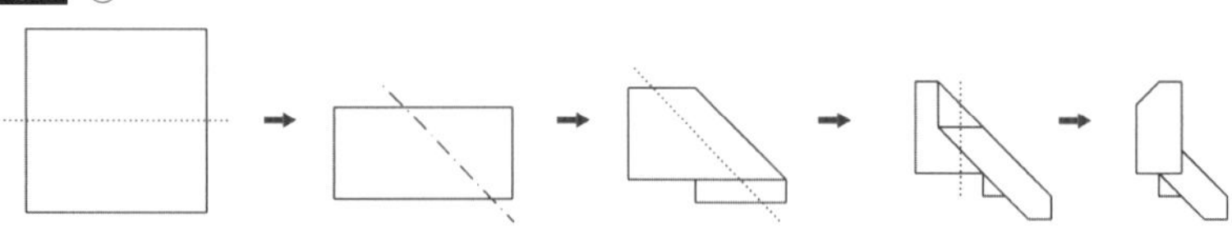

226 **정답** ①

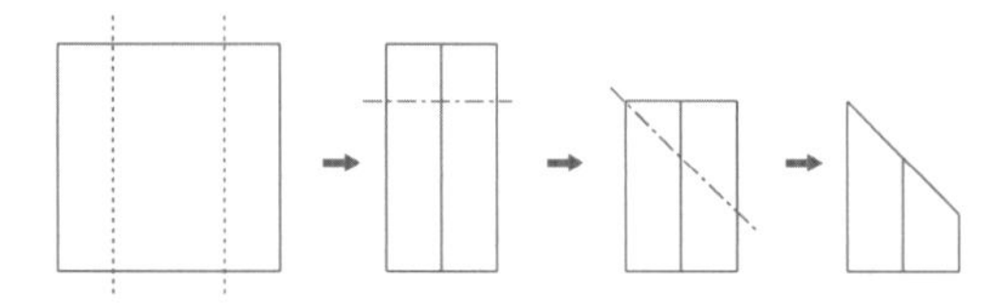

227 **정답** ③

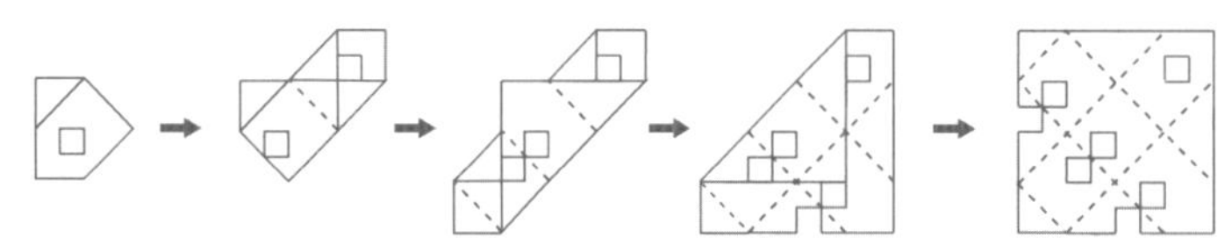

228 **정답** ①

229 **정답** ①

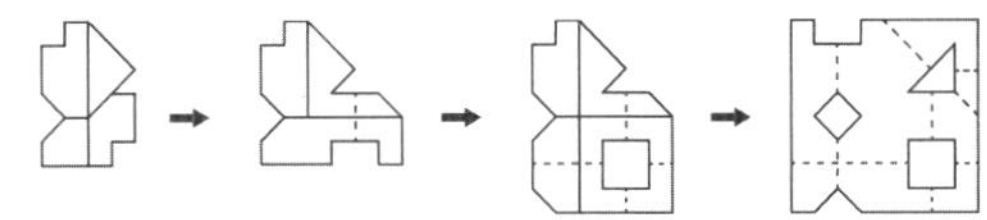

230 **정답** ④

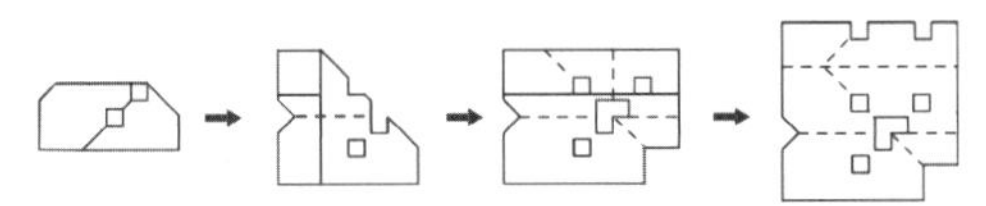

231 **정답** ③

(나) (가) (라) (다)

232 **정답** ④

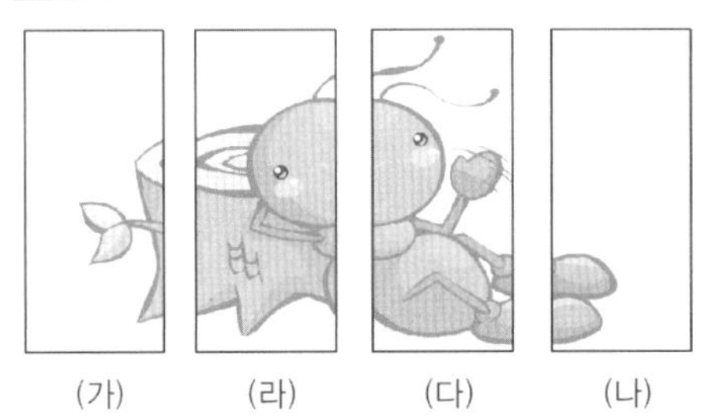

(가) (라) (다) (나)

233 **정답** ①

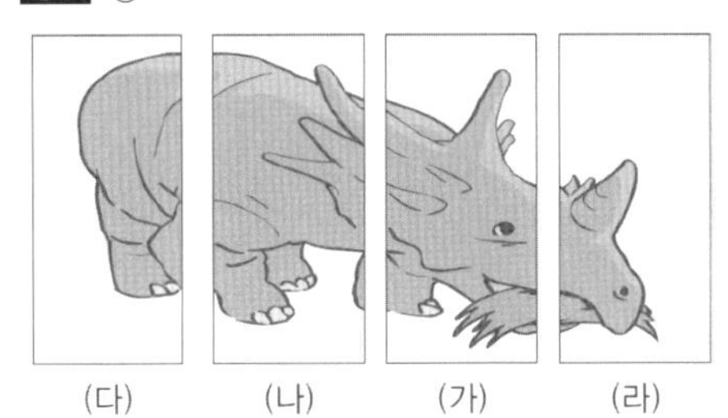

(다) (나) (가) (라)

234 정답 ②

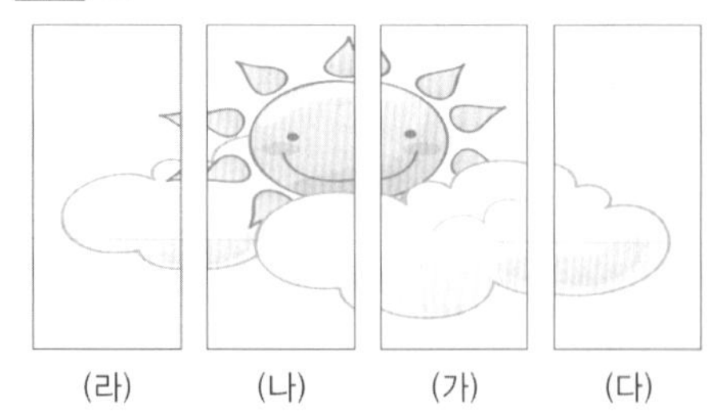

235 정답 ①

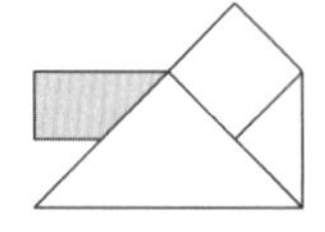

236 정답 ③

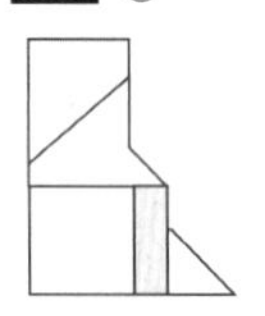

237 정답 ②

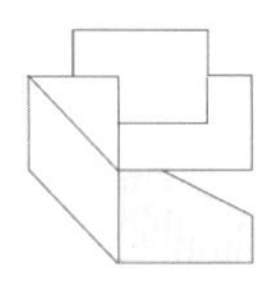

238 정답 ③

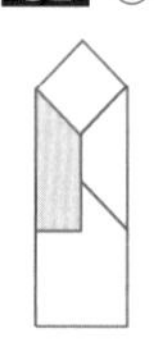

239 정답 ⑤

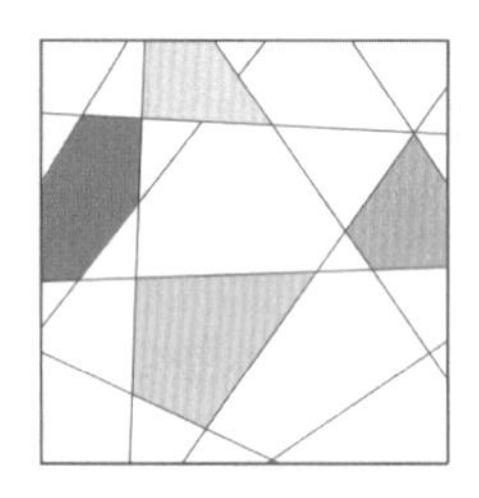

240 **정답** ④

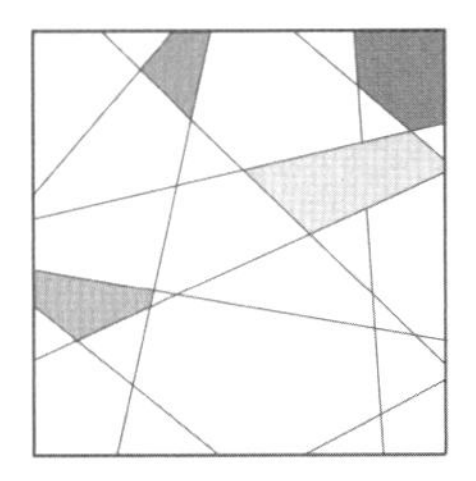

241 **정답** ②

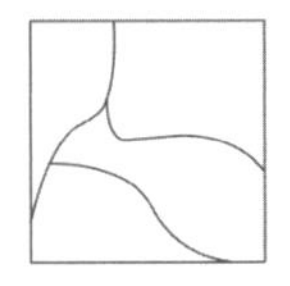

242 **정답** ③

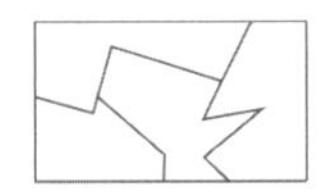

243 **정답** ③

왼쪽 톱니바퀴에는 5번 도형이, 오른쪽 톱니바퀴에는 4번 도형이 화살표선 상에 위치한다. 도형 또한 시계 반대 방향으로 144° 돌아갔으므로 두 도형을 겹쳐보면 ③과 같은 모양이 나온다.

244 **정답** ④

왼쪽 톱니바퀴에는 3번 도형이, 오른쪽 톱니바퀴에는 4번 도형이 화살표선 상에 위치한다. 3번 도형은 시계 방향으로 72° 돌아갔고 4번 도형은 시계 반대 방향으로 144° 돌아갔다. 4번 도형은 화살표 방향으로 쳐다볼 때 좌우 반전된 상태이므로 두 도형을 겹쳐보면 ④와 같은 모양이 나온다.

245 **정답** ⑤

왼쪽 톱니바퀴에는 2번 도형이, 오른쪽 톱니바퀴에는 4번 도형이 화살표선 상에 위치한다. 2번 도형은 시계 반대 방향으로 120° 돌아갔고 4번 도형은 시계 방향으로 60° 돌아갔다. 두 도형을 겹쳐보면 ⑤와 같은 모양이 나온다.

246 **정답** ④

왼쪽 톱니바퀴에는 1번 도형이, 오른쪽 톱니바퀴에는 2번 도형이 화살표선 상에 위치한다. 1번 도형은 시계 반대 방향으로 180° 돌아갔고 2번 도형은 시계 방향으로 270° 돌아갔다. 두 도형을 겹쳐보면 ④와 같은 모양이 나온다.

247 **정답** ③

도형을 오른쪽으로 뒤집으면 ②, 이를 시계 반대 방향으로 90° 회전하면 ①, 다시 위로 뒤집으면 ③의 도형이 된다.

248 **정답** ①

오답분석

②  ③ 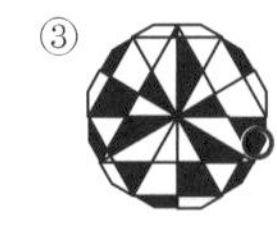 ④ 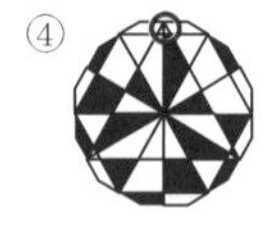 ⑤ 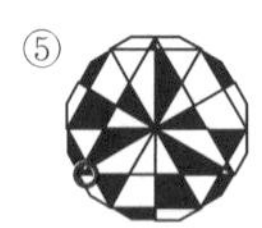

249 **정답** ②

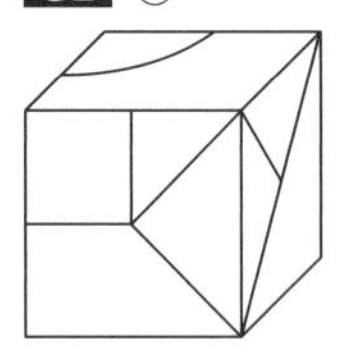

250 **정답** ④

④는 제시된 도형을 시계 방향으로 90° 회전시킨 것이다.

06 사무지각능력(적성형)

251	252	253	254	255	256	257	258	259	260	261	262	263	264	265	266	267	268	269	270
①	②	③	④	③	②	②	④	①	③	①	④	⑤	②	①	⑤	②	④	①	③
271	272	273	274	275	276	277	278	279	280	281	282	283	284	285	286	287	288	289	290
②	②	①	①	②	②	①	①	②	②	③	④	①	②	③	②	④	③	①	④
291	292	293	294	295	296	297	298	299	300										
③	③	①	②	⑤	③	②	③	③	③										

251 **정답** ①

오답분석

② ※q귀⊃★ – 2≡6◎§
③ q귀⊃★※ – ≡6◎§2
④ ★⊃※귀q – §◎26≡
⑤ 귀q※⊃★ – 6≡2◎§

252 **정답** ②

오답분석

① ㅁ◎※▽△ – ☏☆∋≒※
③ ◎※▽△ㅁ – ☆∋≒※☏
④ ▽ㅁ△※◎ – ≒☏※∋☆
⑤ ㅁ△▽※◎ – ☏※≒∋☆

253 **정답** ③

오답분석

① ◑▣♨Π♣ – 23154
② ♣♨Π◑▣ – 41523
④ ▣◑♣♨Π – 32415
⑤ ◑▣♣♨Π – 23415

254 **정답** ④

오답분석

① 여야유요예 – 규계귀교크
② 예여요야유 – 크규교계귀
③ 요예유여야 – 교크귀규계
⑤ 여유요야예 – 규귀교계크

255 **정답** ③

3412 – bcad

256 **정답** ②

odarbe – ENKROA

257

정답 ②

오답분석

① 켜켸캬큐쿄 – 녀녜냐뉴뇨
③ 쿄캬켸켜큐 – 뇨냐녜녀뉴
④ 캬쿄큐켸켜 – 냐뇨뉴녜녀
⑤ 큐큐쿄켜캬 – 뉴뉴뇨녀냐

258

정답 ④

PTOKI – OICTE

259

정답 ①

♥ ♧ ♡ ♠ ♤ – ↔ ← → ↑ ↓

260

정답 ③

오답분석

① 15, ②·④ 17, ⑤ 16

261

정답 ①

오답분석

② 16, ③ 10, ④ 15, ⑤ 11

262

정답 ④

오답분석

①·② 22, ③ 23, ⑤ 19

263

정답 ⑤

			소각								
											시각
	지각							부각			

264

정답 ②

	思										
					塞						
	培										裳

265

정답 ①

					독일						
	독학							독서			
		독해									

266

정답 ⑤

						국					
					북						
						버					
			돈								

267

정답 ②

	↑	▶					♥				
										₩	

268

정답 ④

걸	갓	갔	귤	걸	값	갊	경	갸	곁	갔	갸
갯	갚	갔	걸	깡	겹	김	걔	금	뀨	겟	갑
걸	갔	김	갸	갸	걸	갚	깡	겟	걸	갊	갔
규	강	곁	겹	뀨	갯	갔	갓	귤	값	걔	경

269

정답 ①

Đ	Ď	ꟻ	Ħ	Ż	Ā	ꟻ	Đ	Θ	Ď	Ħ	ꟻ
ꟻ	Ħ	Θ	Ÿ	Đ	Ď	Θ	Ÿ	ꟻ	Ż	Đ	Θ
Θ	Đ	Ā	ꟻ	Ż	Đ	Ż	Ħ	Ż	Đ	Ż	Đ
Ā	Ÿ	Ż	Ď	Θ	Đ	Ā	Đ	Ÿ	Ż	Ā	Ď

270

정답 ③

晝	群	書	君	君	群	君	畵	晝	群	君	晝
晝	畵	畵	郡	群	晝	郡	君	群	書	群	畵
群	郡	郡	晝	書	群	畵	君	郡	畵	君	郡
書	畵	君	郡	君	畵	晝	晝	君	群	郡	晝

271

정답 ②

방탕	반탕	반탄	반탕	밤탐	반탕	밤탄	밤탐	**방탄**	밤탄	반탕	방탕
방탄	방당	방탕	**방탄**	방당	밤탄	반탄	반탕	반탕	방탕	**방탄**	밤탐
방당	반탕	반탄	방탕	반탕	**방탄**	방탕	밤탄	방당	반탕	밤탄	방탕
반탕	밤탄	밤탐	반탄	밤탄	방당	반탕	**방탄**	반탄	밤탐	반탄	반탕

272

정답 ②

◐	●	◕	◑	◎	◔	◒	**◐**	◑	●	◒	**◐**
◒	◎	◗	◒	◖	**◐**	●	◍	◑	**◐**	◎	◍
◕	◔	**◐**	◑	◑	◕	◒	●	◎	**◐**	◔	◖
◎	◑	◔	◍	◔	◒	◎	**◐**	◔	◕	**◐**	◑

273

정답 ①

좌우 문자열 같음

274

정답 ①

좌우 문자열 같음

275

정답 ②

やづごしどなる – やづごじどなる

276

정답 ②

傑琉浴賦忍杜家 – 傑瑜浴賦忍杜家

277

정답 ①

舡央商勝應翁盈 – 舡英商勝應翁盈

278

정답 ①

65794322 – 65974322

279

정답 ②

ㄺㅄㅁㅉㅎㄾㄻㄲ–ㄺㅃㅁㅆㅎㄿㄻㄲ

280

정답 ②

죄테나챠배더처 – 죄톄냐차배다쳐

281

정답 ③

MER	LTA	VER	DTA	DLR	ITI	DOR	ETE	RSR	ZER	BTA	LOE
XSR	WER	LSR	UER	OSR	DCR	PER	ASD	WCT	KTI	YAM	GTE
OTA	KKN	YSR	DSR	DZR	ATA	SDR	SSR	DTI	LHE	FTE	BVG
NER	HTE	VOE	TER	JTI	DAA	PSR	DTE	LME	QSR	SDZ	CTA

282

정답 ④

퍞	턒	밥	션	탐	폭	콕	헐	달	햡	햔	번
한	랄	발	뱌	팝	턴	핞	뽑	선	퍕	협	곡
팔	혹	곰	독	견	랄	퍌	팍	톡	변	뱜	갈
콕	합	편	던	할	폅	협	신	촉	날	햠	퍕

283

정답 ①

1457	4841	3895	8643	3098	4751	6898	5785	6980	4617	6853	6893
1579	5875	3752	4753	4679	3686	5873	8498	8742	3573	3702	6692
3792	9293	8274	7261	6309	9014	3927	6582	2817	5902	4785	7389
3873	5789	5738	8936	4787	2981	2795	8633	4862	9592	5983	5722

284

정답 ②

98406198345906148075634361456234

285

정답 ③

82058305898678232078340853989832253

286

정답 ②

■은 두 번째에 제시된 문자이므로 정답은 ②이다.

287

정답 ④

◑은 다섯 번째에 제시된 문자이므로 정답은 ④이다.

288

정답 ③

♬은 여섯 번째에 제시된 문자이므로 정답은 ③이다.

289

정답 ①

◇은 첫 번째에 제시된 문자이므로 정답은 ①이다.

290

정답 ④

∋은 아홉 번째에 제시된 문자이므로 정답은 ④이다.

291

정답 ③

☺은 세 번째에 제시된 문자이므로 정답은 ③이다.

292

정답 ③

🔔은 여덟 번째에 제시된 문자이므로 정답은 ③이다.

293

정답 ①

♡은 첫 번째에 제시된 문자이므로 정답은 ①이다.

294

정답 ②

♈은 다섯 번째에 제시된 문자이므로 정답은 ②이다.

295

정답 ⑤

✹은 열 번째에 제시된 문자이므로 정답은 ⑤이다.

296

정답 ③

오답분석

① pzyrq – djhfe
② ypzqr – hdjef
④ rzqpy – fjedh
⑤ rqpzy – fedjh

297

정답 ②

오답분석

① ∩⊂∪⊃ – ★☆○●
③ ⊂∪⊃∩ – ☆○●★
④ ⊃∩∪⊂ – ●★○☆
⑤ ∩∪⊃⊂ – ★○●☆

298

정답 ③

qptar – 규뎌예료마

299

정답 ③

ㅄ ㄼ ㄳ ㄺ ㄵ – ●▲★■◆

300

정답 ③

☆□▽◎○ – iii ii vi v iv

07 영어능력(적성형)

301	302	303	304	305	306	307	308	309	310	311	312	313	314	315	316	317	318	319	320
②	③	④	③	②	③	②	③	③	②	④	①	②	①	④	③	③	②	②	③
321	322	323	324	325	326	327	328	329	330	331	332	333	334	335	336	337	338	339	340
①	③	④	④	③	①	②	①	②	②	④	①	①	②	①	②	①	①	②	②
341	342	343	344	345	346	347	348	349	350										
④	①	④	①	③	②	④	③	①	③										

301

정답 ②

제시된 단어의 의미는 '독특한'으로, 이와 비슷한 뜻을 지닌 단어는 ② '특별한'이다.

오답분석

① 쉬운, ③ 황홀한, 아주 멋진, ④ 몇몇의

302

정답 ③

제시된 단어의 의미는 '보통'으로, 이와 비슷한 뜻을 지닌 단어는 ③ '흔히, 보통'이다.

오답분석

① 특별히, ② 분명히, ④ 당연히

303

정답 ④

제시된 단어의 의미는 '성취하다'로, 이와 비슷한 뜻을 지닌 단어는 ④ '달성하다, 이루다'이다.

오답분석

① 설립하다, ② 개선하다, ③ 향상시키다

304

정답 ③

제시된 단어의 의미는 '합의'로, 이와 비슷한 뜻을 지닌 단어는 ③ '협정, 동의, 승낙'이다.

오답분석

① 영구적인, ② 유명한, ④ 저명한

305

정답 ②

제시된 단어의 의미는 '실용적인'으로, 이와 비슷한 뜻을 지닌 단어는 ② '유용한, 도움이 되는, 쓸모 있는'이다.

오답분석

① 가치 없는, ③ 실제의, ④ 확실한

306

정답 ③

제시된 단어에서 ③은 '거의'라는 의미의 유의어가 짝지어진 것이다.

오답분석

①·②·④는 반의관계이다. ① 무거운 – 가벼운, ② 가까운 – 먼, ④ 더 좋은 – 더 나쁜

307 **정답** ②

제시된 단어에서 ②는 '먹다'라는 의미의 유의어가 짝지어진 것이다.

오답분석

① 방어 – 공격, ③ 기쁨 – 슬픔, ④ 공급 – 수요

308 **정답** ③

제시된 단어의 의미는 '진출하다'로, 이와 반대되는 뜻을 지닌 단어는 ③ '물러나다'이다.

오답분석

① 진압하다, ② 정착하다, ④ 적응하다

309 **정답** ③

제시된 단어의 의미는 '허약한'으로, 이와 반대되는 뜻을 지닌 단어는 ③ '튼튼한'이다.

오답분석

① 약한, ② 섬세한, ④ 유연한

310 **정답** ②

제시된 단어의 의미는 '거절하다'로, 이와 반대되는 뜻을 지닌 단어는 ② '받아들이다'이다.

오답분석

① 거절하다, ③ 집행하다, ④ 보장하다

311 **정답** ④

제시된 단어의 의미는 '모으다'로, 이와 반대되는 뜻을 지닌 단어는 ④ '흩뿌리다'이다.

오답분석

① 모으다, ② 완료하다, ③ 결론을 내리다

312 **정답** ①

제시된 단어의 의미는 '나타나다'로, 이와 반대되는 뜻을 지닌 단어는 ① '사라지다'이다.

오답분석

② 남다, ③ 함유하다, ④ 요구하다

313 **정답** ②

제시된 단어에서 ②는 '거절 – 수락'이라는 의미의 반의어가 짝지어진 것이다.

오답분석

① 단어, ③ 약속, ④ 운동

314 **정답** ①

제시된 단어에서 ①은 '소비자 – 생산자'라는 의미의 반의어가 짝지어진 것이다.

오답분석

②·④ 목표, ③ 재능, 능력

315 **정답** ④

'인접한, 가까운'을 뜻하는 단어는 ④이다.

오답분석

① 조정하다, 조절하다, ② 해외에, 해외로, 널리 퍼져, ③ 맞추다, 조정하다

316 **정답** ③

'이국적인'을 뜻하는 단어는 ③이다.

오답분석

① 경험, 경력, ② 내뿜다, 발하다, ④ 충동, 충격

317 **정답** ③

'등록하다'를 뜻하는 단어는 ③이다.

오답분석

① 재료, 소재, ② 휘두르다, 소리를 내며 움직이다, ④ 기구, 계기, 수단

318 **정답** ②

'영구적으로'를 뜻하는 단어는 ②이다.

오답분석

① 강렬하게, 격하게, ③ 골목, ④ 불안정, 불안감, 위험

319 **정답** ②

제시된 단어는 '필요, 필요조건'을 의미한다.

320 **정답** ③

제시된 단어는 '고정시키다, 박다, 정하다'를 의미한다.

321 **정답** ①

제시된 단어는 '고장, 기능 부전, 기능 불량'을 의미한다.

322 **정답** ③

제시된 단어는 '열의, 보온성이 좋은'을 의미한다.

323 **정답** ④

①·②·③은 음악과 관련된 직업을 나타내는 단어이고 ④는 '화가'이다.

324 **정답** ④

①·②·③은 곤충을 나타내는 단어이고 ④는 '악어'이다.

325 **정답** ③

①·②·④는 방송과 관련된 직업을 나타내는 단어이고 ③은 '변호사'이다.

326 **정답** ①

오답분석

②·③·④는 'Drink(음료)'의 종류이다.

327 **정답** ②

오답분석

①·③·④는 'Weather(날씨)'의 종류이다.

328 **정답** ①

①은 '존경하다 – 해군 대장, 제독'으로 동사 – 명사 관계이다. 나머지는 동사 – 형용사 관계이다.

오답분석

② 성공하다 – 성공한, ③ 기쁘게 하다 – 기쁜, ④ 의존하다 – 의존하는

329 **정답** ②

②는 원급 – 최상급의 관계이다. 나머지는 원급 – 비교급 관계이다.

330 **정답** ②

Be on the point of doing : ~을 하려고 한다(= be about to do).

「그녀는 목표에 도달하려고 했다.」

331 **정답** ④

There is no ~ing : ~하는 것은 불가능하다(= It is impossible to~).

「그가 언제 돌아올지 아는 것은 불가능하다.」

332 **정답** ①

빈칸이 있는 문장은 believe의 목적어가 생략되었기 때문에 목적격 관계대명사인 whom이 들어가야 된다.

해석

「A : 그 늙은이에 대해 어떻게 생각하니?

B : 내가 정직하다고 믿은 그 늙은이가 나를 기만했어.」

333 **정답** ①

빈칸 앞에서는 토마토 껍질을 벗기는 것이 매우 어렵다고 언급하고 있으나 뒤에서는 쉬운 방법이 있다고 말하고 있으므로 역접의 연결어인 'However'가 적절하다.

해석

「토마토 껍질을 벗기기 위해 노력한 적이 있는가? 그것은 매우 어렵다. 그렇지 않은가? <u>그러나</u> 여기 쉬운 방법이 있다. 토마토를 뜨거운 물에 담가라. 그러면 껍질이 아주 잘 벗겨진다.」

334 **정답** ②

불가능한 경우를 가정하는 가정법 미래 시제이므로, 조건절의 동사는 'were to'가 와야 한다.

해석

「만일 헌법 제정자 중 누가 단 하루라도 다시 살아 돌아온다면, 우리의 수정안에 대한 그의 견해는 흥미로울 것이다.」

335 **정답** ①

Be over(= end) : 끝나다.

「학교가 끝났다. 모든 학생은 학교를 떠났다.」

336 **정답** ②

Nothing but(= only) : 단지 ~일 따름, 오직 ~만

「그 언덕에는 오직 잔디만 있다.」

337 **정답** ①

비행기 등의 좌석을 예약할 때 book(예약)을 쓴다.

338 **정답** ①

이유를 말할 때는 Because(왜냐하면)를 쓴다.

339 **정답** ②

해석

「A : 내가 오늘 학교에 늦게 가서 너무 미안해.
B : 네가 너무 자주 늦지 않았으면 해. 나는 네가 충분한 이유를 가지고 있다고 생각하고 있어.
A : 나는 열차를 놓쳐서 다음 열차를 20분 동안 기다려야만 했어.
B : 괜찮아.」

340 **정답** ②

「몇 시입니까?」라는 질문에 「일요일입니다.」라고 대답하는 것은 옳지 않다.

341 **정답** ④

「무슨 요일입니까?」라는 질문에 「오늘은 5월 1일입니다.」라고 대답하는 것은 옳지 않다.

342 **정답** ①

「당신의 아버지는 무얼 하십니까?」는 보통 직업을 묻는 표현이다. 「그는 의사입니다.」라고 답하는 것이 자연스럽다.

343 **정답** ④

「제가 창문을 좀 열어도 될까요?」라는 질문이므로, 「그렇게 하세요.」가 적절한 표현이다.

344

정답 ①

해석

「A : 당신은 다음 주에 한가합니까?
B : 예, 저는 시험 준비를 해야 합니다.」

345

정답 ③

해석

「윌 슨 : 실례합니다. 내일 서울행 첫 비행기가 언제 있습니까?
스미스 : 오전 7시 예정입니다.
윌 슨 : 좋습니다. 예약할 수 있나요?
스미스 : 예.」

346

정답 ②

해석

「A : 주문하시겠습니까?
B : 차 한 잔 주세요.」

347

정답 ④

마지막 문장에서 배우의 'risky acts(위험한 연기)'를 막는다는 내용을 통해 스턴트맨이 정답임을 알 수 있다.

348

정답 ③

(A)는 앞서 제시된 그의 부모님(His parents)을, (B)는 반사(Reflex)를 가리킨다.

해석

「새로운 연구에 따르면, 출생의 순간부터 아기가 그의 부모에게, 그리고 부모는 아기에게 많은 것을 주장한다. 아기들은 특별한 선천적 능력을 가지고 있다고 한다. 하지만 수십 년 전에 전문가들은 신생아는 단지 반사에 반응하는 원시 동물이라고 묘사했다. (신생아가) 반사에 영향을 주는 능력이 없는 환경에서는 무력한 피해자라고 말했다. 대부분의 사람들은 신생아가 필요로 하는 모든 것은 영양분, 깨끗한 기저귀, 그리고 따뜻한 요람이라고 생각했다.」

349

정답 ①

해석

「(B) 이번 달에 일주일간 휴가를 받았다고 들었어요.
(D) 무슨 특별한 계획이 있나요?
(C) 네, 전 이번 금요일에 Sunshine Beach로 떠날 거예요.
(E) 그거 멋지겠는걸요.
(A) 좋은 여행 되세요.」

350

정답 ③

해석

「PC의 발달은 저자들, 저널리스트들, 작가들의 생활을 더 쉽게 만들었다. ① 컴퓨터 공학기술은 이제 작가들이 원고 초안을 재입력하지 않고도 작업을 편집할 수 있게 하고 있다. ② 컴퓨터 워드프로세싱 프로그램은 철자, 그리고 종종 구두법과 문법상의 오류를 발견하는 것과 같은 잡다한 경로상의 일을 수행할 수 있다. (③ 현대 컴퓨터들은 오직 워드프로세싱 기능에만 제한되어 있다.) ④ 게다가 원고는 컴퓨터의 메모리 속에 파일로 저장할 수도 있다. 그래도 작가는 신중해야 한다. 왜냐하면 컴퓨터 파일은 버튼 터치만으로 지워질 수 있기 때문이다.」

제1회 실전 모의고사(NCS형)

01	02	03	04	05	06	07	08	09	10	11	12	13	14	15	16	17	18	19	20
②	④	①	④	③	③	④	①	①	⑤	②	④	⑤	①	④	④	④	⑤	④	④

1

정답 ②

제시문은 식물의 이름을 짓는 방식을 생김새, 쓰임새, 향기, 소리 등으로 분류하여 해당되는 예를 들고 있다. 따라서 ②가 서술 특징을 가장 잘 반영하고 있다.

2

정답 ④

제시문은 E놀이공원이 음식물쓰레기로 인한 낭비의 심각성을 인식하여 환경부와 함께 음식문화 개선대책 협약을 맺었고, 이 협약으로 인해 대기업 중심의 국민적인 음식문화 개선 운동이 확산될 것이라는 내용의 글이다. 따라서 '(나) 음식물쓰레기로 인한 낭비에 대한 심각성을 인식한 E놀이공원과 환경부 → (라) 음식문화 개선대책 협약 체결 → (다) 협약에 따라 사업장별 특성에 맞는 음식물쓰레기 감량 활동 전개하는 E놀이공원 → (가) 협약을 계기로 대기업 중심의 범국민적 음식문화 개선 운동이 확산될 것을 기대하는 환경부 국장'의 순서대로 연결하는 것이 적절하다.

3

정답 ①

조직은 다양한 사회적 경험과 사회적 지위를 토대로 한 개인의 집단이므로 동일한 내용을 제시하더라도 각 구성원은 서로 다르게 받아들이고 반응한다. 그렇기 때문에 조직 내에서 적절한 의사소통을 형성한다는 것은 결코 쉬운 일이 아니다.

오답분석

② 메시지는 고정되고 단단한 덩어리가 아니라 유동적이고 가변적인 요소이기 때문에 상호작용에 따라 다양하게 변형될 수 있다.
③·④·⑤ 제시된 갈등 상황에서는 표현 방식의 문제보다는 서로 다른 의견이 문제가 되고 있으므로 적절하지 않다.

4

정답 ④

경청을 통해 상대방의 입장에 공감하며, 상대방을 이해하게 된다는 것은 자신의 생각이나 느낌, 가치관 등의 선입견이나 편견을 가지고 상대방을 이해하려 하지 않고, 상대방으로 하여금 자신이 이해받고 있다는 느낌을 갖도록 하는 것이다.

5

정답 ③

문장은 되도록 간결체로 쓰는 것이 의미전달에 효과적이며, 행은 문장마다 바꾸는 것이 아니라 그 내용에 따라 적절하게 바꾸어 문서가 난잡하게 보이지 않도록 하여야 한다.

6

정답 ③

③은 ⓒ이 아닌 '일'이나 '것'의 뜻을 나타내는 의존명사인 '데'가 사용되었다.

7

정답 ④

'투영하다'는 '어떤 상황이나 자극에 대한 해석, 판단, 표현 따위에 심리 상태나 성격을 반영하다.'의 의미로 '투영하지'가 올바른 표기이다.

오답분석

① 문맥상 '(내가) 일을 시작하다.'의 관형절로 '시작한'으로 고쳐 써야 한다.
② '못' 부정문은 주체의 능력을 부정하는 데 사용된다. 문맥상 단순 부정의 '안' 부정문이 사용되어야 하므로 '않았다'로 고쳐 써야 한다.
③ '안건을 결재하여 허가함'의 의미를 지닌 '재가'로 고쳐 써야 한다.
⑤ '칠칠하다'는 '성질이나 일 처리가 반듯하고 야무지다.'는 의미를 가지므로 문맥상 '칠칠하다'의 부정적 표현인 '칠칠하지 못한'으로 고쳐 써야 한다.

08 정답 ①

처음 정가를 x원이라 하면

$2(0.7x-1,000)=x \rightarrow 1.4x-2,000=x$

$\therefore x=5,000$

09 정답 ①

30분까지의 기본료를 x원, 1분마다 추가요금을 y원이라고 하면, 1시간 대여료와 2시간 대여료에 대한 다음 각각의 방정식이 성립한다.

$x+30y=50,000$ … ㉠

$x+90y=110,000$ … ㉡

두 방정식을 연립하면 $x=20,000$, $y=1,000$이다.

따라서 기본료는 20,000원, 30분 후부터 1분마다 추가요금은 1,000원이므로

3시간 대여료는 $20,000+150\times1,000=170,000$원이다.

10 정답 ⑤

전체 남직원과 전체 여직원의 수를 각각 x명, y명이라 가정하면 다음 두 방정식이 성립한다.

$x+y=36$ … ㉠

$\frac{1}{6}x+\frac{1}{3}y=36\times\frac{2}{9} \rightarrow \frac{1}{6}x+\frac{1}{3}y=8 \rightarrow x+2y=48$ … ㉡

두 방정식을 연립하면 $x=24$, $y=12$이므로 남직원은 24명, 여직원은 12명이다.

11 정답 ②

각 신호등이 켜지는 간격은 다음과 같다.

- 첫 번째 신호등 : 6+10=16초
- 두 번째 신호등 : 8+4=12초

따라서 16과 12의 최소공배수는 48이며, 동시에 불이 켜지는 순간은 48초 후이다.

12 정답 ④

- 208,645=117,450+(A) → (A)=91,195
- (B)=189,243+89,721 → (B)=278,964
- 338,115=(C)+89,209 → (C)=248,906

13 정답 ⑤

첫 번째 조건과 각 줄의 사물함에 든 총 금액을 이용해 사물함에 돈이 들어있는 경우를 나타내면 다음과 같다.

- 한 줄의 총액이 300원 일 때 : 300원, 0원, 0원, 0원, 0원
- 한 줄의 총액이 400원 일 때 : 200원, 200원, 0원, 0원, 0원
- 한 줄의 총액이 500원 일 때 : 200원, 300원, 0원, 0원, 0원
- 한 줄의 총액이 600원 일 때 : 200원, 200원, 200원, 0원, 0원 또는 300원, 300원, 0원, 0원, 0원
- 한 줄의 총액이 700원 일 때 : 200원, 200원, 300원, 0원, 0원
- 한 줄의 총액이 900원 일 때 : 300원, 300원, 300원, 0원, 0원 또는 300원, 200원, 200원, 200원, 0원

	1열	2열	3열	4열	5열	
1행	1	2	3	4	5	900
2행	6	7	8	9	10	700
3행	11 200원	12	13	14	15	500
4행	16	17	18	19	20	300
5행	21	22	23	24	25 300원	500
	500	400	900	600	500	

11번 사물함은 200원이 들어있으므로 3행에 있는 사물함 중 하나는 300원이 들어있고, 1열에 있는 사물함 중 하나는 300원이 들어있다. 그리고 25번 사물함은 300원이 들어있으므로 5열에 있는 사물함 중 하나는 200원이 들어있고, 5행에 있는 사물함 중 하나는 200원이 들어있다. 이때, 1열과 5행이 만나는 21번 칸의 경우 200원 또는 300원이 들어있으면 모순이 발생하므로 돈이 들어있지 않다는 결론을 얻을 수 있다. 이런 방법을 반복해 사물함에 있는 돈의 액수를 추론하면 다음과 같다.

	1열	2열	3열	4열	5열	
1행	1 300원	2 0원	3 300원	4 300원	5 0원	900
2행	6 0원	7 200원	8	9	10 200원	700
3행	11 200원	12 0원	13	14	15 0원	500
4행	16 0원	17 0원	18	19	20 0원	300
5행	21 0원	22 200원	23 0원	24 0원	25 300원	500
	500	400	900	600	500	

- 13번, 18번 사물함에 300원이 있을 경우
  9번 사물함에 300원이 들어있게 되며 색칠한 사물함의 총액은 300+200+300+0+300=1,100원이다.
- 8번, 18번 사물함에 300원이 있을 경우
  14번 사물함에 300원이 들어있게 되며 색칠한 사물함의 총액은 300+200+0+0+300=800원이다.
- 8번, 13번 사물함에 300원이 있을 경우
  19번 사물함에 300원이 들어있게 되며 색칠한 사물함의 총액은 300+200+300+300+300=1,400원이다.

따라서 보기 중에 가능한 돈의 총액은 1,400원이다.

14

정답 ①

설득은 논쟁이 아니라 논증을 통해 더욱 정교해지며, 공감을 필요로 한다. 나의 주장을 다른 사람에게 이해시켜 납득시키고 그 사람이 내가 원하는 행동을 하게 만드는 것이며, 이해는 머리로 하고 납득은 머리와 가슴이 동시에 공감되는 것을 말하고 이 공감은 논리적 사고가 기본이 된다. 따라서 ①의 내용은 상대방이 했던 이야기를 이해하도록 노력하면서 공감하려는 태도가 보이므로 설득임을 알 수 있다.

오답분석

② 상대의 생각을 모두 부정하지 않고, 상황에 따른 생각을 이해함으로써 새로운 지식이 생길 가능성이 있으므로 논리적 사고 구성 요소 중 '타인에 대한 이해'에 해당한다.

③ 상대가 말하는 것을 잘 알 수 없어 구체적인 사례를 들어 이해하려는 것으로 논리적 사고 구성 요소 중 '구체적인 생각'에 해당한다.

④ 상대 주장에 대한 이해가 부족하다는 것을 인식해 상대의 논리를 구조화하려는 것으로 논리적 사고 구성 요소 중 '상대 논리의 구조화'에 해당한다.

⑤ 상대방의 말한 내용이 명확하게 이해가 안 되어 먼저 자신이 생각하여 이해하도록 노력하는 것으로 논리적 사고 구성 요소 중 '생각하는 습관'에 해당한다.

15

정답 ④

주어진 조건에서 적어도 한 사람은 반대를 한다고 하였으므로, 한 명씩 반대한다고 가정하고 접근한다.

- A가 반대한다고 가정하는 경우
  첫 번째 조건에 의해 C는 찬성하고 E는 반대한다. 네 번째 조건에 의해 E가 반대하면 B도 반대한다. 이것은 두 번째 조건에서 B가 반대하면 A가 찬성하는 것과 모순되므로 A는 찬성한다.
- B가 반대한다고 가정하는 경우
  두 번째 조건에 의해 A는 찬성하고 D는 반대한다. 세 번째 조건에 의해 D가 반대하면 C도 반대한다. 이것은 첫 번째 조건과 모순되므로 B는 찬성한다.

두 경우에서의 결론과 네 번째 조건의 대우(B가 찬성하면 E도 찬성한다)를 함께 고려하면 E도 찬성함을 알 수 있다. 그리고 첫 번째 조건의 대우(E가 찬성하거나 C가 반대하면, A와 D는 모두 찬성한다)에 의해 D도 찬성한다. 따라서 C를 제외한 A, B, D, E 모두 찬성한다.

16

정답 ④

주어진 조건에 따라 종합병원의 층 구조를 추론해보면 다음과 같다.

3층	외과, 정신과
2층	입원실, 산부인과, 내과
1층	접수처, 정형외과, 피부과

입원실과 내과는 정신과가 위치한 3층과 접수처가 위치한 1층의 사이인 2층에 있기 때문에 ④가 정답이다.

17

정답 ④

㉠ A는 패스트푸드점이 가까운 거리에 있음에도 불구하고 배달료를 지불해야 하는 배달 앱을 통해 음식을 주문하고 있으므로 편리성을 추구하는 (나)에 해당한다.

㉡ B는 의자 제작에 필요한 재료들인 물적자원만 고려하고 시간은 고려하지 않았으므로 시간이라는 자원에 대한 인식 부재인 (다)에 해당한다.

㉢ C는 자원관리의 중요성을 인식하고 프로젝트를 완성하기 위해 나름의 계획을 세워 수행하였지만, 경험이 부족하여 계획한 대로 진행하지 못하였으므로 노하우 부족인 (라)에 해당한다.

㉣ D는 홈쇼핑 시청 중 충동적으로 계획에 없던 여행 상품을 구매하였으므로 비계획적 행동인 (가)에 해당한다.

18

정답 ⑤

밑줄 친 '이것'은 간접비용(Indirect Cost)을 의미한다.

• 장원 : 간접비용은 생산에 직접적으로 관련이 있는 비용인 직접비용에 상대되는 개념이다.

• 휘동 · 경원 : 간접비용에는 생산과 직접적으로 관련이 없는 보험료, 건물관리비, 광고비, 통신비, 사무비품비, 각종 공과금 등이 포함된다.

오답분석

• 창수 : 직접비용의 구성 중 하나인 인건비에 대해 설명하고 있다.

19

정답 ④

한 달을 기준으로 S씨가 지출하게 될 자취방 월세와 자취방에서 대학교까지 왕복 시 거리비용을 합산하면 아래와 같다.

• A자취방 : 330,000+(1.8×2,000×2×15)=438,000원

• B자취방 : 310,000+(2.3×2,000×2×15)=448,000원

• C자취방 : 350,000+(1.3×2,000×2×15)=428,000원

• D자취방 : 320,000+(1.6×2,000×2×15)=416,000원

• E자취방 : 340,000+(1.4×2,000×2×15)=424,000원

따라서 S씨가 선택할 수 있는 가장 저렴한 비용의 자취방은 D자취방이다.

20

정답 ④

하인리히의 법칙은 큰 사고로 인해 산업재해가 일어나기 전에 작은 사고나 징후인 '불안전한 행동 및 상태'가 나타난다는 법칙이다.

제2회 실전 모의고사(적성형)

01	02	03	04	05	06	07	08	09	10	11	12	13	14	15	16	17	18	19	20
④	③	③	⑤	④	③	⑤	①	④	④	②	④	④	②	④	③	③	①	①	④

01

정답 ④

제시된 '궁색하다'는 '말이나 태도, 행동의 이유나 근거 따위가 부족하다.'의 뜻으로 유의어는 '옹색하다'이다.

• 옹색하다 : 생각이 막혀서 답답하고 옹졸하다.

오답분석

① 애매하다 : 희미하여 분명하지 아니하다.
② 매정하다 : 얄미울 정도로 쌀쌀맞고 인정이 없다.
③ 인자하다 : 마음이 어질고 자애롭다.
⑤ 하릴없다 : 달리 어떻게 할 도리가 없다.

02

정답 ③

'졸이다'는 '찌개를 졸이다.'와 같이 국물의 양을 적어지게 하는 것을 의미한다. 반면에 '조리다'는 '양념을 한 고기나 생선, 채소 따위를 국물에 넣고 바짝 끓여서 양념이 배어들게 하다.'의 의미를 지닌다. 따라서 ③의 경우 문맥상 '졸이다'가 아닌 '조리다'가 사용되어야 한다.

03

정답 ③

미희는 매주 수요일마다 요가 학원에 가고, 요가 학원에 가면 항상 9시에 집에 온다. 그러나 미희가 9시에 집에 오는 날은 수요일 또는 다른 요일일 수도 있으므로 알 수 없다.

04

정답 ⑤

'무분별한 개발로 훼손되고 있는 도시 경관'은 지역 내 휴식 공간 조성을 위한 해결방안으로 보기 어려우며, 휴식 공간 조성의 장애 요인으로도 볼 수 없다. 따라서 ㉤은 ⑤와 같이 위치를 변경하는 것보다 개요에서 삭제하는 것이 적절하다.

05

정답 ④

당뇨병에 걸린 사람에게 인슐린을 주사하여 당뇨병을 치료할 수 있으나, 인슐린이 당뇨병을 예방하는 약은 아니다.

06

정답 ③

13^2-7^2
$=(13+7)(13-7)$
$=20\times6$
$=120$

07

정답 ⑤

⑤ 1.48

오답분석

①·②·③·④ 1.2

08

정답 ①

친구들을 x명이라고 하면,

$4,500x-2,000=4,000x+500$ → $500x=2,500$ → $x=5$이다.

따라서 친구들 5명이 갑돌이 생일선물을 위해 돈을 모았다.

09

정답 ④

5개월 동안 평균 외식비가 12만 원 이상 13만 원 이하일 때, 총 외식비는 $12\times5=60$만 원 이상 $13\times5=65$만 원 이하가 된다. 1월부터 4월까지 지출한 외식비는 $110,000+180,000+50,000+120,000=460,000$원이다. 따라서 A씨가 5월에 최대로 사용할 수 있는 외식비는 $650,000-460,000=190,000$원이다.

10

정답 ④

2018년 강수량의 총합은 1,529.7mm이고 2019년 강수량의 총합은 1,122.7mm이다.

따라서 전년 대비 강수량의 변화를 구하면 $1,529.7-1,122.7=407$mm로 가장 변화량이 크다.

오답분석

① 조사기간 내 가을철 평균 강수량을 구하면 $1,919.9\div8\fallingdotseq240$mm이다.

② 2014년 61.7%, 2015년 59.3%, 2016년 49.4%, 2017년 66.6%, 2018년 50.4%, 2019년 50.5%, 2020년 50.6%, 2021년 40.1%로 2016년과 2021년 여름철 강수량은 전체 강수량의 50%를 넘지 않는다.

③ 강수량이 제일 낮은 해는 2021년이지만 가뭄의 기준이 제시되지 않았으므로 알 수 없다.

⑤ 여름철 강수량이 두 번째로 높았던 해는 2018년이다. 2018년의 가을·겨울철 강수량의 합은 502.6mm이고 봄철 강수량은 256.5mm이다. 따라서 $256.5\times2=513$mm이므로 봄철 강수량의 2배보다 적다.

11

정답 ②

홀수 항은 $\div2$, 짝수 항은 $\times2$로 나열된 수열이다.

$\therefore 13.5\div2=6.75$

12

정답 ④

11, 12, 13, 14, 15의 제곱수를 나열한 수열이다.

따라서 (　　)$=14^2=196$이다.

13

정답 ④

-2, $\times2$, -3, $\times3$, -4, $\times4$ …인 규칙으로 이루어진 수열이다.

따라서 빈칸에 들어갈 수는 $35\times4=140$이다.

14

정답 ②

한 단계씩 이동할 때마다 삼각형은 오른쪽 대각선 방향으로 위, 아래로 도형이 생성되고, 사각형은 위, 오른쪽 도형이 생성되며, 원은 위에 도형이 생성되고, 마름모는 왼쪽에 도형이 생성된다. 따라서 이러한 규칙을 적용하면 그 다음에 나올 수 있는 도형은 ②이다.

15

정답 ④

도형을 상하 반전하면 , 이를 시계 반대 방향으로 90° 회전하면 , 이를 좌우 반전하면 이 된다.

16

정답 ③

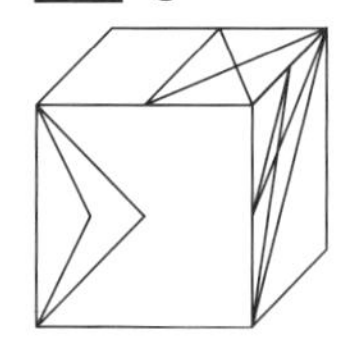

17

정답 ③

★	♬	♥	◎	θ	☆	♪	♥	●	♠	●	♬
♀	◈	♪	♠	♪	♀	☆	◎	◑	θ	★	◑
♠	♪	◑	θ	★	♬	◑	θ	♀	♬	☆	◎
◎	♥	♪	♬	♪	♥	Ω	♠	♪	◈	♀	★

18

정답 ①

ナピパコアウヨバ－ナピパコアウヨパ

19

정답 ①

ⓐ 등위접속사 and를 기준으로 앞, 뒤의 절이 대등하게 연결되어야 한다. 후절의 시제로 보아 spanning이 아니라 'spanned'가 되어야 한다.

ⓓ Psychological research가 주어이므로 단수동사인 'is'가 와야 한다.

오답분석

ⓑ 주어가 mothers이며 뒤에 목적어가 없는 것으로 보아 수동태인 'are seen'으로 쓰인 것은 적절하다.

ⓒ increase는 자동사와 타동사로 모두 쓰일 수 있는데, 문맥상 판단해 볼 때 '위험이 증가된'이라는 의미의 'increased'는 적합하다.

- motherhood 모성, 어머니인 상태
- sibling 형제자매
- span 걸치다
- generation 세대, 대
- scarce 부족한, 드문
- counterpart 상대, 대응 관계에 있는 사람

20

정답 ④

5번째 줄에 나오는 'Therefore' 이하가 필자의 주장에 해당하는 내용이다. 'it is necessary to televise trials to increase the chance of a fair trial'을 통해 필자는 재판의 공정성을 높이기 위해 재판 과정을 중계해야 한다고 주장하고 있음을 알 수 있다.

- distorted : 비뚤어진, 왜곡된
- trial : 재판
- coverage : 보도 (범위), 취재 (범위)
- crucial : 결정적인, 중대한
- sentence : 판결, 선고, 처벌
- televise : TV 중계하다
- aware of : 깨닫는
- potential : 잠재적인

해석

「미국에서 어떤 사람들은 TV 매체가 일부 재판관들로 하여금 그들이 다른 상황에서 내렸을 판결보다 더 엄한 처벌을 선고하도록 이끌면서, 왜곡된 재판 상황을 만들어 낼 것이라고 주장한다. 그러나 재판을 TV로 중계하는 것과 관련된 몇 가지 이점들이 있다. 그것은 재판 과정을 대중들에게 교육시키는 역할을 할 것이다. 그것은 또한 어떤 주어진 사건에서 정확히 어떤 일이 벌어지는지에 대해 완전하고 정확한 보도를 해 줄 것이다. 그렇기 때문에, 공정한 재판의 가능성을 증진시키기 위해 재판을 TV로 중계할 필요가 있다. 그리고 만약 재판이 중계된다면, 많은 청중들이 그 사건에 대해 알게 될 것이고, 방송이 되지 않았다면 그 사건을 몰랐을 중요한 목격자가 그 사건에서 잠재적인 역할을 할 수도 있다.」

교육이란 사람이 학교에서 배운 것을
잊어버린 후에 남은 것을 말한다.

-알버트 아인슈타인-

2025학년도 마이스터고 입학 적성평가 한권으로 끝내기

개정5판1쇄 발행	2024년 06월 05일 (인쇄 2024년 04월 30일)
초 판 발 행	2019년 10월 04일
발 행 인	박영일
책 임 편 집	이해욱
편 저	SD적성검사연구소
편 집 진 행	김준일 · 이보영 · 김유진
표지디자인	하연주
편집디자인	장하늬 · 고현준
발 행 처	(주)시대교육
공 급 처	(주)시대고시기획
출 판 등 록	제10-1521호
주 소	서울시 마포구 큰우물로 75 [도화동 538 성지 B/D] 9F
전 화	1600-3600
팩 스	02-701-8823
홈 페 이 지	www.sdedu.co.kr

I S B N	979-11-383-7072-1 (13500)
정 가	20,000원